21 世纪高职高专规划教材

高等职业教育规划教材编委会专家审定

SQL Server 2008
数据库原理及应用

主　编　孙风庆　于　峰

副主编　牟艳霞　徐海燕　李　娟

张　静　王新颖

北京邮电大学出版社

·北京·

内容简介

本书根据数据库技术领域和数据库应用系统开发职业的任职要求，参照相关的职业资格标准，贯彻“应用为目的，必需够用为度”的原则，坚持能力本位、工学结合的职业教育思想，采用项目教学、任务驱动组织课程教学内容。

全书共分为10章，从基本概念和实际应用出发，由浅入深，从易到难，循序渐进地讲述数据库的设计、数据库的创建、数据表的操作、数据库的查询、视图及其应用、索引及其应用、流程控制与函数、存储过程与触发器、数据库的备份与还原和数据库安全性管理等内容；将“大学生选课管理系统的数据库开发”实际项目融入各个章节，简述数据库的设计、创建、操作、查询、维护和安全管理的具体方法；简明扼要地介绍了SQL Server 2008的上机实验操作；根据职业技能培养的要求，结合书中项目，给出了“客户订货管理系统的数据库开发”和“图书管理系统的数据库开发”两个项目作为学生的练习，以便于学生更好地学习和掌握数据库的基本知识与技能。

本书既可作为计算机及其相关专业的本、专科学生教材，也可以作为数据库工作者，尤其是大型关系数据库初学者的参考书。

图书在版编目(CIP)数据

SQL Server 2008 数据库原理及应用/孙风庆，于峰主编. --北京：北京邮电大学出版社，2012.1(2018.1重印)

ISBN 978-7-5635-2850-9

Ⅰ. ①S… Ⅱ. ①孙…②于… Ⅲ. ①关系数据库—数据库管理系统，SQL Server 2008—高等学校—教材 Ⅳ. ①TP311.138

中国版本图书馆 CIP 数据核字(2011)第 253558 号

书　　名：SQL Server 2008 数据库原理及应用
主　　编：孙风庆　于　峰
责任编辑：王晓丹
出版发行：北京邮电大学出版社
社　　址：北京市海淀区西土城路 10 号(邮编：100876)
发 行 部：电话：010-62282185　传真：010-62283578
E-mail：publish@bupt.edu.cn
经　　销：各地新华书店
印　　刷：北京鑫丰华彩印有限公司
开　　本：787 mm×1 092 mm　1/16
印　　张：13.75
字　　数：344 千字
印　　数：5 001—6 000 册
版　　次：2012 年 1 月第 1 版　2018 年 1 月第 4 次印刷

ISBN 978-7-5635-2850-9　　　　定　价：29.80 元

前　言

人类社会信息化进程的一个重大变化就是因特网(Internet)的出现。自从 Internet 出现以后,其蓬勃发展的速度是以往的任何事业都比不上的,因为它具备了很多其他产业都没有的特点,而其中最重要的一点就是快速。基于这个理由,社会上的每一种产业都想把一部分的工作通过计算机与因特网来完成。例如,企业想利用网络来传递公文的签署,商店想利用网络来经营商品,即网上商店,银行想利用网络来进行交易,即网上银行,教育部门想利用网络来进行考试、阅卷等,而这些理想的实现,都需要依靠网络数据库技术。为此,我们根据长期以来积累的教学和技术经验,通过走访了解当今机关和企事业单位对计算机高职人才的实际需求,参考国内外相关的书籍和资料及大量网上信息,与计算机行业的技术人员共同合作,编写了本书。

与同类书相比,本书具有下列特色和优点。

- 结构清晰,知识完整。重点掌握方法、强化应用、培养技能、提高素质,在实际应用中穿插相关理论知识和技术方法。
- 入门快速,易教易学。把复杂的知识简单化,宏观上采取项目教学,微观上采取任务驱动,根据实际项目、具体任务取材谋篇。
- 学以致用,注重技能。以实际应用→相关理论与方法→上机实训为主线编写。每一章都按顺序设置项目中的一个任务,以使学生掌握该章的重点及提高实际操作技能。
- 示例丰富,实用性强。每章除了项目中的具体任务外,还讲解了大量的示例,突出可操作性和实用性。

本书主线完成“大学生选课管理系统的数据库开发”项目,该项目分解为 10 个具体任务。

(1) 任务 1:设计大学生选课管理系统的数据库,包括该数据库可有几个表,这几个表之间有什么联系,并分别设计出每个表。

(2) 任务 2:创建大学生选课管理系统的数据库 student。

(3) 任务 3:创建大学生选课管理数据库 student 中的各个数据表,输入每个数据表的内容,并更新(包括添加、修改、删除)其中有关表的记录内容。

(4) 任务 4:对大学生选课管理数据库 student 实行相关查询操作,包括查询学生的选课情况,查询教师的任课情况,查询学生选修课程的基本信息等。

(5) 任务 5:在大学生选课管理数据库 student 中创建相关视图,包括创建学生选课信息视图,创建教师任课信息视图等。

(6) 任务 6:在大学生选课管理数据库 student 中创建有关表的索引,包括建立学生信息表的索引,建立教师信息表的索引,建立课程信息表的索引。

(7) 任务 7:在大学生选课管理数据库 student 中创建几个相关函数。

(8) 任务 8:在大学生选课管理数据库 student 中,创建几个相关存储过程和触发器。

(9) 任务 9:对大学生选课管理数据库 student 做一个备份,并为其创建一个维护计划。

(10) 任务 10:对大学生选课管理数据库 student 进行安全性管理,创建该数据库的相关用户,并授予每个用户一定的相关权限。

根据“大学生选课管理系统的数据库开发”项目的具体任务,全书内容共设置 10 章,各章内容如下。

(1) 第 1 章:数据库的设计。介绍数据库的基本概念和关系数据库的设计步骤与方法。

(2) 第 2 章:数据库的创建。介绍 SQL Server 关系数据库的创建方法和基本操作。

(3) 第 3 章:数据表的操作。介绍 SQL Server 数据表的建立和修改方法,以及更新数据表内容的方法。

(4) 第 4 章:数据库的查询。介绍数据库的简单查询、连接查询和高级子查询的基本方法。

(5) 第 5 章:视图及其应用。介绍视图的建立、操作和应用的基本方法。

(6) 第 6 章:索引及其应用。介绍索引的建立和应用方法。

(7) 第 7 章:流程控制与函数。介绍 SQL Server 流程控制的语句和函数的建立及应用方法。

(8) 第 8 章:存储过程与触发器。介绍存储过程与触发器的建立和应用方法。

(9) 第 9 章:数据库的备份与还原。介绍数据的导入/导出、数据库的备份与还原和数据库的分离与附加的基本方法。

(10) 第 10 章:数据库安全管理。介绍数据库的用户、架构、角色的建立和其权限的设置方法。

本教材适用于计算机应用类专业、网络应用类专业或非计算机专业的数据库教学,是软件工程、信息系统开发、视窗化程序开发、应用网站开发等课程的前驱课。

作 者

目　录

第 1 章　数据库的设计

教学目标

通过本章学习，使学生掌握数据库的基本概念、数据库系统的组成和数据库管理系统的功能，掌握关系数据库基本概念和关系模型的完整性规则，掌握关系数据库设计的方法和步骤。

教学要求

知识要点	能力要求	关联知识
数据库	(1) 掌握数据库的基本概念 (2) 掌握数据库系统的组成 (3) 掌握数据库管理系统的功能	信息、数据和数据处理，数据库、数据库系统和数据库管理系统
关系数据库	(1) 掌握关系模型及基本术语 (2) 掌握关系的定义和性质 (3) 掌握关系模型的完整性规则	关系模型，关系的定义及性质，关系模型的完整性规则
关系数据库设计	(1) 掌握关系数据库设计的方法和步骤 (2) 会根据实际问题设计出合理的数据库	关系数据库设计的步骤和过程

重点难点

- 数据库的基本概念和数据库系统的组成
- 关系数据库的基本概念和关系模型的完整性规则
- 关系数据库设计的方法和步骤

1.1　任务描述

本章完成项目的第 1 个任务：设计大学生选课管理数据库，分析该数据库应含有几个表，这几个表之间有什么关系，画出这几个表之间的关系模型，并分别设计出这几个表，注意它们的主键或外键以及它们之间的联系。

1.2 数据库举例

数据库技术一直是热门技术之一，它被广泛应用于许多领域，从桌面上的数据库到大型相互关联的分布式数据库，数据库成为了越来越重要的商业资产。市场、销售、生产、操作、财会、管理和所有的商业规则都在各自的活动中利用数据库技术来提高生产率。近年来，数据库技术对因特网(Internet)应用的迅猛增长起到了重要的推动作用。毕竟Internet只是一个通信系统，它的真正价值是从数据库中读取或存入数据和信息。由于对数据库技术专业人才的需求量非常大，因此，使得学习和掌握数据库技术、知识和应用技能成为许多大学生追求的目标之一。

数据库的目的是帮助人们跟踪事物。经典数据库应用涉及诸如订单、客户、雇员或其他商人感兴趣的内容的跟踪。现今，数据库技术已被应用到了更多的领域，诸如用于Internet的数据库或用于公司内联网的数据库。下面列举几个例子。

1. 超市购物

当你从当地超市购买货物时，收银员利用条形码阅读器来扫描每种货物。这其实就是链接一个使用条形码从产品数据库中查询该货物价格的应用程序，然后通过该程序计算这些库存货物的数量，并在收银机上显示价格。如果记录产品的数量低于指定的最低极限值，数据库系统可能会自动设置一个订单来获得更多的产品库存。

2. 使用信用卡购物

当你使用信用卡购物时，服务人员要检查你是否有足够的剩余金额可以购买该商品。这种检查可以用电话来进行，也可以用连接到计算机系统的磁卡阅读器自动完成。无论是哪种情况，都存在一个记录使用信用卡进行购物的信息数据库，此数据库中包含了你使用信用卡进行购物的信息。为了检查你的信用卡，存在一个数据库应用程序，此程序使用你的信用卡号码来检查你想购买的商品价格，以及你这个月已经购买的商品总额是否在信用限度内。当购买被确认有效之后，则这次购买详细信息又被添加到了这个数据库中。在确认此次购买生效之前，这个应用程序也会访问数据库，检查该信用卡是否在被盗或丢失列表中。

3. 在旅行社预定假期

当你咨询某次假期的安排时，旅行社可能访问几个包含假期和飞机详细信息的数据库。当你预定假期时，数据库系统必须进行所有必要的预定安排。在这种情况下，该系统必须要确保不同的代理没有预定相同的假期或飞机上相同的座位。例如，如果在从广州到北京的飞机上只剩下一个座位，两代理在同一时间预定这最后一个座位时，系统不得不处理这种情况，只允许一个预定有效，并通知另一个代理没有位置了。

4. 使用图书馆

图书馆一般会有一个包含所有图书的详细信息数据库，其中的信息可能还包括读者信息、预定信息等。可能会允许读者基于书名、作者或其他数据查找所需书籍。数据库系统可能会允许读者预订书籍，并在书籍可以借阅时发邮件通知读者。该系统也能够给没有按期还书的借阅者发提醒通知。一般情况下，系统都有一个条形码阅读器，类似于前面超市中描述的那种，用来记录归还和借出图书馆的书籍。

5. 出租录像

当你希望从录像租赁公司租借一盘录像时，也可能会发现这个公司维护着一个数据库，这个数据库中包括关于每个录像的片名、录像有几份拷贝、这个录像目前是可以租借的还是已经被借出了、它的成员（租借者）、它的导演和演员等详细信息。租赁公司可以利用租赁信息来监视录像带的库存，并根据租借的历史数据预测公司将来的购买倾向。

6. 使用 Internet

Internet 上很多站点是由数据库应用程序驱动的。例如，你可能访问过一个在线书店，这个书店允许借书和买书，如 Amazon. com。这个书店允许按书的种类进行检索，比如计算机或经营，它还允许按作者进行检索。不管是哪种情况，在这个机构的 Web 服务器上都有一个数据库，数据库中包含图书的详细信息、获得方式、邮寄信息、库存级别以及排列信息。

图书信息包括书名、ISBN、作者、价格、销售历史、出版社、评论以及详细描述。数据库允许图书被交叉检索，例如，一本图书可以列在几个种类中，如算法、编程语言、畅销书以及推荐图书等。交叉检索也使 Amazon 可以给出一些图书的信息，这些图书一般是与借阅人所感兴趣的图书相关的。

以上只是几种数据库系统应用，毫无疑问，读者也会知道其他更多的应用情况。尽管我们熟知并常用这些应用，但在它们的背后却隐藏着复杂的高级技术，这种技术的核心就是数据库本身。对于尽可能有效地支持最终用户需求的系统来说，需要合适的结构化数据库。构建这种结构就是所说的数据库设计。无论要构建的是小型数据库，还是前面所说的大型数据库，数据库设计都是基础。

1.3　数据库的基本概念

1.3.1　信息、数据与数据处理

在科学、技术、经济、文化和军事等各个领域里会遇到大量的数据，这些数据不但复杂，而且数据量巨大，因此如何科学地管理数据是一个极为重要的课题。

数据库技术是使用计算机来管理数据的一门新的科学技术。经过多年的研究和实践，数据库技术已发展成为一门完整的学科，已开发出多种数据库管理系统，使用这些数据库管理系统能够科学、有效地管理大量的数据，它们正在为各领域的发展发挥重要的作用。

1. 信息与数据

计算机的出现，开辟了数据处理的新纪元。数据处理的基本要素是数据的组织、存储、检索、维护和加工利用，这些正是数据库系统所要解决的问题。

数据是数据库系统研究和处理的对象。数据与信息是分不开的，它们既有联系又有区别。

(1) 信息

随着社会的发展和科学技术的进步，人们对信息这个名词已经不陌生了，然而对于信息的定义，从不同角度有着不同的解释。一般认为，信息是人们进行各种活动所需要的各种知识，是现实世界各种状态的反映。合理利用信息可以增加人们的知识，提高人们对事物的认

识能力。现代社会已进入信息化社会，不论是生产、科研还是个人生活，都离不开信息。

(2) 数据

数据是描述信息的符号，符号的形式多种多样，如数值、文本、图形、声音等类型的数据，用来反映不同类型的信息。利用计算机进行信息处理，就得把信息转换为计算机能够识别的符号，即用 0 和 1 两编码符号的序列组合来表示各种各样的信息。从这个意义上说，数据是信息的载体。

数据是信息的具体表现形式，信息是有一定意义的数据的集合，它们既有联系又有一定的区别。如果把客观世界的某种现象或观念所反映的知识用一定的方法描述出来，那么前者是信息而后者是数据。因为信息和数据都是现象和概念所反映的知识，这是它们的共同点，因此有时可以把这两者不加区分地使用，如“数据处理”与“信息处理”是一样的。

信息以数据的形式处理，而处理的结果又可能产生新的信息。

2. 数据处理

数据处理是指对各种形式的数据进行收集、存储、加工和传播的一系列活动的总和，其目的是从大量的、原始的数据中抽取、推导出对人们有价值的信息以作为行动和决策的依据；数据处理从根本上来说是为了借助计算机科学地保存和管理大量复杂的数据，以便人们能够充分地利用这些宝贵的信息资源。

在数据处理的一系列活动中，数据的收集、组织、存储、检索和分类等活动是基本环节，这些基本环节统称为数据管理或信息管理。在数据处理中，对数据的加工、计算、打印报表等操作对不同的业务部门可以有不同的内容。数据库技术所研究的问题就是如何科学地组织和存储数据，如何高效地获取和处理数据。数据库技术是数据管理的最新技术。数据库系统是当代计算机系统的重要组成部分。

1.3.2 数据库的基本概念

数据库是自描述的，它除了包含用户的源数据外，还包含关于它本身结构的描述，这个描述称为数据字典(或数据目录，或元数据)。与图书馆相似，除了书籍以外，图书馆还包含一个描述它们的卡片目录。同样，数据字典(它是数据库的一部分，这与卡片目录是图书馆的一部分一样)描述了包含数据库中的数据。

数据库是集成记录的集合。用户数据文件是由这些记录组合而成的。数据库不仅仅包含用户数据文件，它还包含其他内容。正如前面所说，元数据也是数据库的一部分，除此之外，数据库还包含用来表示数据之间的关系和提高数据库应用性能的索引。最后，数据库还包含关于使用数据库的应用程序的数据，把这种数据称为应用元数据。

数据库包含 4 个要素：用户数据、元数据、索引和应用元数据。大多数数据库把用户数据表示为关系(表)，元数据也以表的形式存储，称为系统表。应用元数据用来存储用户窗体、报表、查询和其他形式的应用组件。

1.3.3 数据库系统

数据库系统(DBS)不仅仅是一组对数据进行管理的软件(通常称为数据库管理系统)，也不仅仅是一个数据库。一个数据库系统是一个实际可运行的，按照数据库方式存储、维护和为应用系统提供数据或信息支持的系统。它是存储介质、处理对象和管理系统的集合体。

1. 数据库系统的组成

数据库系统是指计算机系统中引入数据库后组成的综合系统。

(1) 数据库

数据库(DB)是存放数据的仓库,人们收集并抽取出一个应用所需要的大量数据之后,应将其保存起来以便进一步加工处理,进一步抽取有用的信息。因此,数据库是长期存储在计算机内、有组织的、可共享的数据集合。数据库中的数据按一定的数据模型组织、描述和存储,具有较小的冗余度,较高的数据独立性和易扩展性,并可为一定范围内的各种用户共享。

数据库是与一个特定组织的各项应用有关的全部数据的集合。通常由两大部分组成:一部分是应用数据的集合,称为物理数据库,它是数据库的主体;另一部分是关于各级数据结构的描述,称为描述数据库。

(2) 计算机硬件

数据库系统的硬件包括中央处理器、内存、外存、输入/输出设备、数据通道等硬件设备。由于数据库系统数据量很大,加之数据库管理系统丰富的功能使得自身的规模也很大,因此整个数据库系统对硬件资源提出了较高的要求,特别要关注内存、外存、I/O存取速度、可支持终端数和性能稳定性等指标。在许多应用中,还要考虑系统支持联网的能力和配备必要的后备存储器等因素。此外,还要求系统有较高的通道能力,以提高数据的传输速度。

(3) 计算机软件

数据库系统的软件包括数据库管理系统、操作系统、各种宿主语言和应用开发支撑软件等程序。

- 数据库管理系统是管理数据库的软件系统,要在操作系统支持下才能工作。
- 为了开发应用系统,需要各种宿主语言,并且要与数据库系统有良好的接口。
- 应用开发支撑软件是为应用开发人员提供高效率、多功能的交互式程序设计系统,它们为数据库系统的开发和应用提供良好的环境。

(4) 数据库用户

数据库系统的基本目标是提供给用户使用数据库的环境,给不同的用户设计不同的数据抽象级别,具有不同的数据视图。根据与数据库系统接触方式的不同,数据库系统的用户可以分以下四类。

① 数据库管理员(DBA)。数据库管理员是控制数据整体结构的人,负责数据库系统的正常运行。DBA可以是一个人,在大型系统中也可以是由几个人组成的小组。DBA负责数据库物理结构与逻辑结构的定义、修改,并承担创建、监控和维护整个数据库结构的责任。

② 专业用户。专业用户是指系统分析员和数据库设计人员。系统分析员负责系统的需求分析和规范说明,他们要和用户及数据库管理员相结合,确定系统的硬、软件配置并参与数据库系统的概要设计。数据库设计人员负责数据库中数据的确定,数据库各级模式的设计。数据库设计人员必须参加用户需求调查和系统分析,然后进行数据库设计。

③ 应用程序员。应用程序员是使用宿主语言和数据库操作语言编写应用程序的计算机工作者。应用程序员负责设计和编写应用系统的程序模块,并进行调试和安装。

④ 最终用户。最终用户是使用应用程序的非专业人员，如银行的出纳员、商店的销售员等。他们通过应用系统的用户接口使用数据库。常用的接口方式有浏览器、菜单驱动、表格操作、图形显示、报表书写等。

2. 数据库管理系统

数据库管理系统(DBMS)是指数据库系统中对数据进行管理的软件系统，它是数据库系统的核心组成部分，数据库系统的一切操作，包括查询、更新以及各种控制都是通过DBMS进行的。DBMS是基于某种数据模型的，因此，可以把它看成是某种数据模型在计算机系统上的具体实现。根据所采用的数据模型的不同，DBMS可以分为层次型、网状型、关系型等若干类型，但在不同的计算机系统中，由于缺乏统一的标准，即使是同种类型的DBMS，它们在用户接口、系统功能等方面也常常是不同的。

数据库管理系统是为数据库的建立、使用和维护而配置的软件，它建立在操作系统的基础上，对数据库进行统一的管理和控制。用户使用的各种数据库命令以及应用程序的执行，都要通过数据库管理系统。数据库管理系统还承担着数据库的维护工作，按照数据库管理员所规定的要求，保证数据库的安全性和完整性。

数据库管理系统是位于用户与操作系统之间的一个数据管理软件，它的基本功能包括以下几个方面。

(1) 数据库定义功能

DBMS提供数据定义语言DDL用于定义数据库的结构，描述模式、子模式和存储模式及其模式之间的映像，定义数据的完整约束条件和访问控制条件等。这些定义通常由数据库管理员或数据所有者按系统提供的数据定义语言的源形式给出，由DBMS自动将其转换成内部目标形式存入数据字典，供以后数据库管理人员进行数据操作或数据控制时查阅使用，某些定义也允许用户查阅。

(2) 数据库操纵功能

数据库管理系统一般均提供数据操纵语言DML，允许用户根据需要在授权的范围内对数据库中的数据进行操作，包括对数据库中数据的检索、插入、修改和删除等操作。

DML一般分如下两种。

① 交互式命令语言。它语法简单，可以于终端上交互操作，这种语言有时还包括部分控制语句并能独立编程。

② 宿主型语言。它一般可嵌入到某些主语言中，如可嵌入到FORTRAN、C、PASCAL等高级语言中。这种语言本身不能独立作用，因此称为宿主型语言。

(3) 数据控制功能

DBMS对数据库的控制功能主要包括4个方面：数据安全性控制、数据完整性控制、数据库的恢复以及在多用户、多任务环境下的并发控制。

数据安全性控制是对数据库的一种保护，它的作用是防止数据库中的数据被未经授权的用户访问，并防止他们有意或无意中对数据库造成的破坏性改变。

数据完整性控制是DBMS对数据库提供保护的另一个重要方面。其完整性控制的目的主要是保证进入数据库中存储数据的语义的正确性和有效性，防止任何操作对数据造成违反其语义的改变。

数据库的恢复是DBMS在数据库被破坏或数据不正确时，系统有能力把数据库恢复到正确的状态。

数据库的并发控制提供了数据库的保护功能。数据库技术的优点是数据共享，但多个用户同时对同一个数据的操作可能会破坏数据库中的数据，或者造成用户读取到不正确的数据。DBMS的并发控制系统能够防止错误发生，正确处理好多用户、多任务环境下的并发操作。

(4) 数据的服务功能

DBMS有许多实用程序提供给数据库管理员运行数据库系统时使用，这些程序起着维护数据库的功能。它包括数据库中初始数据的录入，数据库的转储、重组、性能监测、分析以及系统恢复等功能。

3. 数据库管理员

要想成功地运转数据库，就要在数据处理部门配备数据库管理人员(DBA)。DBA必须具有下列素质：熟悉企业全部数据的性质和用途、对用户的需要有充分的了解、对系统的性能非常熟悉。

DBA的主要职责包括如下6个方面。

(1) 决定数据库中存放哪些信息

数据库中存放哪些信息最终由DBA决定，为此DBA必须参与数据库设计的全过程，与用户、应用程序员、系统分析员紧密结合，设计概念模式，决定与应用有关的实体、实体之间的关系和实体的属性。然后，DBA设计数据库模式(用模式DDL定义)。再进一步，DBA和各用户结合，决定各用户的外模式(用外模式DDL定义)。

(2) 决定数据库的存储结构和存取策略

DBA要综合各用户的应用要求，和数据库设计人员共同决定数据库的存储结构和存取策略，使数据库的存储空间利用率和存取效率两方面都优。

(3) 定义数据库的安全性要求和完整性约束条件

DBA的重要职责是保证数据库的安全性和完整性。不同用户对数据库的存取权限、数据的保密级别和完整性约束条件等应由DBA负责确定。

(4) 监督和控制数据库的使用和运行

DBA负责监视数据库系统的运行情况，及时处理运行过程中出现的问题，尤其是遇到硬件、软件或人为故障时，数据库系统会因此而遭到破坏，DBA必须能够在最短的时间内把数据库恢复到某一正确的状态，并且尽可能不影响计算机系统其他部分的正常运行。为此，DBA要定义和实施适当的备份和恢复策略。例如，周期性地转储数据、维护日志文件等。

(5) 数据库系统的性能改进

DBA负责监视、分析系统的性能。系统的性能包括空间利用率和处理率两方面。在系统设计时要充分考虑性能要求，但性能的好坏只有从实际运行的结果来检验。所以DBA要负责对运行状况进行记录、统计分析。依靠工作实践，并根据实际应用环境，不断改进数据库设计。

(6) 数据库系统的重组

在数据库运行过程中，许多数据不断插入、删除、修改，时间一长会影响系统的性能。

DBA 要定期地按一定的策略对数据库进行重新组织。当用户的需求增加或改变时,DBA 还要对数据库进行较大的改造,包括内模式和模式的修改,即数据库的重构造。

1.4 关系数据库

1.4.1 关系模型的基本概念

关系模型由三部分组成:数据结构、关系操作、关系的完整性。

关系数据库是以关系模型为基础的数据库,它是应用数学理论处理数据的一种方法。20 世纪 70 年代初由 E. F. Codd 开创了数据库的关系方法和数据规范化理论的研究,他为此获得了 1981 年的图灵奖。从此许多人把研究方向转到关系方法上,把关系方法的研究共同向前推进。以前,数据库的工作基本上停留在工程和实践阶段,很少有理论性的研究。关系方法的出现,大大地激发了数据库的理论研究,把它推向了一个更高级的阶段。

关系数据库与层次数据库、网状数据库相比,具有以下优点:具有简单灵活的数据模型、较高的数据独立性,能提供有着良好性能的语言接口,有着比较坚实的理论基础等。它是目前最流行的数据库系统。

到目前为止,许多关系数据库已经问世。例如,ORACLE 就是其中比较有名的一个,它可在 IBM 大型机、DEC 等厂家的小型机,以及 IBM PC 上运行,受到了用户的欢迎。另外,由于微型机的日益普及,SQL Server 、Foxpro 等关系数据库系统也被广泛用于各个领域。

1.4.2 关系模型的基本术语

在关系模型中,数据结构用单一的二维表来表示实体及实体间的关系。

1. 关系

一个关系对应一个二维表,二维表名就是关系名。如表 1-1、表 1-2 所示为两个二维表,即两个关系:职工信息关系与部门信息关系。其中,二维表中的每一行称为一条记录,二维表中的每一列称为一个字段。

表 1-1 职工信息表

职工号	姓名	性别	年龄	部门号	职工号	姓名	性别	年龄	部门号
101001	王军	男	24	101	103018	王辉玉	女	37	103
101003	黄明业	男	34	101	103023	孙连丽	女	38	104
102018	张华	女	35	102	103034	李光亮	男	27	104
102020	陈名远	男	28	102	103047	王辉	男	39	105
103001	孙大庆	男	36	103	103050	洪方亮	男	35	105
103005	李晓光	女	29	103					

表 1-2　部门信息表

部门号	部门名	部门经理	电话	部门号	部门名	部门经理	电话
101	技术部	张喜华	2406789	104	人事部	孙晓明	3368957
102	财务部	李冬梅	3467890	105	后勤部	陈丽	3269875
103	公关部	王海亮	3565789	106	办公室	王晓云	2427689

2. 属性及值域

二维表中的列(字段)称为关系的属性。关系的属性包括属性名和属性值两部分,其列名即为属性名,列值即为属性值。属性值的取值范围称为值域,每一个属性对应一个值域,不同属性的值域可以相同。

如上述职工信息表中有职工号、姓名、性别、年龄和部门号 5 个属性。其中性别属性的值域是“男”和“女”,年龄属性的值域是[18 ,65]。

3. 关系模式

二维表中的行定义和记录的类型,即对关系的描述为关系模式,关系模式的一般形式为:

关系名(属性 1,属性 2,…,属性 n)

如上述职工信息关系模式表示为:

职工信息表(职工号,姓名,性别,年龄,部门号)

4. 元组

二维表中的一行,即每一条记录的值称为关系的一个元组。其中,每一个属性的值称为元组的分量。关系由关系模式和元组的集合组成。

如上述职工信息表有以下元组:

(101001,王军,男,24,101)

(102018,张华,女,35,102)

5. 键

键由一个或几个属性组成,在实际使用中,有下列几种键。

(1) 超键:在关系中能唯一标识元组的属性或属性的组合称为该关系的超键。

(2) 候选键:不含有多余属性的超键称为候选键。即在候选键中,若要再删除属性,就不是键了。

(3) 主键:用户选用元组标识的一个候选键称为主键。

在关系中,主键能唯一标识一条记录,主键可以是关系表的一个列或若干个列的组合。各记录的主键值必须唯一,不允许重复,不允许为空。

如上述职工信息表中,属性组合(职工号,姓名)是超键,但不是候选键,因为职工号可以唯一标识一个职工,姓名是多余属性,而(职工号)是候选键;若职工姓名没有重名时,则(姓名)也是候选键。实际使用中,一般选择(职工号)作为主键。

6. 主属性与非主属性

关系中包含在任何一个候选键中的属性称为主属性,不包含在任何一个候选键中的属性为非主属性。如上述职工信息表中因为(职工号)、(姓名)是候选键,所以职工号和姓名是主属性,其他属性是非主属性。

7. 外键、参照关系与依赖关系

当关系中的某个属性或属性的组合虽然不是该关系的主键或只是主键的一部分，但却是另一个关系的主键，而且其值来源于另一个关系的主键值，则称该属性或属性的组合为这个关系的外键。以外键作为主键的关系称为参照关系或主关系，外键所在的关系称为依赖关系或从关系。在关系模型中通过外键实现两个关系之间的关联。

外键可是关系表的一个列或若干个列的组合，各记录的外键值必须是其主键关系表中相应的主键值，一般不允许为空。

如上述职工信息表中的“部门号”属性，是部门信息表中的主键，且其值来源于部门信息表中的主键值，因此职工信息表中的“部门号”属性是该表的外键，其中职工信息表是依赖关系，部门信息表是参照关系。这两个关系表是通过外键“部门号”相关联的。

1.4.3 关系的定义和性质

由于关系是若干元组的集合，因此可以用集合的观点定义关系。关系是一个元数为 $K(K\geqslant1)$ 的元组的集合。即把关系看成是一个集合，集合中的元素是元组，每个元组属性个数应相同。

尽管关系模型的数据结构表示二维表，但不是任意一个二维表都表示一个关系。严格地说，关系是一种规范化了的二维表格。在关系模型中，对关系作了下列规范性限制。

(1) 关系中的每一个属性值是不可分解的。也就是说，要求关系的每一个分量必须是一个不可分的数据项，即表中不能含有表。这是关系数据库对关系的最基本的限制。

(2) 每一个关系模式中属性的数据模型以及属性的个数是固定的，并且每个属性必须命名，在同一个关系模式中，属性名必须是互不相同的。

(3) 每一个关系仅有一种关系模式。

(4) 在关系中元组的顺序是无关紧要的，即没有行序。

(5) 在关系中属性的顺序可任意交换，交换应连同属性名一起交换，即没有列序。

(6) 在同一个关系中不允许出现完全相同的元组。

1.4.4 关系模型的三要素

关系模型由三部分组成：数据结构、关系操作及关系模型的完整性规则，下面分别讨论这三部分。

1. 数据结构

关系模型中所选用的数据结构为集合论中的关系，即用关系来描述实体集，同时也用关系来描述实体之间的关系。关系模型已经成为数据库系统普遍选用的模型，其理由之一便是数据结构的简洁性和通俗性，同时又有坚实的数学理论为基础。

2. 关系操作

关系模型得到广泛使用的另一原因是其关系操作的特点。关系模型中的数据操作是高度非过程化的，用户只需指出做什么，不必指出怎么做。关系操作能力的表达有两种不同的方法。

(1) 代数方法，也称为关系代数。它是以集合的操作为基础，应用对关系的专门运算来表达查询的要求。

(2) 逻辑方法,也称为关系演算。它是以谓词演算为基础,通过元组必须满足的谓词公式来表达查询要求。

对于关系数据库,这两种方法在表达能力上是等价的。需要说明的是,对关系数据库的操作包括对数据库的查询和更新,查询用于各种检索操作,更新用于插入、删除和修改等操作。其中,数据查询的表达是关系操作最重要的部分。

3. 关系模型的完整性规则

数据完整性由完整性规则来定义,关系模型的完整性规则是对关系的某种约束条件。在关系模型中,数据的约束条件通过三类完整性约束条件来描述,它们是实体完整性、参照完整性和用户定义的完整性。为了维护数据库中的数据完整性,在对关系数据库执行插入、删除和修改等操作时,必须遵守这三类完整性规则。

(1) 实体完整性

关系模型用关系来描述实体以及实体之间的关系,所以在关系数据库中一个关系对应现实世界中的一个实体集,关系中的每一个元组对应一个实体。现实世界中的每一个实体都是可区分的,在关系中用主键来唯一标识一个实体(元组),若一个实体(元组)的主键值为空值(所谓空值是"不知道"或"无意义"的值),说明存在某个不可标识的实体,这和实体的概念是矛盾的,即不存在不可标识的实体,因此限定关系中的主键值不能为空。关系的这种约束,称为实体完整性。

实体的完整性规则是对关系中的主属性的约束,即,设属性 A 是关系 R 的主属性,则由系统负责维护该模式下的关系 R 中的任何一个元组在这些属性上不能取空值,以保证关系数据库系统中的任何一个关系都满足实体完整性约束条件。

如上述职工信息表的主键是"职工号",则"职工号"不能重复,根据实体完整性,则"职工号"不能取空值。

(2) 参照完整性

参照完整性是用于约束外键的,即,若 F 是关系 R 中对应关系 S 的外键,则对于 R 中每个元组在 F 上的值必须为以下值:

① 取空值(F 的每个属性值均为空);

② 等于 S 中某个元组的主键值。

关系 R 和 S 不一定是不同的关系。

如上述职工信息表的主键为"职工号",部门信息表的主键为"部门号",职工信息表中的"部门号"是该表(对应部门信息表)的外键,则职工信息表中的每个元组在"部门号"上的值允许有两种可能:

① 取空值,说明这个职工尚未分配到某个部门;

② 若非空值,则"部门号"的值必须是部门信息表中某个元组中"部门号"的值,表示此职工不可能分配到一个不存在的部门中。

实体完整性和参照完整性由关系数据库管理系统自动维护。

(3) 用户定义的完整性

实体完整性和参照完整性是任何关系数据库系统应满足的数据约束条件。同时,关系数据库管理系统还允许用户定义某一具体数据库所涉及的数据必须满足的约束条件。这种约束条件是对数据在语义范畴的描述，由具体应用环境来决定，这就是用户定义的完整性。如上述职工信息表中的年龄属性被限制在18到65之间。

用户定义的完整性应由用户利用DBMS提供定义这类完整性的方法，定义用户数据应满足的约束条件，然后由DBMS负责检验用户数据库是否满足用户定义的完整性。

1.5 关系数据库设计

只有采用较好的数据库设计，才能比较迅速、高效地创建一个设计完善的数据库，为访问所需的信息提供方便。在设计时打好坚实的基础，设计出结构合理的数据库，会节省日后管理数据库所需要的时间。本节将在避免谈及关系数据库规范化所波及的理论的前提下，通俗地介绍在SQL Server中设计关系数据库的方法。

1.5.1 数据库设计步骤

数据库应用系统与其他计算机应用系统相比有自己的特点，一般都具有数据量庞大、数据保存时间长、数据关联比较复杂、用户要求多样化等特点。设计数据库的目的实质上是设计出满足实际应用需求的实际关系模型。

在SQL Server中具体实施时表现为数据库和表的结构合理，不仅存储了所需要的实体信息，而且必须反映出实体之间客观存在的联系。

1. 设计原则

为了合理地组织数据，应遵从以下基本设计原则。

(1) 关系数据库的设计应遵从概念单一化"一事一地"的原则

一个表描述一个实体或实体间的一种联系，避免设计大而杂的表，首先分离那些需要作为单个主题而独立保存的信息，然后确定这些主题之间有何联系，以便需要时把正确的信息组合在一起。通过将不同的信息分散在不同的表中，可以使数据的组织工作和维护工作更简单，同时也易于保证建立的应用程序具有较高的性能。

例如，将有关职工基本情况的数据，包括职称、技能等保存到职工表中，把工资单的信息保存到工资表中，而不是将这些数据统统放到一起。同样道理，应当把学生信息保存到学生表中，把有关课程的信息保存到课程表中，把学生选课的有关信息，包括所选课程的成绩保存到选课表中。

(2) 避免在表之间出现重复字段

除了保证表中有反映与其他表之间存在联系的外部关键字之外，应尽量避免在表之间出现重复字段。这样做的目的是使数据冗余尽量小，避免在插入、删除和更新时造成数据的不一致。

例如，在课程表中有了课程名字段，在选课表中就不应再有课程名字段。需要时可以通过两个表的连接找到。

(3) 表中的字段必须是原始数据和基本数据元素

表中不应包括通过计算可以得到的"二次数据"或多项数据的组合，能够通过计算从其他字段值推导出来的字段也应尽量避免。

例如，在职工表中应当包括“出生日期”字段，而不应包括“年龄”字段。当需要查询年龄的时候，可以通过简单计算得到准确年龄。

在特殊情况下允许保留计算字段，但是必须保证数据的同步更新。例如，在工资表中出现的“实发工资”字段，其值是通过“基本工资＋资金＋津贴－房租－水电费－托儿费”计算出来的，每次更改其他字段值的时候都必须重新计算。可以通过SQL Server的触发器来保证重复字段的同步更新。

(4) 用外部关键字保证有关联的表之间的联系

表之间的各种关联是依靠外部关键字来维持的，使得表具有合理的结构，不仅存储所需要的实体信息，并且反映出实体之间客观存在的联系，最终设计出满足应用需求的实际关系模型。

2. 设计的步骤

利用SQL Server来开发数据库应用系统，可以按照以下步骤来设计。

(1) 需求分析：确定建立数据库的目的有助于确定数据库保存哪些信息。

(2) 确定需求的表：着手把需求信息划分成各个独立的实体，例如客户、职工、商品、定单、供应商等。将每个实体设计为数据库中的一个表。

(3) 确定所需字段：确定在每个表中要保存哪些字段。通过对这些字段的显示或计算应能够得到所需求的信息。

(4) 确定联系：对每个表进行分析，确定一个表中的数据和其他表中的数据有何联系。必要时，可在表中加入字段或创建新表来明确地反映联系。

(5) 设计求精：对设计进一步分析，查找其中的错误。创建表，在表中加入几个示例数据记录，看看能否从表中得到想要的结果。必要时应调整设计。

在初始设计时，难免会发生错误或遗漏数据。这只是一个初步方案，以后可以对设计方案进一步完善。完成初步设计后，可以利用示例数据对窗体、报表的原型进行测试。SQL Server很容易在创建数据库时对原设计方案进行修改。可是在数据库中载入了大量数据或连编窗体和报表之后，再来修改这些表就困难得多了。正因如此，在连编应用程序之前，应确保设计方案已经考虑得比较合理。

1.5.2　数据库设计过程

本任务将遵循上一任务给出的设计原则和设计步骤，具体介绍在SQL Server中设计数据库的过程。首先必须通过对用户需求进行详尽分析，才有可能设计出满足用户需要的数据库应用系统。

1. 需求分析

用户需求主要包括以下三个方面。

(1) 信息需求：用户要从数据库中获得的信息内容。信息需求定义了数据库应用系统应该提供的所有信息，应注意描述清楚系统中数据的数据类型。

(2) 处理需求：需要对数据完成什么处理功能及处理的方式。处理需求定义了系统的数据处理的操作，应注意操作执行的场合、频率及操作对数据的影响等。

(3) 安全性和完整性要求：在定义信息需求和处理需求的同时必须相应确定安全性和完整性约束。

首先要与数据库的使用人员多加交流，尽管收集资料阶段的工作非常烦琐，但必须耐心细致地了解现行业务处理流程，收集全部数据资料，如报表、合同、档案、单据、计划等，所有这些信息在后面的设计步骤中都要用到。

2. 确定需要的表

定义数据库中的表是数据库设计过程中技巧性最强的一步。因为仅仅根据用户想从数据库中得到的结果(包括要打印的报表、要使用的窗体、要数据库回答的问题)不一定能直接得到如何设计表结构的线索。需要分析对数据库系统的要求，推敲那些需要数据库回答的问题。分析的过程是对所收集的数据进行抽象的过程。抽象是对实际事物或事件的人为处理，抽取共同的本质特性。

仔细研究需要从数据库中取出的信息，遵从概念单一化“一事一地”的原则，即一个表描述一个实体或实体间的一种联系，并把这些信息分成各种基本实体。例如，在销售管理数据库中，把客户、职工、商品、订单、供应商等每个实体设计成一个独立的表。

3. 确定所需字段

确定字段时需要注意的问题如下。

(1) 每个字段直接和表的实体相关

描述另一个实体的字段应属于另一个表。首先必须确保一个表中的每个字段直接描述该表的实体。如果多个表中重复同样的信息，应删除不必要的字段。后面将介绍如何定义表之间的关系。

(2) 以最小的逻辑单位存储信息

表中的字段必须是基本的数据元素，而不是多项数据的组合。如果一个字段中结合了多种数据，将会很难获取单独的数据，应尽量把信息分解成比较小的逻辑单位。例如，商品名、商品类别和商品描述应创建不同的字段。

(3) 表中的字段必须是原始数据

在通常情况下，不必要把计算结果存储在表中，对于可推导得到或需计算得到的数据，当需要查看结果时再进行计算。

例如，在库存清单中的字段：商品号、商品名称、数量、单价、总价。其中，总价＝单价×数量，因此总价是通过计算得到的二次数据，不是基本数据元素，不应作为基本数据在数据库里存储。像这样对所收集到的数据逐个进行筛选和认定需要很大的工作量。

(4) 确定主关键字字段

关系型数据库管理系统能够迅速查找存储在多个独立表中的数据并组合这些信息。为达此目的，数据库的每一个表都必须有一个或一组字段，即主关键字，用以唯一确定存储在表中的每个记录。

SQL Server 利用主关键字迅速关联多个表中的数据，不允许在主关键字字段中有重复值或空值。常使用唯一的标识号作为这样的字段。例如，在销售管理数据库中把客户编码、职工号、商品号和订单号分别指定为客户表、职工表、商品表和订单表的主关键字段。

4. 确定联系

设计数据库的目的实质上是设计出满足实际应用需求的实际关系模型。确定联系的目的是使表的结构合理，不仅存储了所需要的实体信息，并且反映出实体之间客观存在的关联。

前面各个步骤已经把数据分配到了各个表。因为有些输出需要从几个表中得到信息，为了使得 SQL Server 能够将这些表中的内容重新组合，得到有意义的信息，就需要确定外部关键字。例如，在图书管理数据库中，图书编号是图书表中的主关键字，也是借阅表的一个字段。在数据库术语中，借阅表中的图书编号字段称为“外部关键字”，因为它是另一表（或称外部表）的主关键字。

因此，需要分析各个表所代表实体之间存在的联系。要建立两个表的联系，可以把其中一个表的主关键字添加到另一个表中，使两个表都有该字段。具体方法如下所示。

（1）一对多联系

一对多联系是关系型数据库中最普遍的联系。在一对多联系中，表 A 的一个记录在表 B 中可以有多个记录与之对应，但表 B 中的一个记录最多有一个表 A 的记录与之对应。

例如，在家庭管理数据库中，父母表与子女表之间的联系存在“一对多”的联系。一对父母可有多个子女，而一个子女只有一对父母。

要建立这样的联系，就要把“一方”的主关键字字段添加到“多方”的表中。在联系中，“一方”用主关键字或候选关键字，而“多方”使用普遍索引关键字（关于索引关键字的具体内容请参见后续章节的有关内容）。

（2）多对多联系

在多对多联系中，表 A 的一个记录在表 B 中可对应多个记录，而表 B 的一个记录在表 A 中也可对应多个记录。这种情况下需要改变数据库的设计。

例如，在销售管理数据库中，订单表和商品表之间的联系存在“多对多”的联系。一种商品可同时有多个订单，即可同时被多家客户订购；而一个订单可同时写有多种商品，即同一家客户可同时订购多种商品。

为了避免数据重复存储，又保持多对多联系，方法是创建第三个表，把多对多的联系分解成两个一对多联系。这第三个表包含两个表的主关键字，在两表之间起着纽带的作用，称之为“纽带表”。

在销售管理数据库中的具体做法是创建一个“订单项目”表，把商品号和订单号两个表的主关键字都放在这个“纽带表”中。在“订单项目”表中还可以包含数量等其他字段，如图 1-1所示。在订单和商品间的多对多联系由两个一对多联系来代替：订单表和订单项目表是一对多关系。每个订单可以有多个订单项目，但每个订单项目只和一个订单有关。商品表和订单项目表也是一对多的关系。每个商品可以有许多订单项目，但每个订单项目只能指向一种商品。

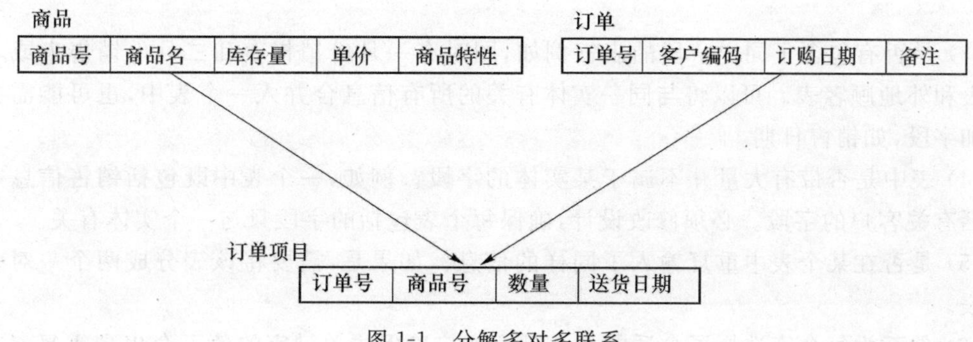

图 1-1　分解多对多联系

同样道理,可以建立一个"供货"表来分解供应商和商品之间的多对多联系;建立一个"销售"表来分解职工中的销售人员与商品之间的多对多联系。前面所叙述的图书管理数据库的借阅表和教学管理数据库中的选课表都属于"纽带表"。

即在关系数据库中的各个表之间,不允许存在"多对多"联系的两个表,如果存在,则增加一个(联系这两个表的)"纽带表",将"多对多"联系分解成两个"一对多"联系。

"纽带表"不一定需要自己的主关键字。如果需要,应当将它所联系的两个表的主关键字作为组合关键字指定为主关键字。

(3) 一对一联系

在一对一联系中,表 A 的一个记录在表 B 中只对应着一个记录,而表 B 的一个记录在表 A 中也只对应着一个记录。

例如,在家庭管理数据库中,父亲表与母亲表之间的联系就是"一对一"的联系,一位父亲对应着一位母亲,而一位母亲也对应着一位父亲。

如果存在一对一联系的表,首先要考虑是否可以把这些字段合并到一个表中。例如,销售人员也是职工,公司经常评估他们的销售业绩,需要根据实际情况决定是否需要一个单独的销售员表。如果需要分离,可按下面的方法建立一对一关系。

如果两个表有同样的实体,可在两个表中使用同样的主关键字字段。像职工表和工资表的主关键字字段都是职工号一样,销售员表的主关键字字段也应指定为职工号。

如果两个表有不同的实体及不同的主关键字,选择其中一个表,把它的主关键字字段放到另一个表中作为外部关键字字段,以此建立一对一关系。例如,学校内部的图书馆的读者就是职工和学生,可以把职工表中的职工号和学生表中的学生号放到读者表中。

5. 设计求精

数据库设计在每一个具体阶段的后期都要经过用户确认。如果不能满足应用需求,则要返回到前面一个或前面几个阶段进行修改和调整。整个设计过程实际上是一个不断反复修改、调整的迭代过程。

通过前面各个步骤确定了所需要的表、字段和联系之后,应该回过头来研究一下设计方案,检查可能存在的缺陷和需要改进的地方,这些缺陷可能会使数据库难于使用和维护。下面是需要检查的几个方面。

(1) 是否遗忘了字段?是否有需要的信息没有包括进去?如果它们不属于已创建的表,就需要另外创建一个表。

(2) 是否存在保持大量空白的字段?这种现象通常意味着这些字段应当属于另一个表。

(3) 是否有包含了同样字段的表?例如,同时有一月份销售表和二月份销售表或本地顾客表和外地顾客表。可以将与同一实体有关的所有信息合并入一个表中,也可能需要另外增加字段,如销售日期。

(4) 表中是否带有大量并不属于某实体的字段?例如,一个表中既包括销售信息字段又包括有关客户的字段。必须修改设计,确保每个表包括的字段只与一个实体有关。

(5) 是否在某个表中重复输入了同样的信息?如果是,需要将该表分成两个一对多关系的表。

(6) 是否为每个表选择了合适的主关键字?应确保主关键字的值不会出现重复。在使用这个主关键字查找具体记录时，它是否很容易记忆和输入？

(7) 是否存在字段很多而记录很少的表，同时许多记录中的字段值为空？如果存在，就要考虑重新设计该表，使它的字段减少，记录增多。

经过反复修改之后，就可以开发数据库应用系统的原型了。图 1-2 给出了销售管理数据库的关系模型，其中每个方框代表一个 SQL Server 的表，无箭头连线代表一对一联系，单箭头连线代表一对多联系。系统共有 11 个表，不存在孤立的表，并且表与表之间均通过外部关键字反映了必要的联系。

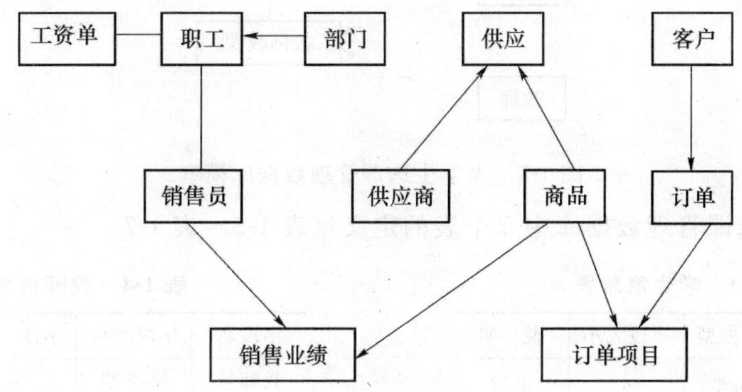

图 1-2　销售管理数据库的关系模型

1.6　任务实现

设计大学生选课管理数据库，分析如下。

(1) 在大学生选课管理数据库中，显然得有"学生"、"教师"和"课程"这三个对象实体，也就是说，得有学生信息表、教师信息表和课程信息表。

(2) 学生信息表至少得含有学号、姓名、性别、所在系、班级和电话这几项信息；教师信息表至少得含有教师编号、姓名、性别、所在系、学历、专业、职称和电话这几项信息；课程信息表至少得含有课程代码、课程名称、学时数、学分和课程收费这几项信息。

(3) 显然学生信息表、教师信息表和课程信息表之间有如下联系。

① 教师表与课程表之间存在"多对多"的联系，一个教师能够同时讲授多门课程，而同一门课程也可由多个教师来讲授。

这样由前面叙述可知，需要增加一个能够联系教师表与课程表的"纽带表"，即"教师教课信息表"，该表至少含有教师号、课程代码和讲课酬金这几项信息，指哪个教师所能够讲授的哪一门课程。

② 学生表与教师教课表之间存在"多对多"的联系，一个学生能够同时选修多门(有教师能讲的)课程，同一门(有教师能讲的)课程也可有多个学生同时选修。

这样还需要增加一个能够联系学生表与教师教课表的"纽带表"，即"学生选课信息表"，该表至少含有学生号、课程代码、教师号和课程成绩这几项信息。指哪个学生选修的哪一门课程和所选讲授这门课程的哪一位教师。

(4) 经上述分析可知，大学生选课管理数据库应含有 5 个表：学生信息表、教师信息表、课程信息表、教师教课信息表（指教师能够讲授的课程统计表）和学生选课信息表（指学生所选修的课程统计表），它们之间的关系模型如图 1-3 所示，其中单箭头连线代表一对多联系。

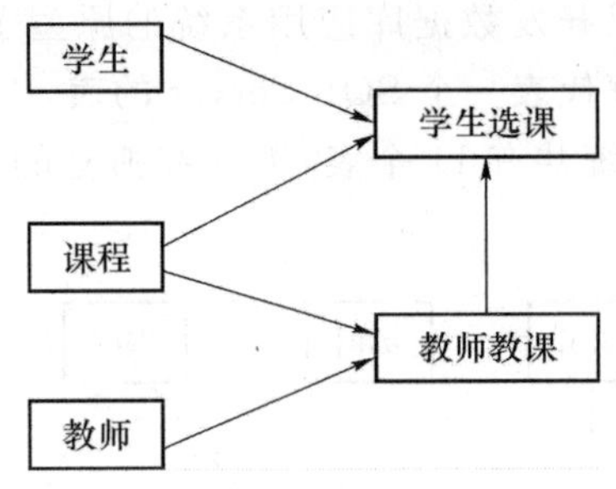

图 1-3　大学生选课管理数据库模型

(5) 大学生选课管理数据库中 5 个表的定义见表 1-3～表 1-7。

表 1-3　学生信息表

字段名	字段类型	字段大小	说　明
学号	字符型	6	主键
姓名	字符型	8	
性别	字符型	2	
出生日期	日期型	3	
入学时间	日期型	3	
所属系	字符型	20	
班级	字符型	20	
电话	字符型	11	

表 1-4　教师信息表

字段名	字段类型	字段大小	说　明
教师号	字符型	4	主键
姓名	字符型	8	
性别	字符型	2	
出生日期	日期型	3	
任教时间	日期型	3	
学历	字符型	10	
专业	字符型	20	
职称	字符型	10	
所属系	字符型	20	
电话	字符型	11	

表 1-5　课程信息表

字段名	字段类型	字段大小	说　明
课程号	字符型	3	主键
课程名	字符型	20	
先行课程号	字符型	3	
学分	整数型	1	
学时	整数型	3	
收费	整数型	3	

表 1-6　教师教课信息表

<table>
<tr><th>字段名</th><th>字段类型</th><th>字段大小</th><th colspan="2">说　明</th></tr>
<tr><td>教师号</td><td>字符型</td><td>4</td><td>外键</td><td rowspan="2">主键</td></tr>
<tr><td>课程号</td><td>字符型</td><td>3</td><td>外键</td></tr>
<tr><td>酬金</td><td>整数型</td><td>3</td><td colspan="2"></td></tr>
</table>

表 1-7　学生选课信息表

<table>
<tr><th>字段名</th><th>字段类型</th><th>字段大小</th><th colspan="2">说　明</th></tr>
<tr><td>学号</td><td>字符型</td><td>6</td><td>外键</td><td rowspan="2">主键</td></tr>
<tr><td>课程号</td><td>字符型</td><td>3</td><td rowspan="2">外键</td></tr>
<tr><td>教师号</td><td>字符型</td><td>4</td><td></td></tr>
<tr><td>成绩</td><td>实数型</td><td>4.1</td><td colspan="2"></td></tr>
</table>

练　习　题

1. 客户订货管理数据库可含有三个关系表:客户信息表、商品信息表和客户订货信息表。画出这三个表之间的关系模型,并分别设计出这三个关系表,注意每个表的主键或外键以及三个表之间的联系。

2. 图书管理数据库可含有三个关系表:读者信息表、图书信息表和读者借阅登记表。画出这三个表之间的关系模型,并分别设计出这三个关系表,注意每个表的主键或外键以及三个表之间的联系。

第2章　数据库的创建

教学目标

通过本章学习，使学生掌握SQL Server数据库的基本概念、基本组成及其文件组，熟练掌握SQL Server Management Studio的使用方法，能够熟练利用SQL Server Management Studio和SQL命令建立和操作数据库。

教学要求

知识要点	能力要求	关联知识
SQL Server 2008常用工具	（1）掌握SQL Server Management Studio使用方法 （2）掌握SQL Server 2008查询编辑器的使用方法 （3）掌握SQL命令代码的输入、编辑和执行方法	SQL Server Management Studio，SQL Server 2008查询编辑器
SQL Server数据库	掌握SQL Server数据库的基本概念、基本组成及其有关文件	SQL Server数据库及其文件组
SQL Server数据库操作	（1）掌握SQL Server数据库建立的方法 （2）掌握SQL Server数据库操作的方法	使用SQL Server Management Studio建立和操作数据库，Create Database、Alter Database、Use等SQL命令

重点难点

- SQL Server数据库的基本概念、基本组成
- SQL Server Management Studio的使用方法
- SQL Server 2008查询编辑器的使用方法
- SQL Server 2008数据库的建立及操作方法

2.1　任务描述

本章完成项目的第2个任务：创建大学生选课管理数据库Student，数据库的主数据文

件逻辑名称为 student_data，物理文件为 D:\大学生选课系统\student. mdf，初始大小为 10 MB，最大容量为 100 MB，增长速度为 15%；为数据库设置一个辅助数据文件 student1_dat，物理文件为 D:\大学生选课系统\student1. ndf，初始大小为 10 MB，最大容量为 100 MB，增长速度为 15%；数据库的事务日志文件为 student_log，物理文件为 D:\ 大学生选课系统\student. ldf，初始大小为 5 MB，最大尺寸为 25 MB，增长速度为 5 MB。

2.2　SQL Server 2008 简介

SQL Server 是由 Microsoft 开发和推广的关系数据库管理系统（DBMS），它最初是由 Microsoft、Sybase 和 Ashton-Tate 三家公司共同开发的，并于 1988 年推出了第一个 OS/2 版本。SQL Server 近年来不断更新版本，1996 年，Microsoft 推出了 SQL Server 6. 5 版本；1998 年，SQL Server 7. 0 版本和用户见面；2000 年，Microsoft 推出了 SQL Server 2000 版本；2005 年，Microsoft 推出了 SQL Server 2005 版本；SQL Server 2008 是 Microsoft 于 2008 年推出的最新版本。

2.2.1　SQL Server 2008 特点及性能

（1）真正的客户机/服务器体系结构。

（2）图形化用户界面，使系统管理和数据库管理更加直观、简单。

（3）丰富的编程接口工具，为用户进行程序设计提供了更大的选择余地。

（4）SQL Server 2008 与 Windows NT 完全集成，利用了 NT 的许多功能，如发送和接受消息、管理登录安全性等。SQL Server 2008 也可以很好地与 Microsoft BackOffice 产品集成。

（5）具有很好的伸缩性，可跨越从运行 Windows XP 的膝上型计算机到运行 Windows 2000/Windows 2003 或以上版本的大型多处理器等多种平台使用。

（6）对 Web 技术的支持，使用户容易地将数据库中的数据发布到 Web 页上。

（7）SQL Server 2008 提供数据仓库和商业智能服务功能，是真正意义上的企业级产品，支持数据仓库，可以组织大量的稳定数据以便于分析和检索。SQL Server 2008 的综合分析、集成和数据迁移功能使各个企业无论采用何种基础平台都可以扩展其现有应用程序的价值。

（8）SQL Server 2008 具有集成的数据管理功能，提供了一组综合性的数据管理组件和新的开发工具，这些组件的紧密集成使 SQL Server 2008 与众不同。无论是开发人员、数据库管理员、信息工作者还是决策者，SQL Server 2008 都可以为他们提供创新的解决方案，使他们从数据中获益更多。

（9）SQL Server 2008 支持 XML 技术，XML 是可扩展标记语言的简称，可以根据用户自定义标记来存储和处理数据，主要用来处理半结构化的数据。SQL Server 2008 系统提供了 XML 数据类型，完全支持关系数据和 XML 数据，使企业单位能够以最合适自身需要的格式进行数据存储、管理和分析。

（10）关联. NET Compact Framework，为快速开发应用程序提供了可重用的类。从用户界面开发、应用程序管理，再到数据库的访问，这些类可以缩短开发时间和简化编程任务。SQL Server 2008 与.NET Compact Framework 3.5 密切相关，数据库引擎中加入了.NET 的公共语言执行环境，从而方便了数据库应用程序的开发。

2.2.2 SQL Server 2008 常用实用工具

1. SQL Server Management Studio

SQL Server Management Studio 是微软管理控制台中的一个内建控制台，是 SQL Server 2008 中最重要的一个管理工具，用来管理所有的 SQL Server 2008 数据库。它不仅能够配置系统环境和管理 SQL Server 2008，而且由于它能够以层叠列表的形式来显示所有的 SQL Server 2008 对象，因而所有 SQL Server 2008 对象的建立与管理都可以通过它来完成。

利用 SQL Server Management Studio 可以完成如下操作：

- 管理 SQL Server 服务器，建立与管理数据库；
- 建立与管理表、视图、存储过程、触发程序、角色等数据库对象；
- 备份数据库和事务日志，恢复数据库，复制数据库；
- 设置任务调度和警报；
- 提供跨服务器的拖放控制操作，管理用户账户等。

SQL Server Management Studio 界面如图 2-1 所示。

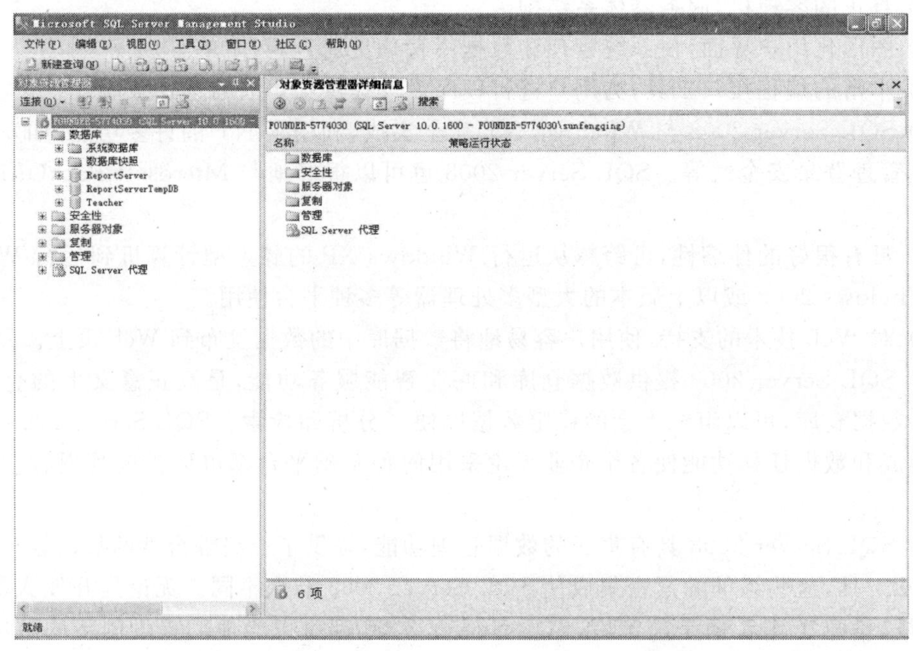

图 2-1 SQL Server Management Studio 界面

2. SQL Server 2008 查询编辑器

SQL Server 2008 查询编辑器是一个图形界面的查询工具，主要用于建立、编辑、分析和执行 SQL 命令代码，并且迅速查看这些语句代码的执行结果，执行结果在结果窗格中以文本或表格形式显示，或重定向到一个文件中，以分析和处理数据库中的数据。这是一个非常实用的工具，对掌握 SQL 语言，深入理解 SQL Server 2008 的管理工作有很大帮助。

SQL Server 2008 查询编辑器界面如图 2-2 所示。

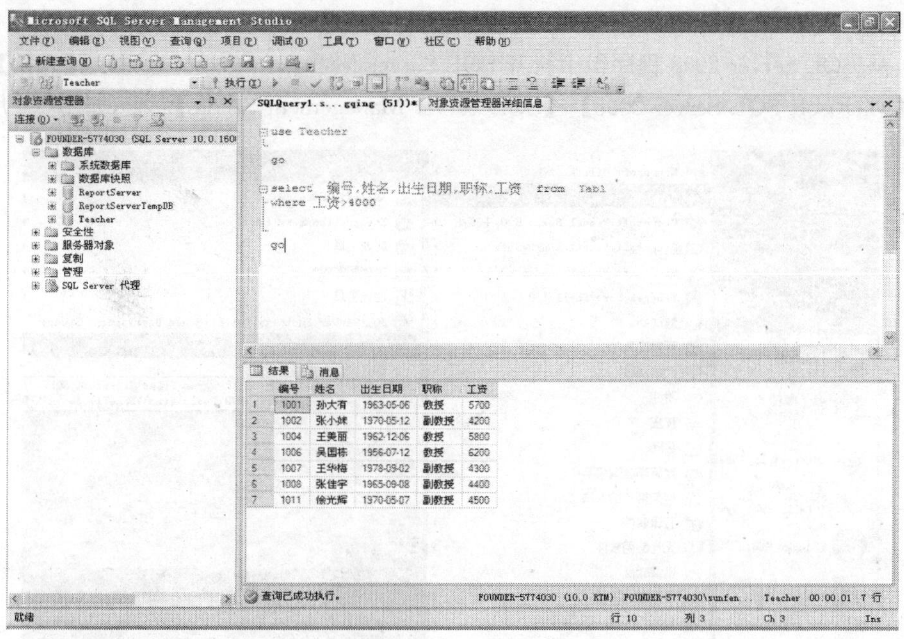

图 2-2　SQL Server 2008 查询编辑器界面

3. 导入和导出数据向导程序

导入和导出数据是 SQL Server 2008 中的一个向导程序，在 SQL Server 2008 服务器之间传输数据，或与其他数据格式不同的数据库进行数据交换。“SQL Server 导入和导出向导”程序界面如图 2-3 所示。

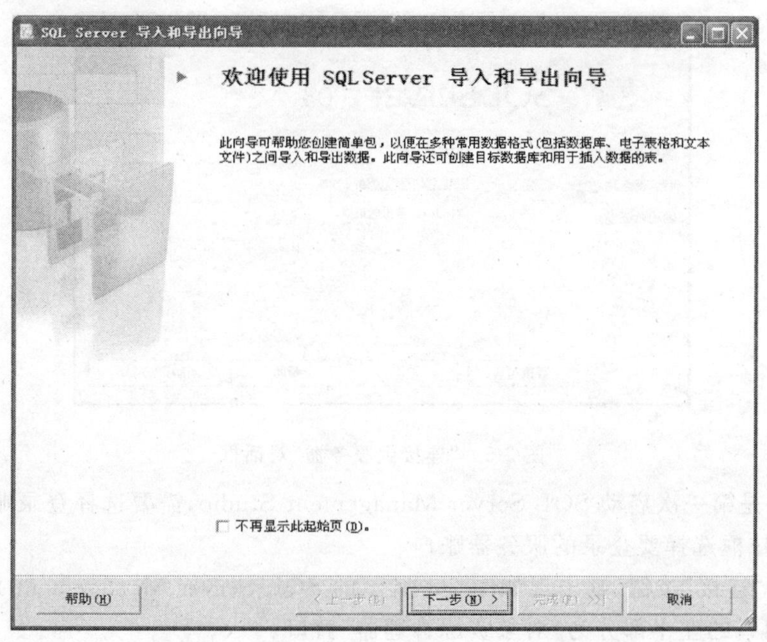

图 2-3　“SQL Server 导入和导出向导”程序界面

2.2.3 SQL Server 2008 常用工具的启动

1. 启动 SQL Server Management Studio

（1）从 SQL Server 2008 程序组中打开 SQL Server Management Studio，执行【开始】→【所有程序】→【Microsoft SQL Server 2008】→【SQL Server Management Studio】命令，如图 2-4 所示。

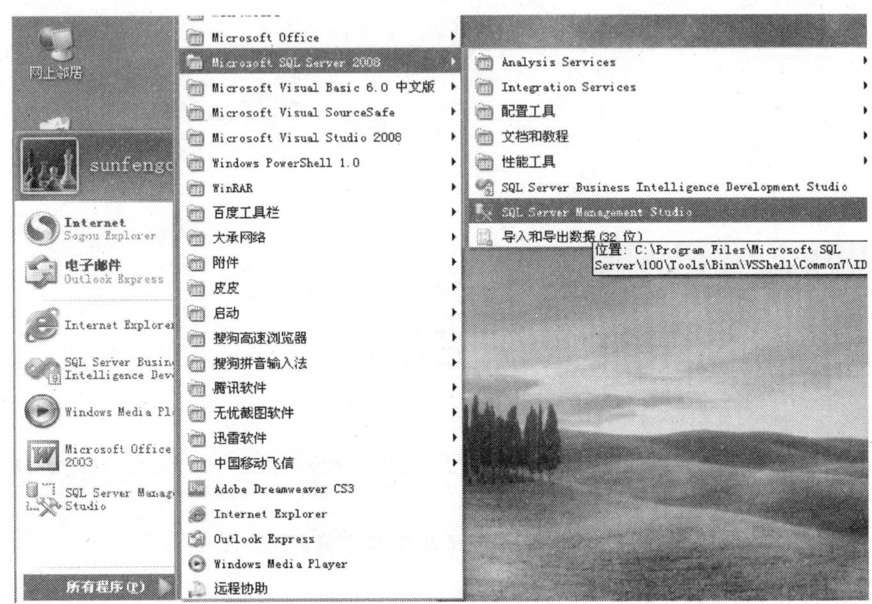

图 2-4　启动 SQL Server Management Studio

（2）弹出如图 2-5 所示的登录对话框。

图 2-5　"连接到服务器"对话框

（3）如果是第一次启动 SQL Server Management Studio，需要选择登录账户。通过"服务器名称"下拉框选择要登录的服务器账户。

（4）单击"连接"按钮，则出现如图 2-1 所示的 SQL Server Management Studio 界面窗口。该界面窗口的左半部分为"对象资源管理器"窗口。

2. 启动 SQL Server 2008 查询编辑器

(1) 首先启动 SQL Server Management Studio，然后再单击其工具栏上的【新建查询】按钮，则出现如图 2-2 所示的查询编辑器窗口。

(2) 设置 SQL 语句代码执行结果的显示方式，在 SQL Server 2008 查询编辑器窗口的空白处右击鼠标，则弹出快捷菜单，在弹出菜单中的【将结果保存到】命令选项中，有三个选项可用于设置执行结果显示方式，如图 2-6 所示。

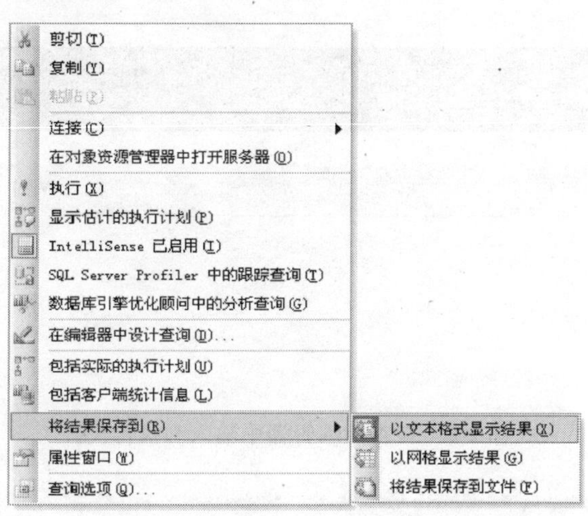

图 2-6　设置查询结果显示方式

(3) SQL 命令代码的执行方法如下。

在 SQL Server 2008 查询编辑器窗口中输入要执行的 SQL 命令代码，然后单击工具栏上的【执行】按钮或者直接按 F5 键即可执行。

注意： 在输入完一个 SQL 命令回车后还要输入一个 GO 回车，以表示该 SQL 命令结束。即在 SQL 命令之间用 GO 回车分开。

如图 2-7、图 2-8 和图 2-9 所示。

图 2-7　在查询编辑器中输入和执行代码

```
Create Table 学生表
(学号 char(6) Primary Key,
姓名 varchar(20) Not Null,
出生日期 Date,
中文 smallint,
英文 smallint,
数学 smallint,
)

Go

Insert Into 学生表 values('100001' , '张大有' , '1993-8-12' , 89 , 90, 56)
Insert Into 学生表 values('200012' , '王凯' , '1991-6-13' ,79 ,91 ,86)
Insert Into 学生表 values('300023' , '孙小美' , '1992-8-22' , 59 , 92 ,66)
Insert Into 学生表 values('500034' , '刘娜' , '1995-2-5' , 77 , 97 , 46)
```

结果

(1 行受影响)

(1 行受影响)

(1 行受影响)

(1 行受影响)

图 2-8 在查询编辑器中输入和执行代码

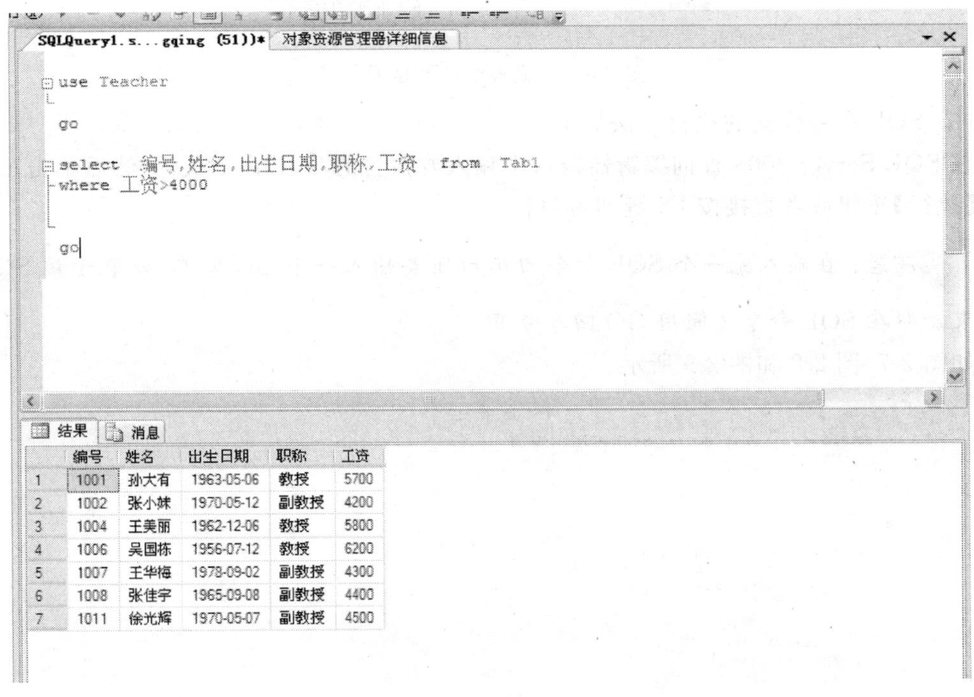

图 2-9 在查询编辑器中输入和执行代码

注意：为了避免 SQL 命令代码的重复执行，可先选定待执行的命令代码，然后再单击工具栏上的【执行】按钮或者直接按 F5 键执行，如图 2-8 所示。

(4) 可通过 SQL Server Management Studio 工具栏上的【保存】按钮将当前的 SQL 语

句代码保存到一个 SQL 文件中，如图 2-10 所示。

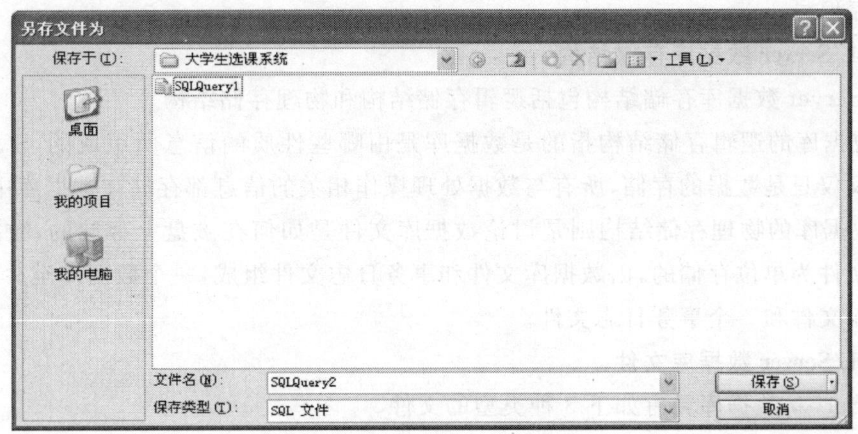

图 2-10　“另存文件为”对话框

(5) 可通过 SQL Server Management Studio 工具栏上的【打开文件】按钮打开指定的 SQL 文件进行编辑和执行，如图 2-11 所示。

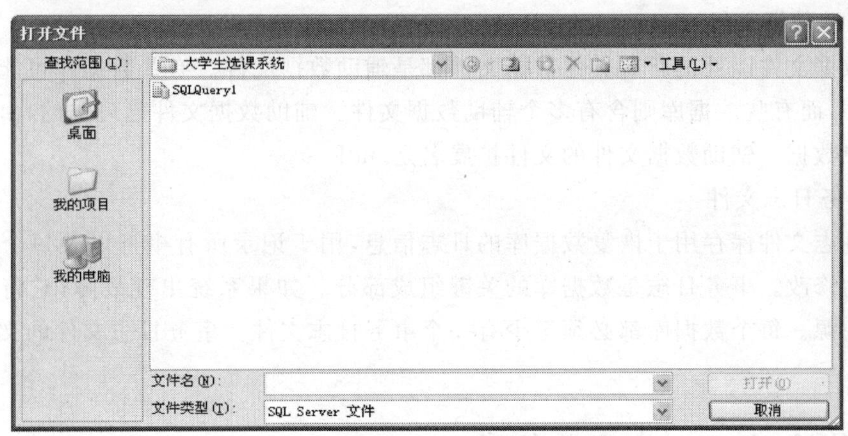

图 2-11　“打开文件”对话框

2.3　SQL Server 数据库

2.3.1　SQL Server 数据库概述

数据库是数据库管理系统的核心，它包含了系统运行所需的全部数据。

1. SQL Server 数据库组成

SQL Server 数据库由一个表集合组成。这些表包含数据以及支持对数据执行的活动而定义的其他数据库对象，如视图、索引、存储过程、用户定义函数和触发器等。数据库由数据库名和数据库文件确定。存储在数据库中的数据通常与特定的主题或过程相关，如生产仓库的库存信息。

2. SQL Server 数据库存储结构

SQL Server 数据库存储结构包括逻辑存储结构和物理存储结构。

(1) 数据库的逻辑存储结构指的是数据库是由哪些性质的信息所组成的，SQL Server 数据库不仅仅只是数据的存储，所有与数据处理操作相关的信息都存储在数据库中。

(2) 数据库的物理存储结构则是讨论数据库文件是如何在磁盘上存储的，数据库在磁盘上是以文件为单位存储的，由数据库文件和事务日志文件组成，一个数据库至少应该包含一个数据库文件和一个事务日志文件。

3. SQL Server 数据库文件

SQL Server 数据库具有如下 3 种类型的文件。

(1) 主数据文件

主数据文件包含数据库的启动信息，并指向数据库中的其他文件。用户数据和对象可存储在此文件中，也可以存储在辅助数据文件中。每个数据库都有一个主数据文件。主数据文件的文件扩展名是. mdf。

(2) 辅助数据文件

除主数据文件以外的所有其他数据文件都是辅助数据文件。有些数据库可能不含有辅助数据文件，而有些数据库则含有多个辅助数据文件。辅助数据文件是可选的，由用户定义并存储用户数据。辅助数据文件的文件扩展名是. ndf。

(3) 事务日志文件

事务日志文件保存用于恢复数据库的日志信息，用于记录所有事务以及每个事务对数据库所作的修改。事务日志是数据库的关键组成部分。如果系统出现故障，它将成为最新数据的唯一源。每个数据库都必须至少有一个事务日志文件。事务日志文件的文件扩展名是. ldf。

2.3.2 SQL Server 系统数据库

SQL Server 2008 提供了如下 5 个系统数据库。

(1) master 数据库是 SQL Server 系统最重要的数据库，它记录了 SQL Server 系统的所有系统信息。这些系统信息包括所有的登录信息、系统设置信息、SQL Server 的初始化信息和其他系统数据库及用户数据库的相关信息。

(2) tempdb 是一个临时数据库，它为所有的临时表、临时存储过程及其他临时操作提供存储空间。

(3) model 数据库是所有用户数据库和 tempdb 数据库的模板数据库，它含有 master 数据库所有系统表的子集，这些系统数据库是每个用户定义数据库所需要的。

(4) msdb 数据库是代理服务数据库，为其警报、任务调度和记录操作员的操作提供存储空间。

(5) Resource 数据库是一个只读数据库，它包含了 SQL Server 2008 中的所有系统对象。系统对象在物理上保存在 Resource 数据库文件中，在逻辑上显示于每个数据库的 sys 架构中。

2.4　创建 SQL Server 数据库

若要创建数据库，必须确定数据库的名称、所有者、大小以及存储该数据库的主数据文件和事务日志文件。其中，所有者是创建数据库的用户，创建数据库的用户将成为该数据库的所有者。数据库名及其相关文件名必须遵循为标识符指定的规则。

每个数据库都由以下几个部分的数据库对象所组成：关系图、表、视图、存储过程、用户、角色、规则、默认、用户自定义数据类型和用户自定义函数。

2.4.1　使用 SQL Server Management Studio 创建数据库

(1) 启动 SQL Server Management Studio，并连接到 SQL Server 2008 中的数据库，在“对象资源管理器”窗口中右击“数据库”节点，弹出快捷菜单，如图 2-12 所示。

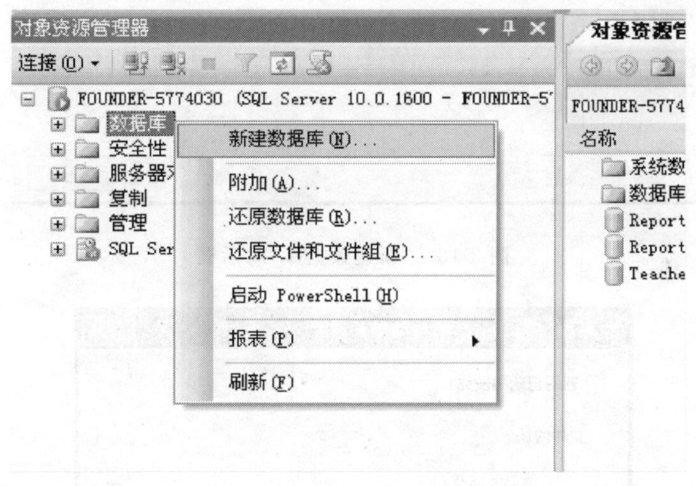

图 2-12　新建数据库

(2) 在弹出菜单中执行【新建数据库】命令，系统出现如图 2-13 所示的“新建数据库”对话框。

(3) 在新建数据库对话框中：

① 在“数据库名称”文本框中输入新建数据库的名称(如 Student)；

② 可通过“所有者”文本框后面的“…”按钮设置数据库的所有者，通常选取默认值；

③ 在“数据库文件”列表框中的“逻辑名称”选项中，可以设置数据库的数据文件或日志文件的逻辑名称；

④ 通过与数据文件行或日志文件行对应的“自动增长”选项中的“…”按钮，打开“更改×××的自动增长设置”对话框，设置相应文件增长的方式和文件容量，如图 2-14 所示；

⑤ 通过与数据文件行或日志文件行对应的“路径”选项中的“…”按钮，设置相应文件的存放位置；

⑥ 可单击“添加”按钮来添加数据库的辅助数据文件或其他日志文件。

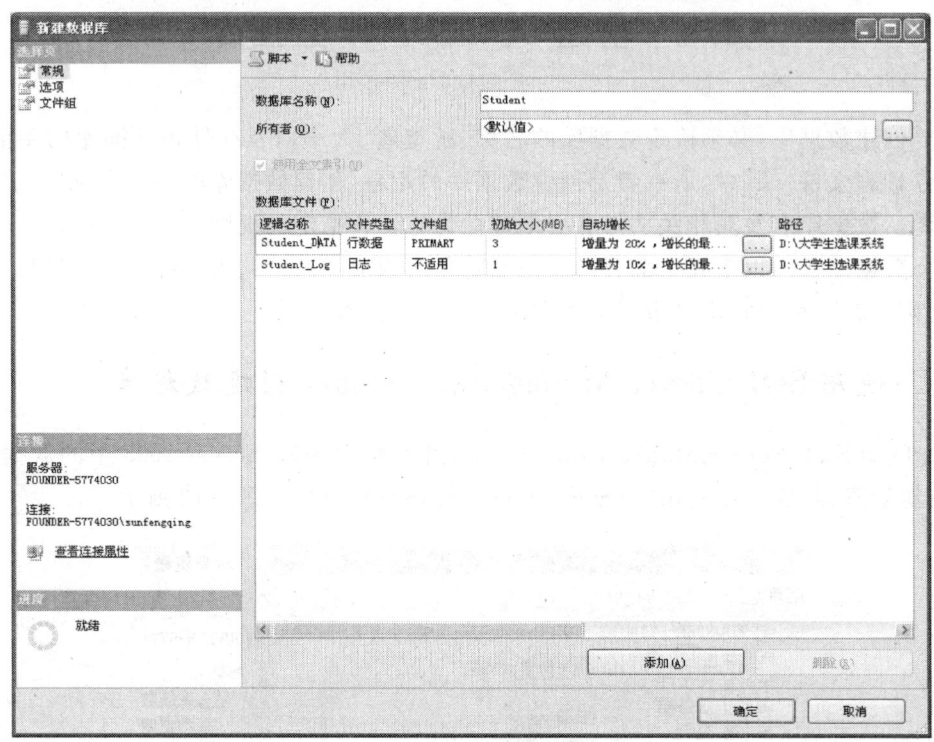

图 2-13 “新建数据库”对话框

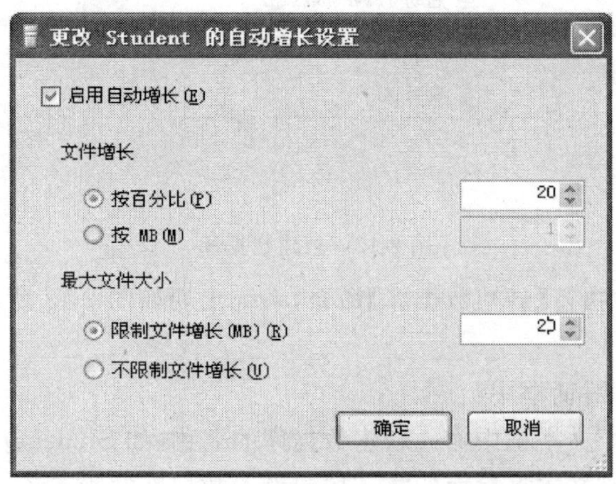

图 2-14 数据库的自动增长设置

(4) 通过“选项”选择页，进入数据库选项页面，在此，可设置数据库的一些相关选项。通过“文件组”选择页，进入其文件组页面，在此，可设置数据库文件所属的文件组。待一切完成后，最后按“确定”按钮，系统将按设置自动创建目的数据库。

(5) 数据库创建完成后,在"对象资源管理器"窗口中,就会看到新创建的数据库名(如 Student),将其展开,如图 2-15 所示。

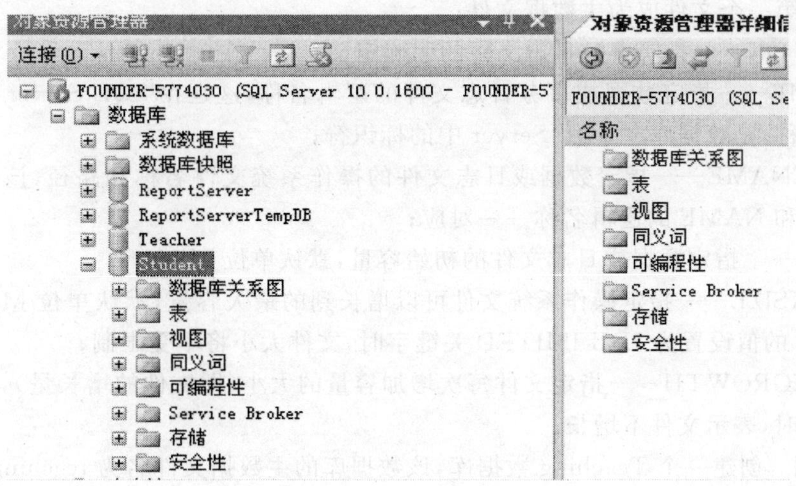

图 2-15　Student 数据库

2.4.2　使用 SQL 命令创建数据库

语法格式:

```
CREATE DATABASE database_name
[ON
{ [PRIMARY]
  (NAME = logical_file_name ,
  FILENAME = 'os_file_name'
  [, SIZE = size]
  [, MAXSIZE = max_size]
  [, FILEGROWTH = grow_increment] ) } [,…n]
LOG ON
{(NAME = logical_file_name ,
  FILENAME = ' os_file_name '
  [, SIZE = size]
  [, MAXSIZE = max_size]
  [, FILEGROWTH = grow_increment] ) }[,…n]
]
```

注意:在 SQL 的语法格式中,"[　]"表示该项可省略,省略时各参数取默认值。"{　}[,…n]"表示大括号括起来的内容可以重复写多次,之间用","隔开。

其中:

- database_name——数据库的名称,最长为 128 个字符;

- ON——指明数据文件的明确定义；
- PRIMARY——该选项是一个关键字，指定主文件组中的文件，若省略，该语句中所列的第一个文件成为主数据文件；
- LOG ON——指明事务日志文件的明确定义；
- NAME——指定数据或事务日志文件的逻辑名称，这是在 SQL Server 系统中使用的名称，是数据库在 SQL Server 中的标识符；
- FILENAME——指定数据或日志文件的操作系统文件名称和路径，该操作系统文件名和 NAME 的逻辑名称一一对应；
- SIZE——指定数据或日志文件的初始容量，默认单位 MB；
- MAXSIZE——指定操作系统文件可以增长到的最大容量，默认单位 MB；当 MAXSIZE 的值设置为 UNLIMITED 关键字时，文件大小将不受限制；
- FILEGROWTH——指定文件每次增加容量的大小(即文件的增长量)，当指定数据为 0 时，表示文件不增长。

【例 2-1】 创建一个 Teaching 数据库，该数据库的主数据文件名为 teaching_data，物理文件名为 D:\教师管理系统\teaching. mdf，初始大小为 10 MB，最大容量为 200 MB，增长速度为 10%；数据库的日志文件名为 teaching_log，物理文件名为 D:\教师管理系统\teaching. ldf，初始大小为 1 MB，最大尺寸为 5 MB，增长速度为 1 MB。

```
Create Database Teaching
ON
  ( Name = teaching_data ,
    Filename = ′D:\ 教师管理系统\teaching.mdf′ ,
    Size = 10MB ,
    Maxsize = 200MB ,
    Filegrowth = 10 % )
LOG ON
( Name = teaching_log ,
  Filename = ′D:\ 教师管理系统\teaching.ldf′ ,
  Size = 1MB ,
  Maxsize = 5MB ,
  Filegrowth = 1MB )
GO
```

2.5 操作 SQL Server 数据库

2.5.1 使用 SQL Server Management Studio 操作数据库

1. 打开数据库

启动 SQL Server Management Studio，并连接到 SQL Server 2008 中的数据库，在“对

象资源管理器”窗口中，展开“数据库”节点，单击要打开的数据库名(如 Student)即可，如图 2-16 所示。

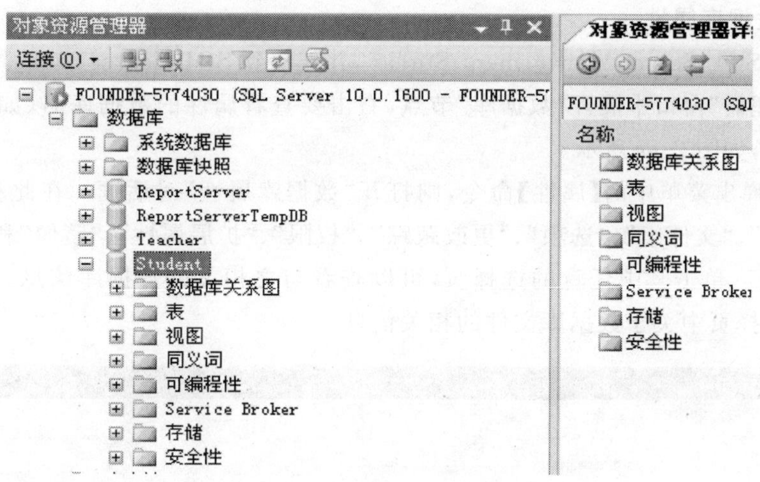

图 2-16　打开数据库 Student

2. 删除和重命名数据库

启动 SQL Server Management Studio，并连接到 SQL Server 2008 中的数据库，在“对象资源管理器”窗口中展开“数据库”节点，右击要删除或重命名的数据库名(如 Student)，则出现弹出菜单，如图 2-17 所示。

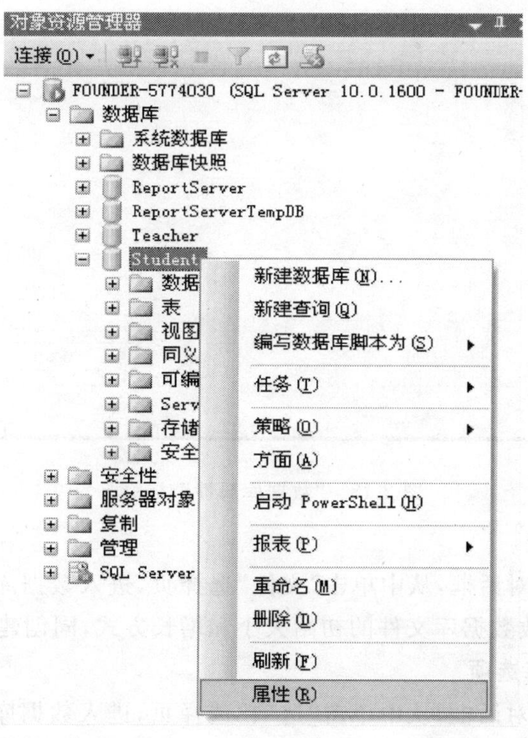

图 2-17　操作数据库

(1) 执行弹出菜单中的【删除】命令可以删除数据库。

(2) 执行弹出菜单中的【重命名】命令可以重命名数据库。

3. 查看数据库属性

(1) 启动 SQL Server Management Studio ,并连接到 SQL Server 2008 中的数据库,在“对象资源管理器”窗口中展开“数据库”节点,右击要查看属性的数据库名(如 Student),则出现弹出菜单,如图 2-17 所示。

(2) 执行弹出菜单中的【属性】命令,则打开“数据库属性”对话框。在此对话框中包含“常规”、“文件”、“文件组”、“选项”、“更改跟踪”、“权限”、“扩展属性”、“镜像”和“事务日志传送”9 个选择页。单击其中任意的选择页,可以查看与之相关的数据库信息。如图 2-18 所示为“文件”选择页中关于数据库文件的相关信息。

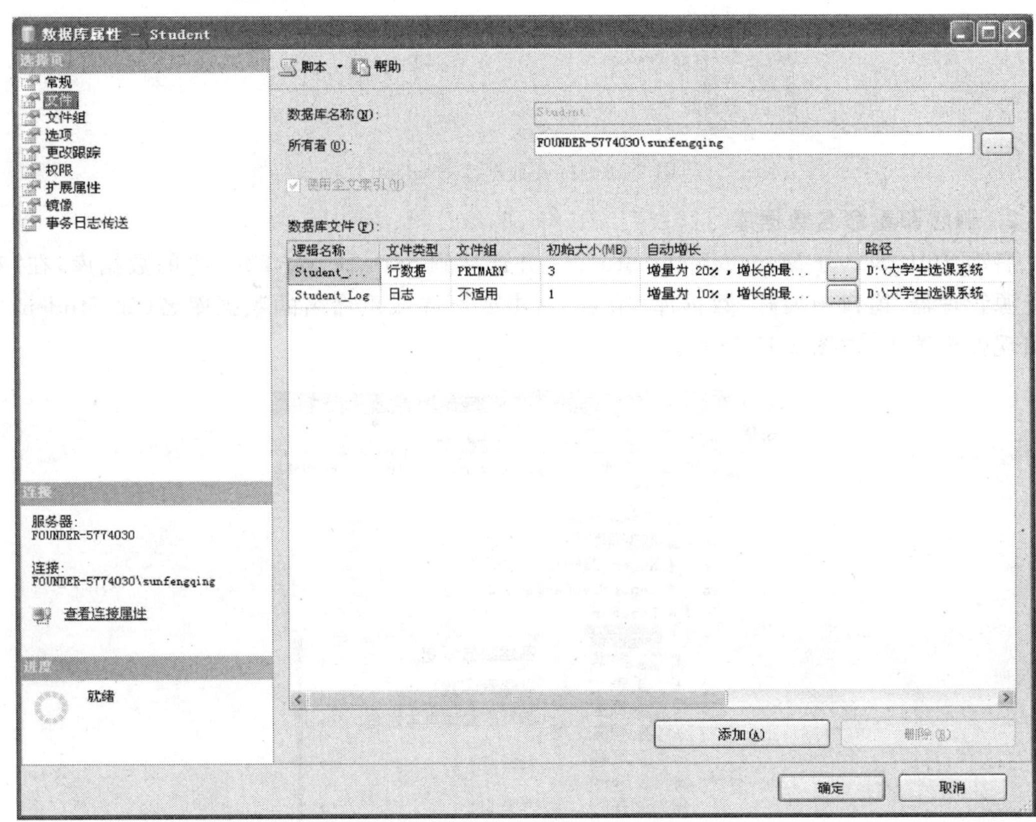

图 2-18 “数据库属性”对话框

4. 修改数据库容量

打开“数据库属性”对话框,从中单击“文件”选择页,进入数据库的文件设置页面,如图 2-18 所示,在这里可修改数据库文件的初始大小和增长方式,同创建数据库一样。

5. 设置修改数据库选项

打开“数据库属性”对话框,从中单击“选项”选择页,进入数据库选项设置页面,在这里列出了数据库的各个选项,如图 2-19 所示,可根据管理需要重新设置修改数据库的相关选项。

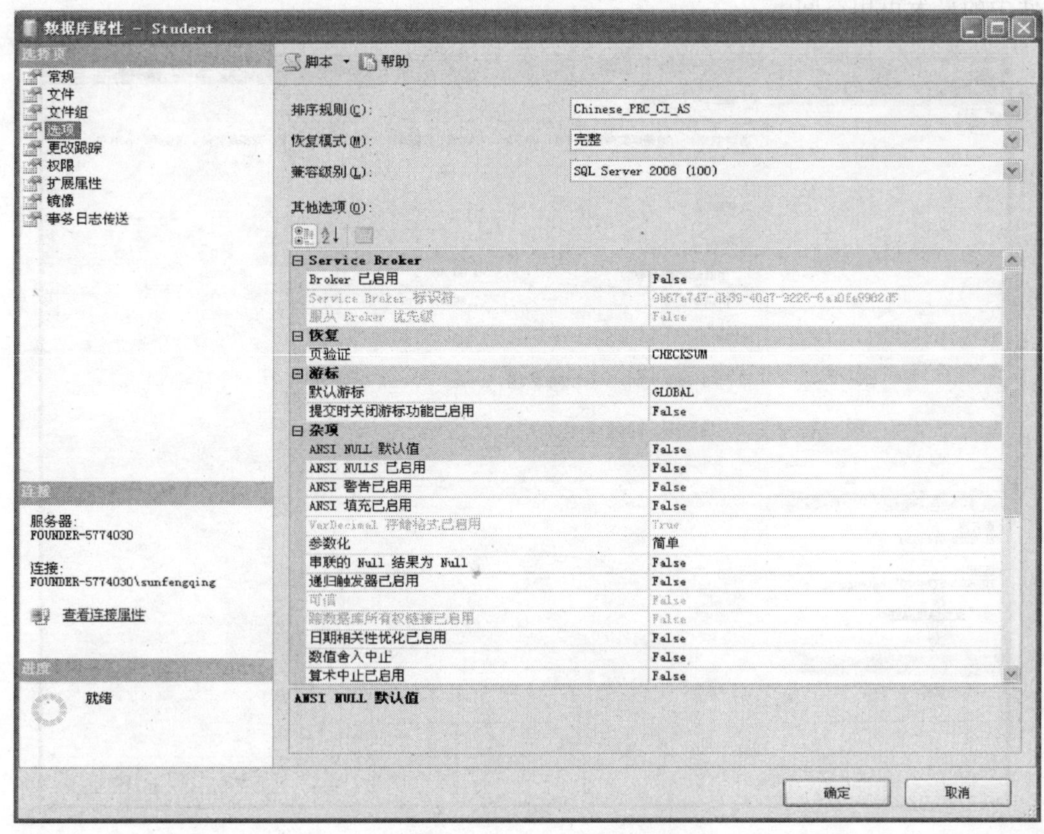

图 2-19　“数据库属性”对话框

6. 收缩数据库容量

(1) 启动 SQL Server Management Studio，并连接到 SQL Server 2008 中的数据库，在“对象资源管理器”窗口中展开“数据库”节点，右击要收缩容量的数据库名(如 Student)，在出现的弹出菜单中，执行【任务】→【收缩】→【数据库】命令，如图 2-20 所示。

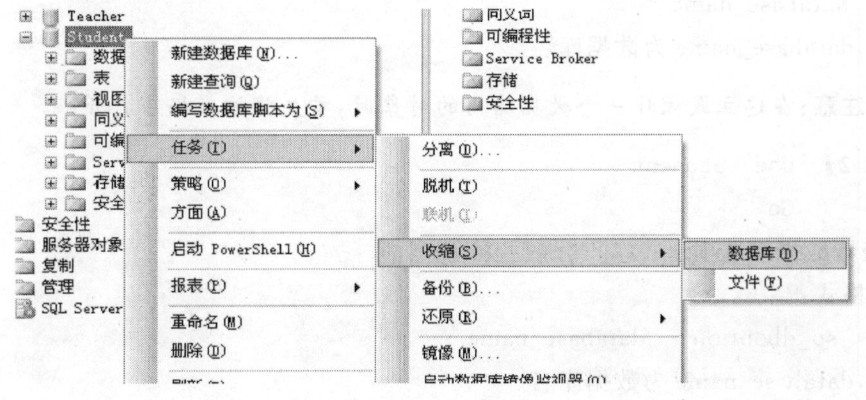

图 2-20　收缩数据库

(2) 打开“收缩数据库”对话框，如图 2-21 所示，在这里，可根据需要设置数据库收缩后文件中的最大可用空间。

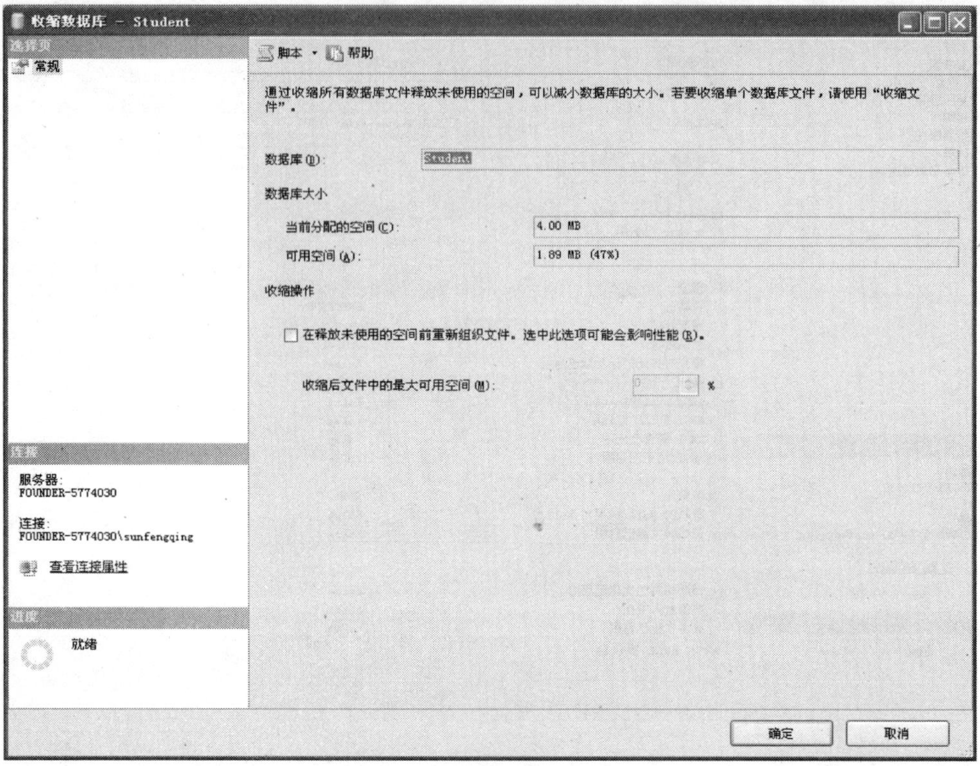

图 2-21 “收缩数据库”对话框

2.5.2 使用 SQL 命令操作数据库

1. 打开数据库

语法格式：

Use database_name

其中，database_name 为数据库名。

注意：在建立或操作一个数据库内的对象时，首先将该数据库打开。

【例 2-2】
```
Use Student
Go
```

2. 查看数据库选项

语法格式：

Exec sp_dboption 'database_name'

其中，database_name 为数据库名。

【例 2-3】 Exec sp_dboption 'student'

3. 删除数据库

语法格式：

```
Drop Database database_name
```

其中，database_name 为数据库名。

【例 2-4】
```
Drop Database student
```

4. 重命名数据库

语法格式：

```
EXEC sp_rennamedb 'olddatabase_name' , 'newdatabase_name'
```

其中，olddatabase_name 为更改前的数据库名；newdatabase_name 为更改后的数据库名。

【例 2-5】
```
Exec sp_rennamedb 'student' , '学生库'
```

5. 修改数据库容量

可以修改数据库文件的大小，也可以增加或删除数据库文件

(1) 增加数据文件

语法格式：

```
Alter Database database_name
Add File ( Name = logical_file_name ,
      Filename = ' os_file_name '
      [, Size = size]
      [, Maxsize = max_size]
      [, Filegrowth = grow_increment] )
```

(2) 增加日志文件

语法格式：

```
Alter Database database_name
Add Log File ( Name = logical_file_name ,
          Filename = ' os_file_name '
          [, Size = size]
          [, Maxsize = max_size]
          [, Filegrowth = grow_increment] )
```

(3) 修改数据库文件容量

语法格式：

```
Alter Database database_name
Modify File ( Name = logical_file_name ,
       Size = newsize)
```

(4) 删除数据库文件

语法格式：

```
Alter Database database_name
Remove File logicol_file_name
```

【例 2-6】 为 Teaching 数据库增加容量，原来数据库文件 teaching_data 的初始分配空间为 10 MB，指派给 Teaching 数据库使用，现将 teaching_data 的分配空间增加到 20 MB。

```
Use Teaching
```

```
Go
Alter  Database  Teaching
Modify  File
( Name  =  teaching_data ,
  Size  =  20MB )
Go
```

6. 收缩数据库容量

语法格式:

Dbcc Shrinkdatabase ('database_name' [, target_percent])

其中,target_percent 是数据库收缩后数据库文件中所需剩余可用空间的百分比。

2.6 任务实现

创建大学生选课管理数据库 Student,数据库的主数据文件的逻辑名称为 student_data,物理文件名为 D:\大学生选课系统\student. mdf,初始大小为 10 MB,最大容量为 100 MB,增长速度为 15%;为数据库设置一个辅助数据文件,其逻辑名称为 student1_dat,物理文件名为 D:\大学生选课系统\student1. ndf,初始大小为 10 MB,最大容量为 100 MB,增长速度为 15%;数据库的事务日志文件为 student_log,物理文件名为 D:\ 大学生选课系统\student. ldf,初始大小为 5 MB,最大尺寸为 25 MB,增长速度为 5 MB。

1. 使用 SQL Server Management Studio 创建

略(由学生自己完成)。

2. 使用 SQL 命令创建

```
Create  Database  Student
  On  Primary
  ( Name  =  student_data  ,
    Filename  =  ' D:\大学生选课系统\student.mdf '  ,
    Size  =  10MB  ,
    Maxsize  =  100MB  ,
    Filegrowth  =  15 % )  ,
  ( Name  =  student1_dat  ,
    Filename  =  ' D:\大学生选课系统\student1.ndf '  ,
    Size  =  10MB  ,
    Maxsize  =  100MB  ,
    Filegrowth  =  15 % )
  Log On
  ( Name  =  student_log  ,
    Filename  =  ' D:\大学生选课系统\student.ldf '  ,
    Size  =  5MB  ,
```

```
    Maxsize = 25MB   ,
    Filegrowth = 5MB )
Go
```

练　习　题

1. 利用 SQL Server Management Studio 创建客户订货管理数据库 goods，主数据文件名为 goods _data，物理文件名为 D:\客户订货系统\goods. mdf，初始大小为 10 MB，最大容量为 200 MB，增长速度为 5 MB；事务日志文件名为 goods _log，物理文件名为 D:\客户订货系统\goods. mdf，初始大小为 5 MB，最大容量为 50 MB，增长速度为 10%。

2. 利用 SQL Server Management Studio 创建图书管理数据库 books，主数据文件名为 books_data，物理文件名为 D:\图书管理系统\books. mdf，初始大小为 10 MB，最大容量无限大，增长速度为 15%；事务日志文件名为 books_log，物理文件名为 D:\图书管理系统\books. mdf，初始大小为 5 MB，最大容量为 100 MB，增长速度为 5 MB。

3. 利用 SQL 命令完成第 1 题。

4. 利用 SQL 命令完成第 2 题。

第 3 章　数据表的操作

教学目标

通过本章学习，使学生掌握 SQL Server 的数据类型、表达式和常用函数，掌握 SQL Server 数据表的结构，能够熟练利用 SQL Server Management Studio 和 SQL 命令建立、修改数据表和更新数据表的内容。

教学要求

知识要点	能力要求	关联知识
SQL Server 数据类型、表达式和常用函数	(1) 掌握 SQL Server 的常用数据类型 (2) 掌握 SQL Server 表达式的写法 (3) 掌握 SQL Server 的常用函数	SQL Server 数据类型、表达式和常用函数
SQL Server 数据表	掌握 SQL Server 数据表的基本概念和基本组成，特别是数据表结构	SQL Server 数据表
SQL Server 数据表的建立与修改	(1) 掌握 SQL Server 数据表建立的方法 (2) 掌握 SQL Server 数据表修改的方法	使用 SQL Server Management Studio 建立和修改数据表，Create Table 和 Alter Table 命令
创建 SQL Server 数据表约束	(1) 掌握 SQL Server 数据表约束的类型 (2) 掌握创建 SQL Server 数据表约束的方法	使用 SQL Server Management Studio 建立数据表约束，Alter Table 命令
更新 SQL Server 数据表内容	掌握更新 SQL Server 数据表内容的方法	使用 SQL Server Management Studio 输入数据表内容，Insert、Update 和 Delete 命令

重点难点

- SQL Server 的数据类型、表达式和常用函数
- SQL Server 数据表建立和修改的方法
- SQL Server 数据表约束的建立方法
- 更新 SQL Server 数据表内容的方法

3.1 任务描述

本章完成项目的第3个任务:在大学生选课管理数据库Student中,完成如下操作。

(1) 创建数据库的5个数据表:学生信息表、教师信息表、课程信息表、教师教课信息表和学生选课信息表。

(2) 输入这5个数据表的记录内容。

(3) 向有关数据表中添加新的记录。

(4) 调整有关课程的学时量和收费标准。

(5) 删除有关学生的记录和有关教师的记录。

3.2 SQL Server数据类型、表达式和常用函数

3.2.1 SQL Server数据类型

SQL Server提供的主要有以下几种系统数据类型:整型数据、浮点型数据、字符型数据、日期和时间型数据、文本型数据、货币型数据、位数据、二进制型数据等。

1. 整型数据

整型数据类型是最常用的数据类型之一,它主要用来存储整数型数值,可以直接进行数据运算,而不必使用函数转换。

(1) bigint:可以存储从-2^{63}到$2^{63}-1$范围之间的所有整数。

(2) int:可以存储从-2^{31}到$2^{31}-1$范围之间的所有整数。

(3) smallint:可以存储从-2^{15}到$2^{15}-1$范围之间的所有整数。

(4) tinyint:可以存储从0到255范围之间的所有整数。

2. 浮点型数据

浮点数据类型用于存储十进制小数。浮点数值的数据在SQL Server中采用只入不舍的方式进行存储。

(1) real:可以存储正的或者负的十进制数值,其范围从-3.40E+38到3.40E+38。

(2) float(n):可以精确到第15位小数,其范围从-1.79E+308到1.79E+308,其中,n为精度,n是从1到53的整数。

(3) decimal(p[,s]):可以提供小数所需要的实际存储空间,但也有一定的限制,可以用2到17字节来存储从$-10^{38}+1$到$10^{38}-1$之间的数值。其中p为十进制数的最大位数,p是从1到38的整数,默认值为18;s为小数的最大位数,s是从0到p的整数,默认值为0。

(4) numeric(p[,s]):同decimal(p[,s])。

3. 字符型数据

字符数据类型可以用来存储各种字母、数字符号和特殊符号。

(1) char(n):为固定长度存储字符串的数据类型,其中,n为字符串的长度,n从1到

8 000 取值。

(2)varchar(*n*):为可变长度存储字符串的数据类型,其中,*n* 为字符串的最大长度,*n* 从 1 到 8 000 取值。

(3) nchar(*n*):存储固定长度的 Unicode 字符数据,其中,*n* 为字符串的长度,*n* 从 1 到 4 000 取值。

(4) nvarchar(*n*):存储可变长度的 Unicode 字符数据,其中,*n* 为字符串的最大长度,*n* 从 1 到 4 000 取值。

4. 日期和时间型数据

(1) date:用于存储从公元 0001 年 1 月 1 日至公元 9999 年 12 月 31 日的日期型数据,格式为:YYYY-MM-DD。

(2) time:用于存储从 00:00:00 至 23:59:59 之间的时间数据,格式为:hh:mm:ss。

(3) datetime2:用于存储日期和时间的结合体 。它可以存储从公元 0001 年 1 月 1 日 0 时起到公元 9999 年 12 月 31 日 23 时 59 分 59 秒之间的所有日期和时间 ,格式为:YYYY-MM-DD [hh:mm:ss]。

(4) datetime:用于存储日期和时间的结合体 。它可以存储从公元 1753 年 1 月 1 日 0 时起到公元 9999 年 12 月 31 日 23 时 59 分 59 秒之间的所有日期和时间 。

(5) smalldatetime:与 datetime 数据类型类似,但其日期和时间范围较小,它可以存储从公元 1900 年 1 月 1 日到公元 2079 年 6 月 6 日内的日期和时间。

5. 文本型数据

(1) text:用于存储大量文本数据,其容量理论上为 0 到 2 GB,但实际应用时要根据硬盘的存储空间而定。

(2) ntext:与 text 数据类型类似,存储在其中的数据通常是直接能输出到显示设备上的字符(即存储 Unicode 字符数据),显示设备可以是显示器、窗口或者打印机。

6. 货币型数据

(1) money:用于存储货币值,存储在 money 数据类型中的数值以一个整数部分和一个小数部分存储在两个 4 字节的整型值中,存储范围为 -2^{63} 到 $2^{63}-1$,精度为货币单位的千分之十。

(2) smallmoney:与 money 数据类型类似,但其存储的货币值范围比 money 类型小,其存储范围为−214 748. 364 8 到 214 748. 364 7,精度为货币单位的千分之十。

在输入货币数据时必须在货币数据前面加 $,输入负货币值时必须在 $ 后面加一个减号(—)。

7. 位数据

bit:称为位数据类型,其数据有两种取值:0 和 1,长度为 1 字节。

8. 二进制型数据

(1) binary(*n*):用于存储固定长度的二进制数据,存储空间大小为 *n* 字节,*n* 的取值从 1 到 8 000。

(2) varbinary(*n*):用于存储可变长度的二进制数据,最大存储空间为 *n* 字节,*n* 的取值从 1 到 8 000。

(3) image:用于存储可变长度的二进制数据,存储的最大长度为 $2^{31}-1$ 字节,常用于存储图形类数据,如照片、图片等。

3.2.2 SQL Server 中的常量

SQL Server 主要有以下几种类型的常量。

- 整型常量,例如：34,－890。
- 实型常量,例如:56.78,－789.675,1.2E＋5。
- 字符型常量,例如：'abCFR12','张大有'。
- 日期型常量,例如：'1987-6-23','6/23/1987'。

3.2.3 SQL Server 中的表达式

1. 算术表达式

算术运算符可以在两个表达式上执行数学运算,这两个表达式可以是数字数据类型分类的任何数据类型。

算术运算符包括:加(＋)、减(－)、乘(＊)、除(/)和取模(%)。

2. 字符表达式

字符串串联运算符允许通过加号（＋）进行字符串串联,这个加号即被称为字符串串联运算符。

例如:'abc'＋'def',返回值为'abcdef'。

3. 关系表达式

关系运算符用于比较两个表达式值的大小或者是否相同,其比较的结果是布尔值,即TRUE(表示表达式的结果为真)、FALSE(表示表达式的结果为假)。除了 text、ntext、image或特殊数据类型的表达式外,比较运算符可以用于所有的表达式。

常用的关系运算符有:大于(＞)、小于(＜)、大于等于(＞＝)、小于等于(＜＝)、等于(＝)、不等于(＜＞)。

4. 逻辑表达式

逻辑运算符可以把多个逻辑表达式连接起来。逻辑运算符和比较运算符一样,返回带有 TRUE 或 FALSE 值的布尔数据类型。

常用的逻辑运算符有:not、and、or。其中,not 表示逻辑非,求一个逻辑表达式的非;and 表示逻辑与,求两个逻辑表达式的与;or 表示逻辑或,求两个逻辑表达式的或。

5. 数据表字段专用的逻辑表达式

(1) 判断字段的取值范围

① 字段名 between 下界值 and 上界值:表示当字段值在下界值与上界值之间时为真。

例如：工资 between 2590 and 5600

② 字段名 not　between 下界值 and 上界值:表示当字段值不在下界值与上界值之间时为真。

例如：工资 not　between 2590 and 5600

(2) 判断字段的离散取值

① 字段名 in (常量表):表示当字段值为常量表中某一个值时为真。

例如：姓名 in（'张大有'，'李芳芳'，'吴军'，'孙晓丽'）

② 字段名 not in（常量表）：表示当字段值不为常量表中的任何一个值时为真。

例如：姓名 not in（'张大有'，'李芳芳'，'吴军'，'孙晓丽'）

（3）判断字符型字段相匹配

① 字段名 like '字符串'：表示字段值与指定的字符串相匹配时为真。

例如：姓名 like '王%' ；职称 like '%工程师'

② 字段名 not like '字符串'：表示当字段值与指定的字符串不相匹配时为真。

例如：姓名 not like '王%' ；职称 not like '%工程师'

注意：'字符串'中可以使用如下两个多意字符：'_'可表示任何一个字符；'%'可表示空或任意多个字符。

（4）判断字段是否为空值

① 字段名 is null：表示当字段值为空时为真。

例如：中文成绩 is null

② 字段名 is not null：表示当字段值不为空时为真。

例如：中文成绩 is not null

3.2.4 SQL Server 中的常用函数

SQL Server 中最常用的有如下几种函数：数学函数、字符串函数、日期和时间函数、转换函数和其他函数等。

1. 数学函数

常用的数学函数如下。

（1）abs（数学表达式）：返回指定数学表达式值的绝对值。

（2）rand()：返回（0，1）之内的一个随机数。

（3）ceiling（数学表达式）：返回指定数学表达式值的整数部分。

（4）round（数学表达式，小数位数）：对指定数学表达式的值进行四舍五入，并返回四舍五入后的值。

例如：round(34.5178，2)，返回 34.52。

（5）sqrt（数学表达式）：返回指定数学表达式值的平方根。

（6）power(x，y)：返回 x^y 的值。

2. 字符串函数

常用的字符串函数如下。

（1）lower（字符串）：将指定字符串中的大写字母转为小写字母，并返回转后的字符串。

例如：lower('AxcBF12nM')，返回 'axcbf12nm'。

（2）upper（字符串）：将指定字符串中的小写字母转为大写字母，并返回转后的字符串。

（3）len（字符串）：返回指定字符串的长度。

（4）left（字符串，n）：返回指定字符串的前 n 个字符组成的字符串。

例如：left('abcdefgxy'，4)，返回 'abcd'。

（5）right（字符串，n）：返回指定字符串的后 n 个字符组成的字符串。

(6) substring(字符串 ，i ，n)：从指定字符串的第 i 个字符开始取 n 个字符，并返回这 n 个字符组成的字符串。

例如：substring('abcdefghxy' ，3 ，5)，返回 'cdefg'。

(7) str(数学表达式，n，m)：将指定数学表达式的值转为字符型，并返回转后的值，其中 n 为转后字符串的长度，m 为转后小数的位数。

例如：str(24.5624 ，5 ，2)，返回 '24.56'。

(8) reverse(字符串)：将字符串进行反转，并返回反转后的字符串。

例如：reverse('abcde')，返回 'edcba'。

3. 日期和时间函数

常用的日期和时间函数如下。

(1)getdate()：返回当前系统的日期和时间 。

(2)year(日期)：返回指定日期中的年。

例如：year('1978-6-25')，返回 1978。

(3)month(日期)：返回指定日期中的月。

例如：month('1978-6-25')，返回 6。

(4)day(日期)：返回指定日期中的天。

例如：day('1978-6-25')，返回 25。

(5)datediff(day ，日期 1，日期 2)：返回日期 1 与日期 2 之间相差的天数。

例如：datediff(day ，'1989-5-26' ，'1989-5-16')，返回 10。

4. 转换函数

cast(表达式 as 目标类型)：将指定表达式的值转为指定的类型，并返回转后的值。

例如：cast(4568.654 as char(8))，返回 '4568.654'；cast('48.4353' as smallint)，返回 48。

5. 其他函数

(1) nullif(表达式 1，表达式 2)

表示若两个表达式的值不相等，则返回前一个表达式 1 的值，否则返回前一个表达式 1 所属类型的空值(null)。

(2) case 函数

语法格式：

```
( case   when 条件 1   then   表达式 1
         when 条件 2   then   表达式 2
         …
         when 条件 n   then   表达式 n
         else 表达式 n+1
end )
```

功能：从条件 1 开始依次向后判断每个条件，当某个条件值为真时，则返回该条件后面的 then 所指定的表达式的值；若所有条件的值都不为真，则返回 else 后面所指定的表达式的值。

例如：① (case when 性别 ='男' then 1.2 * 工资 else 1.3 * 工资 end)

② (case when 平均成绩>=90 then '优秀'

```
            when 平均成绩>=80  then  '良好'
            when 平均成绩>=70  then  '中等'
            when 平均成绩>=60  then  '合格'
            else'不合格'
        end )
```

(3) rank 函数

语法格式：

rank() over(order by 字段表达式 asc/desc)：返回有关记录在“字段表达式”值上的排列名次。“字段表达式”值相同的记录，其排名相同。其中：asc 为升序排名，desc 为降序排名。

例如：rank() over(order by 英语成绩 desc)，返回有关记录在“英语成绩”上的排列名次，英语成绩相同的记录，其排名相同。

3.3 SQL Server 数据表

在数据库中，表是最重要的对象。在关系数据库中，每一个关系都体现为一张表。表是数据库的基本构成模块，用来实际存储和操作数据的逻辑结构。对数据库的各种操作，实际上就是对数据库中数据表的操作。

1. 数据表概述

表是关系模型中表示实体的方式，是用来组织和存储数据，具有行列结构的数据库对象。数据库中的数据或信息都是存储在表中的。在一个关系数据库中可以包含有多个表，表是对数据进行存储和操作的一种逻辑结构，每一个表表示数据库中的一个关系实体。表是由定义的列数和可变的行数组成的逻辑结构，以二维表格形式显示。行称为记录，列是一组相同数据类型的值，称为字段。在每个列和行的相交处是一个称为值的数据项，是指某个记录的某个字段的值。

2. 数据表的组成

数据表由表名确定。其由数据表结构和数据表内容两部分组成。

3. 数据表结构

数据表结构包括：表由几列(几个字段)组成以及每个字段的字段名、字段类型、字段大小和字段约束的定义等。

字段名必须遵循为标识符指定的规则。

字段类型为 SQL Server 提供的系统数据类型。

字段约束包括：该字段是否定义为主键、是否允许取空值、取值应满足的条件、取值是否唯一、字段的默认值和是否定义为外键等。

4. 数据表内容

数据表内容是指该表中所有记录的集合。

例如：设教学数据库 Teaching 中有一学生成绩表 sgrade 如表 3-1、表 3-2 所示。

表 3-1　sgrade(学生成绩表-表结构)

字段名	字段类型	意　义	是否为空	约　束
xh	char(6)	学号	否	主键
xm	varchar(8)	姓名	否	
xb	char(2)	性别	否	默认值'男'
rxsj	date	入学时间	否	
szx	varchar(20)	所在系	否	
bj	varchar(20)	班级	否	
zw	decimal(4,1)	中文成绩	是	范围 0 到 100
yw	decimal(4,1)	英文成绩	是	范围 0 到 100
sx	decimal(4,1)	数学成绩	是	范围 0 到 100

表 3-2　sgrade(学生成绩表-表内容)

xh	xm	xb	rxsj	szx	bj	zw	yw	sx
100001	张大亮	男	2009-9-1	计算机系	09 网络	67.8	97.8	87
100002	李芳	女	2008-9-1	电气系	08 机电	98	54.7	56.8
100003	孙小同	女	2007-9-1	会计系	07 会计	87.5	78	93
100004	吴民符	男	2007-9-1	计算机系	07 应用	90	65	76
100005	李晓彤	女	2008-9-1	电气系	08 电器	97	90	67.5
100006	王大亮	男	2009-9-1	会计系	09 理财	67	78	89
100007	张大有	男	2007-9-1	计算机系	07 应用	45	98	97
100008	陈曦	女	2008-9-1	电气系	08 机电	89	45	90
100009	王光美	女	2009-9-1	计算机系	09 网络	56.9	76	56.8
100010	孙晓丽	女	2008-9-1	电气系	08 机电	97	68.8	73
100011	黑雪影	女	2007-9-1	会计系	07 会计	78	58.9	63

3.4　创建 SQL Server 数据表

3.4.1　利用 SQL Server Management Studio 创建数据表

(1) 启动 SQL Server Management Studio,并连接到 SQL Server 2008 中的数据库,在

“对象资源管理器”窗口中展开“数据库”节点，再展开新建表所属的数据库名(如 Student)，右击其“表”节点，出现弹出菜单，如图 3-1 所示。

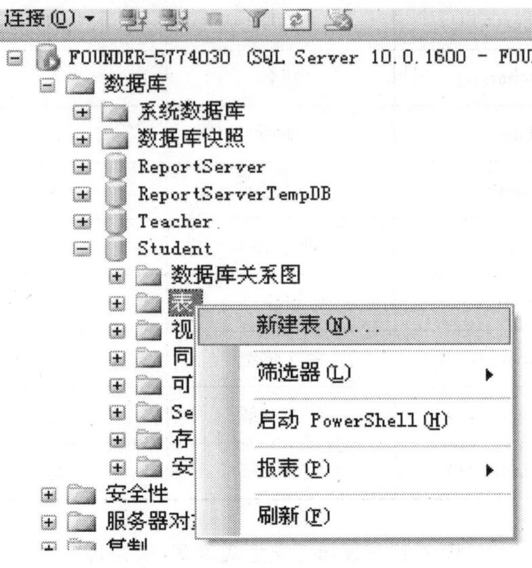

图 3-1 新建表

(2) 在弹出菜单中执行【新建表】命令，打开“表设计器”窗口。在此窗口中，输入和设置每个列的列名称、数据类型、长度、精度、小数位数、是否允许为空；在下面的“列属性”窗口中，可设置当前列的默认值、标识列(标识列的初始值、增量值和是否有行的标识)。其中，列名称、数据类型、长度这三项是必须的，如图 3-2 所示。

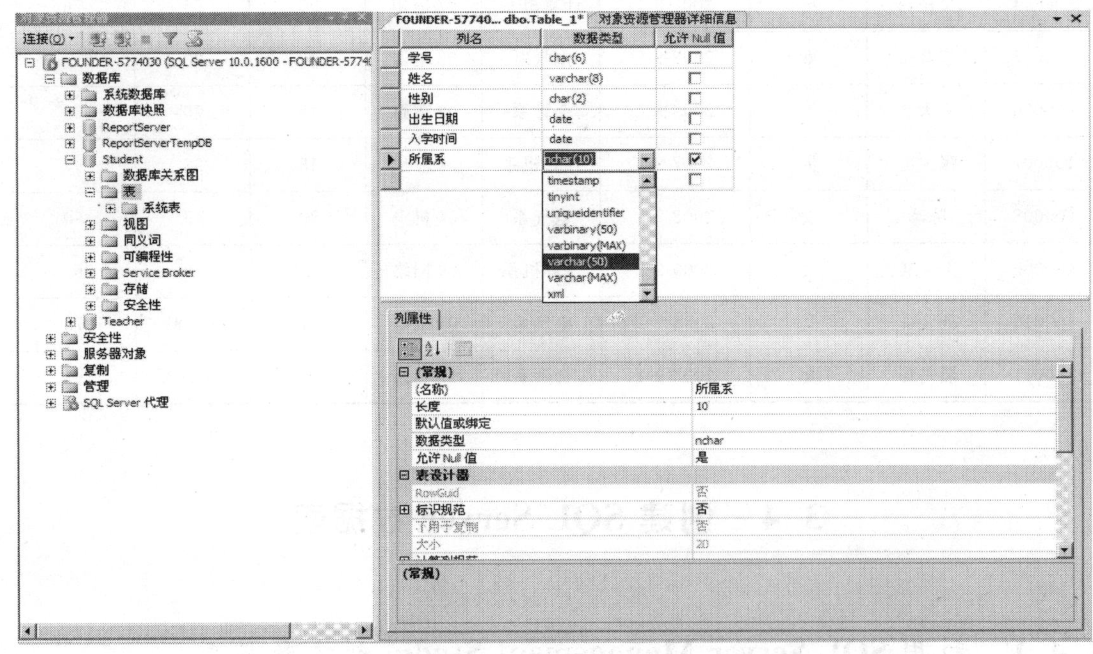

图 3-2 “表设计器”窗口

(3) 可右击指定的列名，在出现的弹出菜单中，执行【设置主键】命令设置该指定列为主键。

(4) 定义好所有列之后，单击工具栏上的【保存】按钮，保存表，完成表的创建，如图 3-3 所示。

图 3-3　保存表

3.4.2　利用 SQL 命令创建数据表

语法格式：

```
CREATE TABLE    [数据库名.[架构名]]新建的表名
 ({字段名  字段类型
  [AS 计算字段的字段值表达式]
  [NULL | NOT NULL]
  [DEFAULT 字段的默认值表达式]
  [ PRIMARY  KEY | UNIQUE]
  |[[FOREIGN  KEY]REFERENCES 主键表(主键表的主键列)]
  |[CHECK (字段的约束条件表达式)]}[,…n]
  [, PRIMARY  KEY(表的主键)]
  [, CHECK (表的约束条件表达式)]
  [, FOREIGN KEY(表的外键)
   REFERENCES 对应的主键表(该主键表的主键)]
 )
```

其中：

- NULL | NOT NULL ——用于指定列是否允许为空值；
- DEFAULT——用于指定列的缺省值；
- AS——用于指定计算列的列值的表达式；
- PRIMARY KEY——用于指定列为主键；
- UNIQUE——用于指定列取唯一值，不取重复值；
- CHECK——用于指定列所满足的约束条件；
- [FOREIGN KEY] REFERENCES——用于指定列为外键。

【例 3-1】　创建上述数据库 Teaching 中的学生成绩表 sgrade。

```
Use Teaching
```

```
Go
CREATE TABLE  sgrade
    (xh  char(6)  PRIMARY  KEY  ,
     xm  varchar(8)  NOT NULL  ,
     xb  char(2)  NOT NULL  DEFAULT  '男'  ,
     rxsj  date  NOT NULL  ,
     szx  varchar(20)  NOT NULL  ,
     bj  varchar(20)  NOT NULL  ,
     zw  decimal(4,1)  CHECK (zw>=0 and zw<=100) ,
     yw  decimal(4,1)  CHECK (yw>=0 and yw<=100) ,
     sx  decimal(4,1)  CHECK (sx>=0 and sx<=100)
)
Go
```

3.5 数据表的修改与删除

3.5.1 利用 SQL Server Management Studio 修改数据表

1. 修改数据表

(1) 启动 SQL Server Management Studio，并连接到 SQL Server 2008 中的数据库。在"对象资源管理器"窗口中，展开"数据库"节点，再展开要修改的表所属的数据库名(如 Student)，再展开其"表"节点，右击要修改的表名称，出现弹出菜单，如图 3-4 所示。

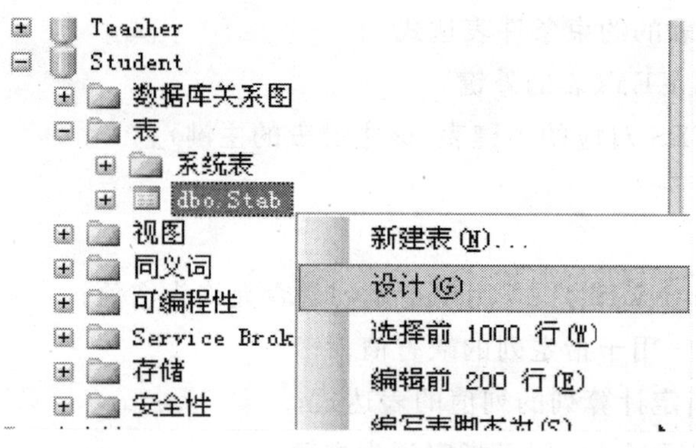

图 3-4 修改表

(2) 在弹出菜单中执行【设计】命令，进入"表设计器"窗口，在该表设计器窗口中，可以利用图形化工具完成增加、删除字段和修改有关字段的属性(包括字段名、字段类型、长度、小数位数、是否为空和默认值等)的操作，还可以右击任意列名，通过弹出菜单中的有关约束设置命令，设置表的相关约束等，修改完成后要重新保存表。如图 3-5 所示。

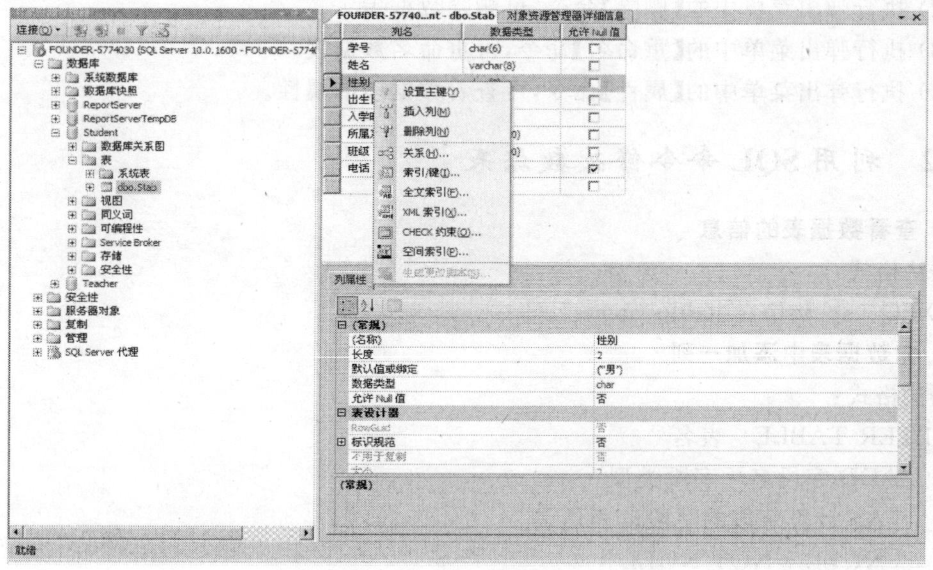

图 3-5　"表设计器"窗口

2. 数据表的删除、重命名与查看属性

(1) 启动 SQL Server Management Studio，并连接到 SQL Server 2008 中的数据库。在"对象资源管理器"窗口中展开"数据库"节点，再展开要操作的表所属的数据库名(如 Student)，再展开其"表"节点，右击要删除、重命名或查看属性的表名称，出现弹出菜单，如图 3-6 所示。

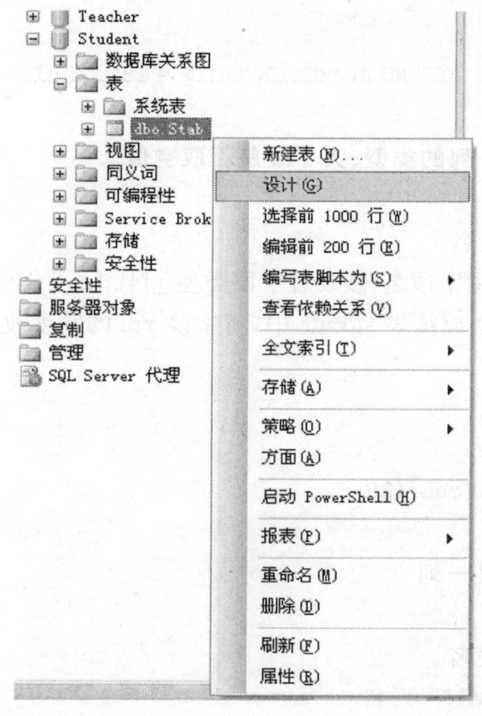

图 3-6　操作表

(2) 执行弹出菜单中的【删除】命令,可删除数据表。

(3) 执行弹出菜单中的【重命名】命令,可重命名数据表。

(4) 执行弹出菜单中的【属性】命令,可查看数据表的属性。

3.5.2 利用SQL命令修改数据表

1. 查看数据表的信息

语法格式:

EXEC sp_help 'table_name'

2. 向数据表中添加一列

语法格式:

```
ALTER TABLE 表名
    ADD 字段名 字段类型
    [AS 计算字段的字段值表达式]
    [NULL | NOT NULL]
    [DEFAULT 字段的默认值表达式]
    [ PRIMARY KEY | UNIQUE]
    |[[FOREIGN KEY] REFERENCES 主键表(主键表的主键列)]
    |[CHECK (字段的约束条件表达式)]
```

【例 3-2】 于上述学生成绩表 sgrade 中,添加一年龄字段 nl。

```
Use Teaching
Go
ALTER TABLE sgrade
  ADD nl tinyint NOT NULL CHECK (nl>=18 and nl<=25)
Go
```

3. 修改数据表中某一列的类型、大小或是否取空值

语法格式:

```
ALTER TABLE 表名
  ALTER COLUMN 字段名 修改后字段类型 [NULL | NOT NULL]
```

【例 3-3】 于上述学生成绩表 sgrade 中,将字段 xm 的宽度改为 20。

```
Use Teaching
Go
ALTER TABLE sgrade
  ALTER COLUMN xm char(20)
Go
```

4. 删除数据表中的某一列

语法格式:

```
ALTER TABLE 表名
    DROP COLUMN 列名
Go
```

【例 3-4】 于上述学生成绩表 sgrade 中，删除字段 nl。

```
Use Teaching
Go
ALTER TABLE  sgrade
  DROP  COLUMN  nl
Go
```

5. 删除数据表

语法格式：

DROP Table 表名

【例 3-5】 删除数据库 Student 中的数据表 stab。

```
  Use Student
Go
DROP Table  stab
Go
```

6. 复制数据表结构

语法格式：

Select 字段名表/＊ Into 目的数据表 From 源数据表 Where 0＞1

【例 3-6】 在上述数据库 Teaching 中，复制数据表 sgrade 的表结构成为一新表 sgrade_1，要求只复制 xh、xm、zw、yw 和 sx 这 5 个字段。

```
Use Teaching
Go
Select  xh ,  xm ,  zw ,  yw ,  sx  Into  sgrade_1
  From  sgrade  Where 0>1
Go
```

3.6　创建数据表的约束

3.6.1　约束的类型

在 SQL Server 2008 中支持的约束有 PRIMARY KEY(主键)约束、UNIQUE(唯一)约束、NOT NULL(非空)约束、CHECK(检查)约束、DEFAULT(默认)约束和 FOREIGN KEY(外键)约束。

1. PRIMARY KEY(主键)约束

主键约束用来强制实现数据的实体完整性，它是在表中定义一个主键来唯一标识表中的每行记录。例如，在“教师信息”表中可以将教师号设置为主键，用来保证表中的教师记录具有唯一性。一般情况下，数据库中的每个表都包含一列或一组列来唯一标识表中的每一行记录的值。

2. UNIQUE(唯一)约束

唯一约束用来强制实现数据的实体完整性,它主要用来限制表的非主键列中不允许输入重复值。例如,在“课程信息”表中可以将课程号作为主键,用来保证记录的唯一性。如果不允许有同名课程存在,应该为课程名列定义唯一约束,保证非主键中不出现重复值。

3. NOT NULL(非空)约束

非空约束用来强制实现数据的域完整性,它用于设定某列值不能为空。如果指定某列不能为空,则在添加记录时,必须为此列添加数据。例如,对于“班级信息”表,存在一个班,就必须存在相应专业,因此就应该设置专业代码不能为空。注意定义了主键约束和标识列属性的列不允许为空值。

4. CHECK(检查)约束

检查约束用来强制数据的域完整性,它使用逻辑表达式来限制表中的列可以接受的数据范围。例如,对于学生成绩的取值应该限制在 0 到 100 之间,这时就应该为成绩列创建检查约束,使其取值在正常范围内。

5. DEFAULT(默认)约束

默认约束用来强制数据的域完整性,它为表中某列建立一个默认值。当用户插入记录时,如果没有为该列提供输入值,则系统会自动将默认值赋给该列。例如,对于“学生信息”表中的性别字段,可以设置其默认值为男,当输入记录时,对于男生就可以不输入性别数据,而由默认值提供,这样就提高了输入效率。

6. FOREIGN KEY(外键)约束

外键是指一个表中的一列或列组合,它虽不是该表的主键,但却是另外一个表的主键。通过外键约束可以为相关联的两个表建立联系,实现数据的引用完整性,维护两表之间数据的一致性关系。例如,如果要求教师教课信息表中“课程号”列的取值,必须是课程信息表中“课程号”列的列值之一,这就应该在教师教课信息表的“课程号”列上创建外键约束,从而使教师教课信息表和课程信息表中的课程号具有一致性。

约束还可以分为列约束和表约束两类。当约束被定义于某个表的一列时称为列约束,定义于某个表的多列时称为表约束。当一个约束中必须包含一个以上的列时,必须使用表约束。

3.6.2 利用 SQL Server Management Studio 建立约束

1. 创建主键约束

(1) 启动 SQL Server Management Studio,并连接到 SQL Server 2008 中的数据库。在“对象资源管理器”窗口中,展开“数据库”节点,再展开建立约束的表所属的数据库名(如 Student),展开其“表”节点,右击要建立约束的表名称(如“学生选课表”),执行弹出菜单中的【设计】命令,打开“表设计器”对话框。

(2) 在“表设计器”对话框中,选定要设置主键的列或多个列组合(如“学号、课程号”,注意:选定多个列时,可按住 Ctrl 键进行选定),然后于选定的列上右击,出现弹出菜单,执行菜单中的【设置主键】命令即可，如图 3-7 所示。

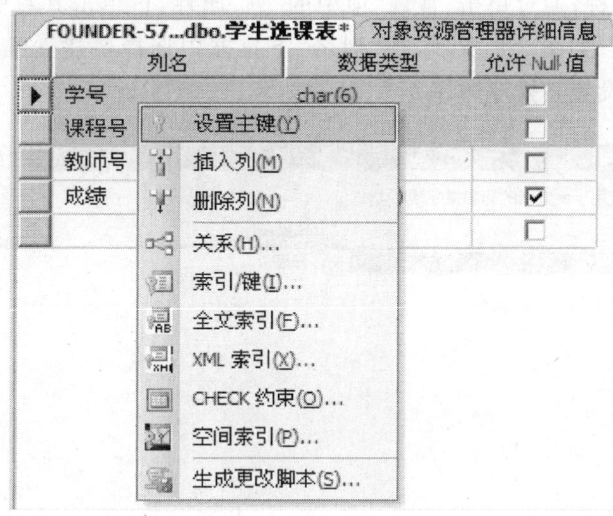

图 3-7　“设置主键”命令

2. 创建唯一约束

（1）启动 SQL Server Management Studio，并连接到 SQL Server 2008 中的数据库。在“对象资源管理器”窗口中，展开“数据库”节点，再展开建立约束的表所属的数据库名（如 Student），再展开其“表”节点，右击要建立约束的表名称（如“课程表”），执行弹出菜单中的【设计】命令，打开“表设计器”对话框，在“表设计器”对话框中右击任意字段，执行弹出菜单中的【索引/键】命令，打开“索引/键”对话框。

（2）在“索引/键”对话框中，单击“添加”按钮，系统给出默认的唯一约束名称：“IX_课程表”，显示在“选定的主/唯一键或索引”列表中，如图 3-8 所示。

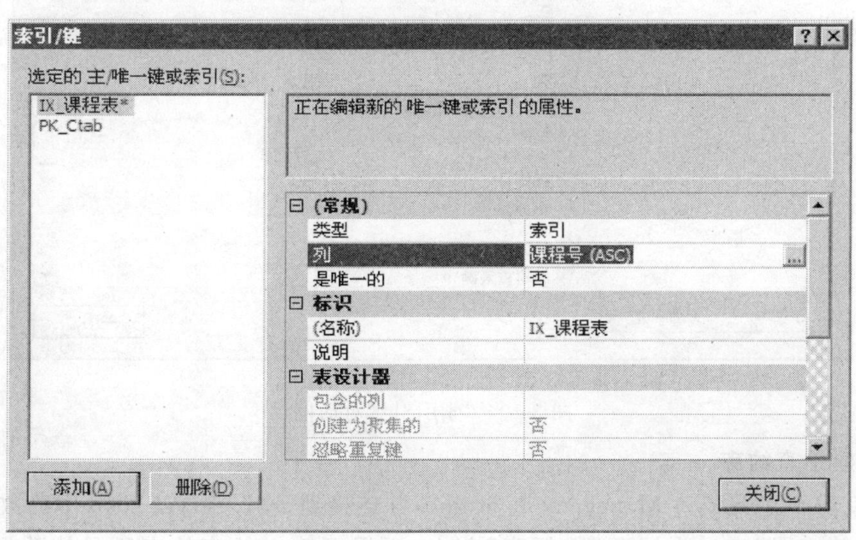

图 3-8　“索引/键”对话框

(3) 选择唯一约束名"IX_课程表",可在其右侧的"属性"窗口中,通过"标识"项中的"名称"属性,修改约束名称;通过单击"常规"项中的"列"属性,再单击其右侧出现的"…"按钮,打开"索引列"对话框,如图 3-9 所示,在"列名"下拉框中选择要建立唯一约束的字段名称(如"课程名"),还可设置其排序顺序。

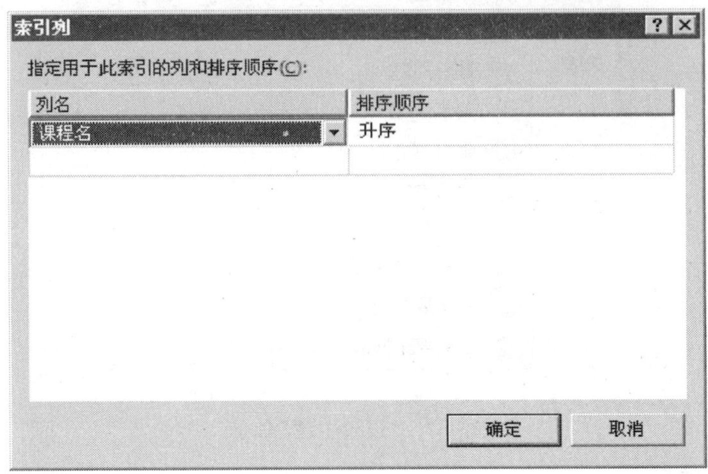

图 3-9 "索引列"对话框

(4) 设置完成后,单击"确定"按钮,返回到"索引/键"对话框,再把"常规"项中的"是唯一的"属性的属性值改为"是"即可,如图 3-10 所示。

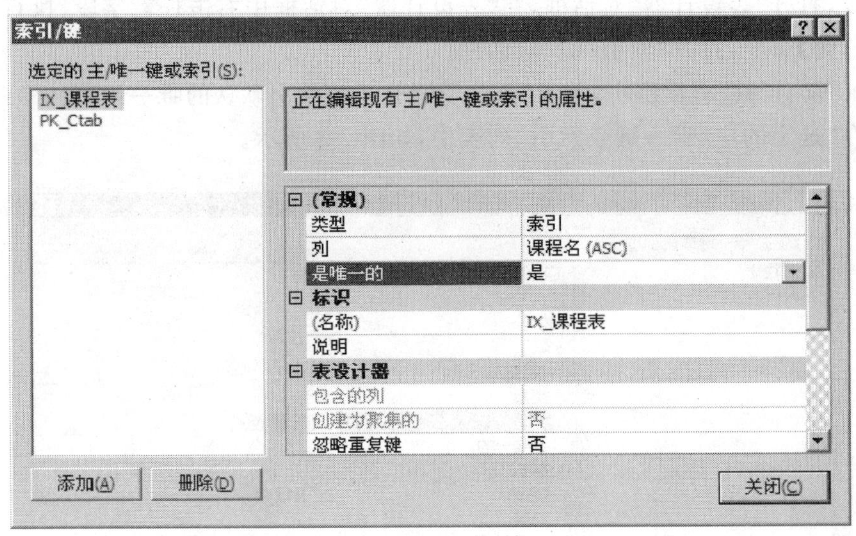

图 3-10 "索引/键"对话框

3. 创建检查约束

(1) 启动 SQL Server Management Studio,并连接到 SQL Server 2008 中的数据库。在"对象资源管理器"窗口中展开"数据库"节点,再展开建立约束的表所属的数据库名(如 Student),再展开其"表"节点,右击要建立约束的表名称(如 "学生表"),执行弹出菜单中的

【设计】命令，打开"表设计器"对话框，于"表设计器"对话框中右击任意字段，执行弹出菜单中的【CHECK 约束】命令，打开"CHECK 约束"对话框。

(2) 在"CHECK 约束"对话框中，单击"添加"按钮，系统给出默认的 CHECK 约束名："CK_学生表"，显示在"选定的 CHECK 约束"列表中，如图 3-11 所示。

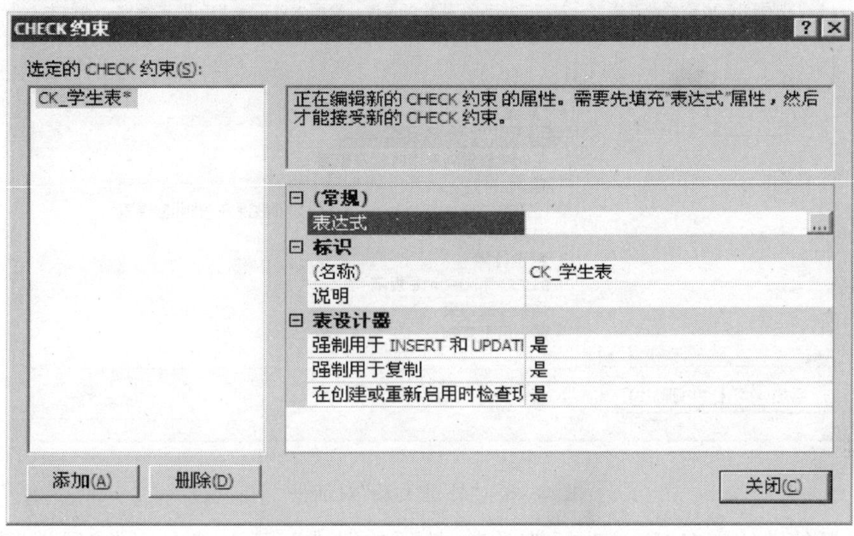

图 3-11　"CHECK 约束"对话框

(3) 选择 CHECK 约束名"CK_学生表"，可在其右侧的"属性"窗口中，通过"标识"项中的"名称"属性，修改约束名称；通过单击"常规"项中的"表达式"属性，在其对应的文本输入框中，输入约束条件表达式，或者通过其右侧出现的"…"按钮，打开"CHECK 约束表达式"对话框，在其中输入约束条件表达式，如图 3-12 所示。

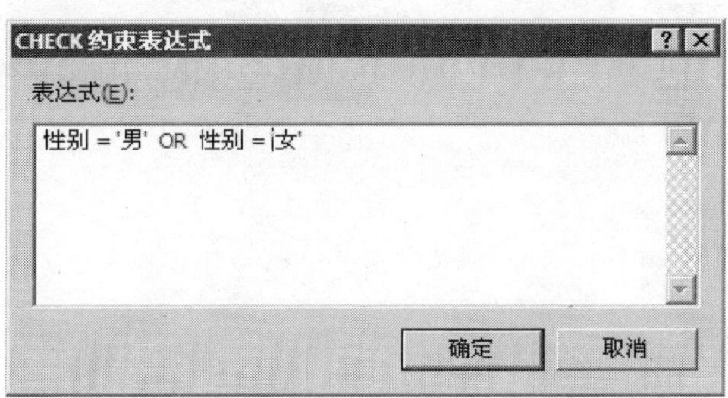

图 3-12　设置 CHECK 约束表达式

4. 创建外键约束

(1) 启动 SQL Server Management Studio，并连接到 SQL Server 2008 中的数据库。在"对象资源管理器"窗口中展开"数据库"节点，再展开建立约束的表所属的数据库名(如 Student)，再展开其"表"节点，右击要建立约束的表名称(如 "教师教课表")，执行弹出菜单中的【设计】命令，打开"表设计器"对话框，于"表设计器"对话框中右击任意字段，执行弹出菜单中的【关系】命令，打开"外键关系"对话框。

(2) 在“外键关系”对话框中，单击“添加”按钮，系统给出默认的外键约束名：“FK_教师教课表_教师教课表”，显示在“选定的关系”列表中，如图 3-13 所示。

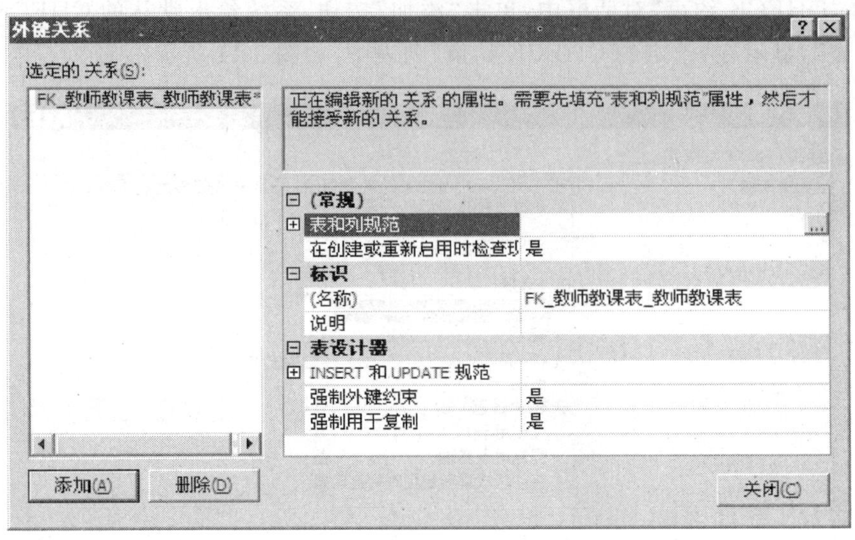

图 3-13 “外键关系”对话框

(3) 选择外键约束名“FK_教师教课表_教师教课表”，可在其右侧的“属性”窗口中：通过“标识”项中的“名称”属性，修改约束名称；通过单击“常规”项中的“表和列规范”属性，再单击其右侧出现的“…”按钮，打开“表和列”对话框，如图 3-14 所示。

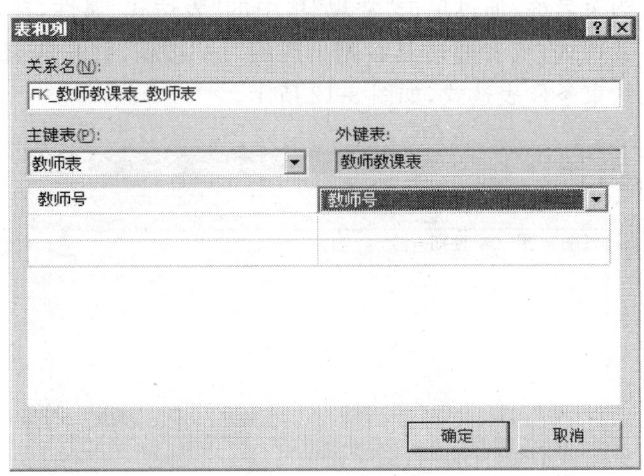

图 3-14 “表和列”对话框

(4) 在表和列对话框中：可修改外键关系名，即外键约束名(如改为：“FK_教师教课表_教师表”)；通过“主键表”下拉框选择主键表名(如“教师表”)和主键表中的主键列(组)(如“教师号”)；通过“外键表”下拉框选择其外键列(组)(如“教师号”)。

(5) 设置完成后，单击“确定”按钮，回到“外键关系”对话框，展开“属性”窗口中的“表和列规范”属性，如图 3-15 所示。

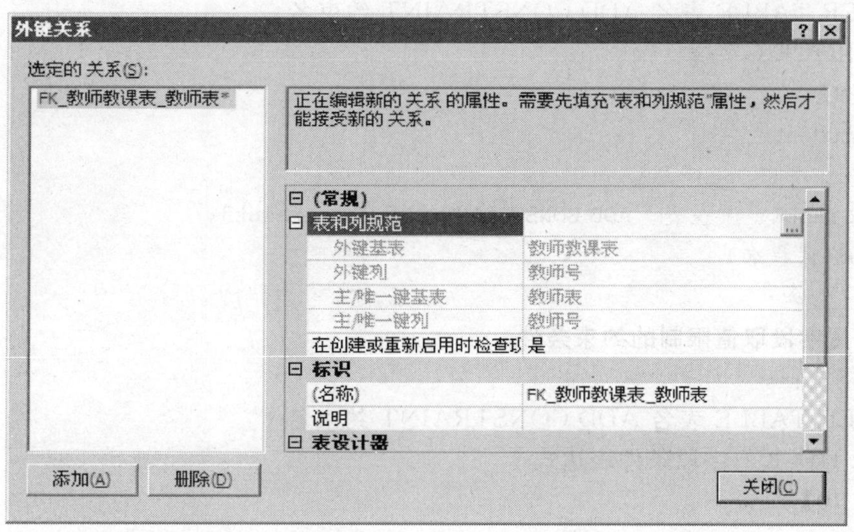

图 3-15　"外键关系"对话框

3.6.3　利用 SQL 命令建立约束

1. 设置数据表的主键

语法格式：

ALTER TABLE 表名 ADD CONSTRAINT 约束名
　　PRIMARY　KEY(字段组合)

【例 3-7】

```
Use Student
Go
ALTER  TABLE 学生选课表 ADD  CONSTRAINT  my_constraint1
  PRIMARY  KEY(学号 ，课程号 )
Go
```

2. 设置字段的默认值

语法格式：

ALTER TABLE 表名 ADD CONSTRAINT 约束名
　DEFAULT 表达式 FOR 字段

【例 3-8】

```
Use Student
Go
ALTER TABLE  学生表  ADD CONSTRAINT  my_constraint2
DEFAULT  ´男´  FOR  性别
GO
```

3. 设置字段只取唯一值，不取重复值

语法格式：

ALTER TABLE 表名 ADD CONSTRAINT 约束名
  UNIQUE（字段）

【例 3-9】

```
Use Student
Go
ALTER TABLE  课程表  ADD CONSTRAINT  my_constraint3
UNIQUE(课程名)
GO
```

4. 设置字段取值限制的约束条件

语法格式：

ALTER TABLE 表名 ADD CONSTRAINT 约束名
    CHECK（字段条件表达式）

【例 3-10】

```
Use Student
Go
ALTER TABLE  学生选课表  ADD CONSTRAINT  my_constraint4
CHECK（ 成绩＞=0 and 成绩＜=100 ）
Go
```

5. 设置数据表的外键

语法格式：

ALTER TABLE 表名 ADD CONSTRAINT 约束名
    [FOREIGN KEY](外键列[, …])
    REFERENCES 对应的主键表 [(该主键表的主键列[, …])]

【例 3-11】

```
Use  Student
Go
ALTER  TABLE 教师教课表  ADD CONSTRAINT  my_constraint5
FOREIGN  KEY（ 课程号 ）
  REFERENCES  课程表（ 课程号 ）
Go
```

【例 3-12】

```
Use  Student
Go
ALTER  TABLE 学生选课表  ADD CONSTRAINT  my_constraint6
FOREIGN  KEY（ 教师号 ，课程号 ）
        REFERENCES  教师教课表（ 教师号 ，课程号 ）
Go
```

注意：约束的名称在数据库中应该是唯一的。在建立约束时，若不指定约束名，则系统会自动生成一个约束名。

3.6.4　查看和删除约束

1. 利用 SQL Server Management Studio 查看约束

(1) 启动 SQL Server Management Studio，并连接到 SQL Server 2008 中的数据库。在"对象资源管理器"窗口中展开"数据库"节点，再展开查看约束的表所属的数据库名(如 Student)，再展开其"表"节点，右击要查看约束的表名称，执行弹出菜单中的【设计】命令，打开"表设计器"界面窗口。

(2) 在"表设计器"窗口中，可以查看主键约束、空值约束和默认值约束。

(3) 在"表设计器"窗口中，右击任意字段，执行弹出菜单中的相关约束命令，如【关系】、【索引/键】、【CHECK 约束】等命令，进入相关的约束设计对话框，选择要查看的约束名，可查看外键约束、唯一约束或 CHECK 约束信息。

2. 利用 SQL 命令查看约束

语法格式：

EXEC sp_helptext　约束名

3. 利用 SQL Server Management Studio 删除约束

(1) 启动 SQL Server Management Studio，并连接到 SQL Server 2008 中的数据库。在"对象资源管理器"窗口中展开"数据库"节点，再展开删除约束的表所属的数据库名(如 Student)，再展开其"表"节点，右击要删除约束的表名称，执行弹出菜单中的【设计】命令，打开"表设计器"窗口。

(2) 在"表设计器"窗口中，可以移除主键，修改非空，去掉默认值。

(3) 在"表设计器"窗口中，右击任意字段，执行弹出菜单中的相关约束命令，如【关系】、【索引/键】、【CHECK 约束】等命令，进入相关的约束设计对话框，选择要删除的约束名，单击"删除"按钮即可删除相关约束。

4. 利用 SQL 命令删除表的约束

语法格式：

ALTER　TABLE 表名　DROP　CONSTRAINT　约束名

【例 3-13】　删除数据库 Student 中的约束 my_constraint5。

```
Use Student
Go
Alter  Table 教师教课表  Drop  Constraint  my_constraint5
Go
```

3.7　为数据表创建 IDENTITY 列

(1) 启动 SQL Server Management Studio，并连接到 SQL Server 2008 中的数据库。在"对象资源管理器"窗口中展开"数据库"节点，再展开创建 IDENTITY 列的表所属的数据库名(如 Student)，再展开其"表"节点，右击要建立 IDENTITY 列的表名称，执行弹出菜单中的【设计】命令，打开"表设计器"窗口。

(2) 在“表设计器”窗口中，添加一列，例如，列名为 ID，数据类型为 int，然后，在其下面的“列属性”窗口中，展开“标识规范”属性，设置其“是标识”属性值为“是”，修改其“标识种子”属性值(如 100)，其“标识增量”属性值(如 1)，这样即可创建一个 IDENTITY 列，如图 3-16 所示。

图 3-16　创建表的 IDENTITY 列

3.8　更新数据表的内容

3.8.1　利用 SQL Server Management Studio 输入表内容

1. 利用 SQL Server Management Studio 输入表内容

(1) 启动 SQL Server Management Studio，并连接到 SQL Server 2008 中的数据库。在“对象资源管理器”窗口中展开“数据库”节点，再展开要输入内容的表所属的数据库名(如 Student)，再展开其“表”节点，右击要输入记录的表名称，出现弹出菜单，如图 3-17 所示。

(2) 执行弹出菜单中的【编辑前 200 行】命令，进入“表内容编辑器”窗口，在“表内容编辑器”窗口中，输入表的各个记录即可，如图 3-18 所示。

2. 利用 SQL Server Management Studio 查看和更新表内容

(1) 启动 SQL Server Management Studio，并连接到 SQL Server 2008 中的数据库。在“对象资源管理器”窗口中展开“数据库”节点，展开要更新内容的表所属的数据库名(如 Student)，展开其“表”节点，右击要查看或更新内容的表名称，出现弹出菜单，执行菜单中的【编辑前 200 行】命令，进入“表内容编辑器”窗口。

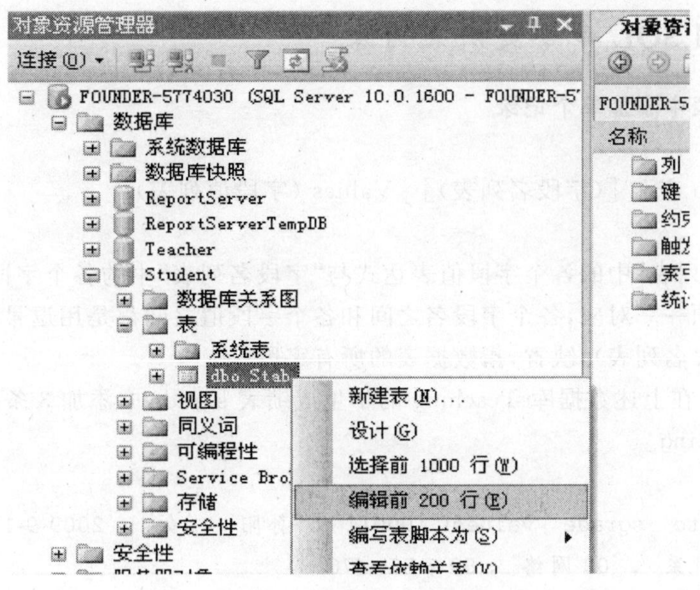

图 3-17 输入表内容

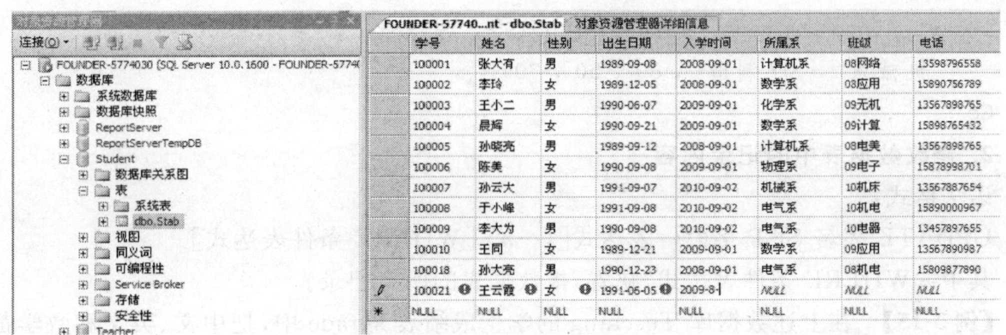

学号	姓名	性别	出生日期	入学时间	所属系	班级	电话
100001	张大有	男	1989-09-08	2008-09-01	计算机系	08网络	13598796558
100002	李玲	女	1989-12-05	2008-09-01	数学系	08应用	15890756789
100003	王小二	男	1990-06-07	2009-09-01	化学系	09无机	13567898765
100004	晨辉	女	1990-09-21	2009-09-01	数学系	09计算	15898765432
100005	孙晓亮	男	1989-09-12	2008-09-01	计算机系	08电美	13567898765
100006	陈美	女	1990-09-08	2009-09-01	物理系	09电子	15878998701
100007	孙云大	男	1991-09-07	2010-09-02	机械系	10机床	13567887654
100008	于小峰	女	1991-09-08	2010-09-02	电气系	10机电	15890000967
100009	李大为	男	1990-09-08	2010-09-02	电气系	10电器	13457897655
100010	王同	女	1989-12-21	2009-09-01	数学系	09应用	13567890987
100018	孙大亮	男	1990-12-23	2008-09-01	电气系	08机电	15809877890
100021	王云霞	女	1991-06-05	2009-8-	NULL	NULL	NULL
NULL	NULL	NULL	NULL	NULL	NULL	NULL	NULL

图 3-18 “表内容编辑器”窗口

(2) 在“表内容编辑器”窗口中，可以查看表内容，可以选定记录(若选定多个记录，则按住 Ctrl 键进行选定)，可以添加记录、修改记录、删除选定的记录等，根据需要进行修改即可，如图 3-19 所示。

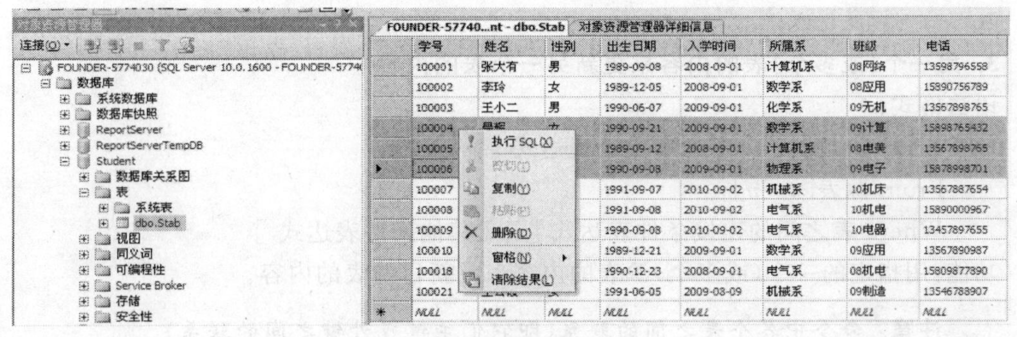

学号	姓名	性别	出生日期	入学时间	所属系	班级	电话
100001	张大有	男	1989-09-08	2008-09-01	计算机系	08网络	13598796558
100002	李玲	女	1989-12-05	2008-09-01	数学系	08应用	15890756789
100003	王小二	男	1990-06-07	2009-09-01	化学系	09无机	13567898765
100004	晨辉		1990-09-21	2009-09-01	数学系	09计算	15898765432
100005			1989-09-12	2008-09-01	计算机系	08电美	13567898765
100006			1990-09-08	2009-09-01	物理系	09电子	15878998701
100007			1991-09-07	2010-09-02	机械系	10机床	13567887654
100008			1991-09-08	2010-09-02	电气系	10机电	15890000967
100009			1990-09-08	2010-09-02	电气系	10电器	13457897655
100010			1989-12-21	2009-09-01	数学系	09应用	13567890987
100018			1990-12-23	2008-09-01	电气系	08机电	15809877890
100021	王云霞	女	1991-06-05	2009-08-09	机械系	09制造	13546788907
NULL	NULL	NULL	NULL	NULL	NULL	NULL	NULL

图 3-19 “表内容编辑器”窗口

3.8.2 利用SQL命令更新表内容

1. 向数据表中添加单个记录

语法格式：

Insert into 表名［(字段名列表)］ Values (字段值列表)

其中：

- "字段值列表"中的各个字段值表达式与"字段名列表"中的各个字段的个数、类型和顺序必须一一对应，各个字段名之间和各个字段值之间都是用逗号隔开的；
- 若"(字段名列表)"缺省，指数据表的所有字段。

【例 3-14】 在上述数据库 Teaching 的学生成绩表 sgrade 中添加 3 条记录。

```
Use  Teaching
Go
Insert  into  sgrade  values('100011','孙阳','女','2009-9-1',
    '计算机系','09 网络',89,56,76.8)
Insert  into  sgrade  values('100013','解晓东','男','2008-9-1',
    '电气系','08 机电',98.7,67,76)
Insert  into  sgrade  values('100019','张大名','男','2007-9-1',
    '机械系','07 制造',80,50,70)
Go
```

2. 修改数据表中的记录内容

语法格式：

UPDATE 表名 SET 字段=表达式[,…n][WHERE 条件表达式]

其中："WHERE 条件表达式"缺省，指数据表的所有记录。

【例 3-15】 在上述数据库 Teaching 的学生成绩表 sgrade 中，把中文、英文和数学都不及格的学生记录的中文增加 10 分，英文提高 15%，数学改为及格。

```
Use  Teaching
Go
Update  sgrade  Set  zw = zw + 10 ,  yw = 1.15 * yw ,  sx = 60
  Where  zw<60  and  yw<60  and  sx<60
Go
```

3. 用一个(或多个)表的内容来更新另一个表的内容

语法格式：

UPDATE 目的表 SET 字段=表达式 [,…n]

  From 源表[,…n]

  Where 表之间的连接条件表达式 [and 其他条件表达式]

功能：用指定的一个(或多个)源表的内容来更新目的表的内容。

注意： 命令中各个表之间的联系(即它们主键或外键之间的联系)。

【例 3-16】 设数据库 Teaching 中有如下三个数据表，见表 3-3～表 3-5。

表 3-3 sgrade1(学生成绩表 1)

xh	zw	yw
0002	89	56
0003	63	98
0004	90	87
0001	45	67

表 3-4 sgrade2(学生成绩表 2)

xh	sx	jsj
0003	91	82
0001	69	78
0004	89	56
0002	45	87

表 3-5 total_grade(学生成绩汇总表)

xh	xm	szx	zw	yw	sx	jsj	sum
0001	张大友	计算机系					
0002	李贵香	电气系					
0003	陈曦	经管系					
0004	王晓东	化学系					

其中,各个字段名的意义为:xh(学号),xm(姓名),szx(所在系),zw(中文),yw(英文),sx(数学),jsj(计算机基础)。

把表 sgrade1 和表 sgrade2 的内容分别汇总到表 total_grade 中,并同时计算出每个学生的中文、英文、数学、计算机基础 4 门课的总分填到字段 sum 中。

```
Use Teaching
Go
Update  total_grade  Set  zw = sgrade1.zw ,  yw = sgrade1.yw  ,
    sx = sgrade2.sx ,  jsj = sgrade2.jsj ,  zf = zw + yw + sx + jsj
  From  sgrade1 ,  sgrade2
  Where  total_grade.xh = sgrade1.xh AND total_grade.xh = sgrade2.xh
Go
```

4. 删除数据表中的记录

语法格式:

DELETE　FROM　表名［Where　条件表达式］

【例 3-17】 在数据库 Teaching 的学生成绩表 sgrade 中,将入学 4 年或者 4 年以上的学生记录删除。

```
Use  Teaching
Go
Delete  From  sgrade  Where  year(getdate()) - year( rxsj ) >= 4
Go
```

5. 清空数据表内容

语法格式:

TRUNCATE　TABLE　表名

3.9 任务实现

1. 创建数据库Student中的各个数据表

大学生选课管理数据库Student中的5个数据表结构如下，见表3-6～表3-10。

表3-6 stab(学生信息表)

字段名	字段类型	意义	是否为空	约束
xh	char(6)	学号	否	主键
xm	varchar(8)	姓名	否	
xb	char(2)	性别	否	默认值'男'
csrq	date	出生日期	否	
rxsj	date	入学时间	否	
ssx	varchar(20)	所属系	否	
bj	varchar(20)	班级	否	
dh	char(11)	电话	是	

表3-7 ttab(教师信息表)

字段名	字段类型	意义	是否为空	约束
jsh	char(4)	教师号	否	主键
xm	varchar(8)	姓名	否	
xb	char(2)	性别	否	默认值'男'
csrq	date	出生日期	否	
rjsj	date	任教时间	否	
xl	varchar(10)	学历	是	
zy	varchar(20)	专业	是	
zc	varchar(10)	职称	是	
ssx	varchar(20)	所属系	否	
dh	char(11)	电话	是	

表3-8 ctab(课程信息表)

字段名	字段类型	意义	是否为空	约束
kch	char(3)	课程号	否	主键
kcm	varchar(20)	课程名	否	不能重复
xxkch	char(3)	先行课程号	是	
xf	tinyint	学分	否	在1到5之间
xs	tinyint	学时	否	在20到120之间
sf	smallint	收费	否	在100到300之间

表 3-9　tctab(教师教课信息表)

字段名	字段类型	意义	是否为空	约束	
jsh	char(4)	教师号	否	外键	主键
kch	char(3)	课程号	否	外键	
cj	smallint	酬金	否	在 200 到 1000 之间	

表 3-10　sctab(学生选课信息表)

字段名	字段类型	意义	是否为空	约束	
xh	char(6)	学号	否	外键	主键
kch	char(3)	课程号	否	外键	
jsh	char(4)	教师号	否		
cj	decimal(4,1)	成绩	是	在 0 到 100 之间	

(1) 创建学生信息表

```
Use  Student
Go
Create  Table  stab
  ( xh  char(6)  PRIMARY  KEY  ,
    xm  varchar(8)  NOT  NULL  ,
    xb  char(2)  NOT NULL  DEFAULT´男´  ,
    csrq  date  NOT NULL  ,
    rxsj  date  NOT NULL  ,
    ssx  varchar(20)  NOT NULL ,
    bj  varchar(20)  NOT  NULL  ,
    dh  char(11)
  )
Go
```

(2) 创建教师信息表

```
Use  Student
Go
Create  Table  ttab
  ( jsh  char(4)  PRIMARY  KEY  ,
    xm  varchar(8)  NOT  NULL  ,
    xb  char(2)  NOT NULL  DEFAULT´男´  ,
    csrq  date  NOT NULL  ,
    rjsj  date  NOT NULL  ,
    xl  varchar(10) ,
    zy  varchar(20) ,
    zc  varchar(10) ,
```

```
    ssx  varchar(20)  NOT NULL ,
    dh  char(11)
    )
Go
```

(3) 创建课程信息表

```
Use  Student
Go
Create  Table  ctab
  ( kch  char(3)  PRIMARY  KEY ,
    kcm  varchar(20)  NOT NULL  UNIQUE ,
    xxkch  char(3)  ,
    xf  tinyint  NOT NULL  CHECK (xf> = 1 and xf< = 5) ,
    xs  tinyint  NOT NULL  CHECK (xs> = 20 and xs< = 120) ,
    sf  smallint  NOT NULL  CHECK (sf> = 100 and sf< = 300)
    )
Go
```

(4) 创建教师教课信息表

```
Use  Student
Go
Create  Table  tctab
  ( jsh  char(4)  NOT NULL  REFERENCES  ttab( jsh ) ,
                                                  /* 设置外键 */
    kch  char(3)  NOT NULL  REFERENCES  ctab( kch ) ,
                                                  /* 设置外键 */
    cj smallint  NOT NULL CHECK (cj> = 200 and cj< = 1000) ,
    PRIMARY  KEY ( jsh , kch )  /* 设置主键( jsh , kch ) */
    )
Go
```

(5) 创建学生选课信息表

```
Use  Student
Go
Create  Table  sctab
   ( xh  char(6)  NOT NULL  REFERENCES  stab( xh ) ,
     kch  char(3)  NOT NULL  ,
     jsh  char(4)  NOT NULL  ,
     cj  decimal(4,1)  CHECK (cj> = 0 and cj< = 100) ,
     PRIMARY  KEY ( xh , kch )  ,  /* 设置主键( xh , kch ) */
     FOREIGN KEY(jsh , ksh )  REFERENCES tctab(jsh , ksh)
                                          /* 设置外键(jsh , ksh ) */
```

```
    )
Go
```

2. 输入数据库 Student 中各个数据表的内容

利用 SQL Server Management Studio 输入数据库 Student 中的各个数据表的记录内容。

略(学生自己完成)。

3. 向数据库 Student 中的有关数据表中添加新的记录

(1) 向学生信息表中添加 3 个学生的记录。

```
Use  Student
Go
Insert  Into  stab values('100013','张闻天','女','1990-9-8','2010-9-1',
      '机械系', '10模具', '15897666690')
Insert  Into  stab values('100018','孙晓亮','男','1989-5-28','2009-9-1',
      '电气系', '09机电', '13546780987')
Insert  Into  stab values('100017','王菲','女','1991-12-1','2011-9-2',
      '计算机系', '11网络', '15897777229')
Go
```

(2) 向学生选课信息表中添加 4 条记录。

```
Use  Student
Go
Insert  Into  sctab  values('100013' ,'C1' ,'0001' ,87)
Insert  Into  sctab  values('100013' ,'C2' ,'0001' ,65.7)
Insert  Into  sctab  values('100017' ,'C3' ,'0003' ,98)
Insert  Into  sctab  values('100017' ,'C5' ,'0004' ,56.8)
Go
```

4. 调整数据库 Student 中有关课程的学时量和收费标准

把课程信息表中学时多于(包括等于)80 的课程减少 10 个学时,同时将它们的收费降低 20%。

```
Use  Student
Go
Update  ctab  set  xs = xs - 10 , sf = 0.8 * sf  Where xs> = 80
Go
```

5. 从数据库 Student 中删除有关学生记录和有关教师记录

(1) 把学生信息表中入学 4 年或 4 年以上的学生记录删掉。

```
Use  Student
Go
Delete  From  stab  Where  year (getdate()) - year(rxsj)> = 4
Go
```

(2) 把教师信息表中年龄到 60 岁或 60 岁以上的教师记录删掉。

```
Use  Student
Go
Delete  From  ttab  Where  year (getdate()) - year(csrq)>=60
Go
```

练 习 题

1. 在客户订货管理数据库 goods 中，完成如下操作。

（1）分别利用 SQL Server Management Studio 和 SQL 命令创建数据库中的 3 个数据表，见表 3-11～表 3-13。

表 3-11　Ktab(客户信息表)

字段名	字段类型	意义	是否为空	约束
khh	char(4)	客户号	否	主键
khm	varchar(8)	客户名	否	
dh	char(11)	电话	是	
dz	varchar(40)	地址	否	

表 3-12　Stab(商品信息表)

字段名	字段类型	意义	是否为空	约束
sph	char(4)	商品号	否	主键
spm	varchar(10)	商品名	否	
pp	varchar(10)	品牌	否	
xh	varchar(20)	型号	是	
sccj	varchar(40)	生产厂家	否	
dj	smallint	单价	否	大于 0
chl	bigint	存货量	是	大于等于 0

表 3-13　KStab(客户订货信息表)

<table>
<tr><th>字段名</th><th>字段类型</th><th>意义</th><th>是否为空</th><th colspan="2">约束</th></tr>
<tr><td>khh</td><td>char(4)</td><td>客户号</td><td>否</td><td>外键</td><td rowspan="2">主键</td></tr>
<tr><td>sph</td><td>char(4)</td><td>商品号</td><td>否</td><td>外键</td></tr>
<tr><td>dhl</td><td>smallint</td><td>订货量</td><td>是</td><td colspan="2">大于等于 0</td></tr>
</table>

（2）利用 SQL Server Management Studio 输入这 3 个表的内容。

（3）利用 SQL 命令向客户订货信息表中添加 3 个记录。

（4）将商品信息表中每种商品的单价都提高 20%。

（5）于客户订货信息表中，将订货量为空的记录删掉。

（6）于客户订货信息表中，先增加一个字段 zje　int 型，然后计算每个客户订购每种商品所需的总金额，并将其放入字段 zje 中。

2. 在图书管理数据库 books 中，完成如下操作。

(1) 分别利用 SQL Server Management Studio 和 SQL 命令创建数据库中的 3 个数据表，见表 3-14～表 3-16。

表 3-14　reader(读者信息表)

字段名	字段类型	意义	是否为空	约束
dzh	char(6)	读者号	否	主键
dzm	varchar(8)	读者名	否	
sfz	char(18)	身份证	否	
dh	char(11)	电话	是	
dz	varchar(40)	地址	否	

表 3-15　book(图书信息表)

字段名	字段类型	意义	是否为空	约束
tsh	char(6)	图书号	否	主键
tsm	varchar(40)	图书名	否	
zzm	varchar(8)	作者名	否	
cbs	varchar(30)	出版社	否	
dj	tinyint	单价	否	大于等于 20
sl	smallint	数量	是	大于等于 0

表 3-16　record(读者借阅登记表)

<table>
<tr><th>字段名</th><th>字段类型</th><th>意义</th><th>是否为空</th><th colspan="2">约束</th></tr>
<tr><td>dzh</td><td>char(6)</td><td>读者号</td><td>否</td><td>外键</td><td rowspan="2">主键</td></tr>
<tr><td>tsh</td><td>char(6)</td><td>图书号</td><td>否</td><td>外键</td></tr>
<tr><td>jyrq</td><td>date</td><td>借阅时间</td><td>否</td><td colspan="2"></td></tr>
<tr><td>sl</td><td>tinyint</td><td>数量</td><td>否</td><td colspan="2">最多 2 本</td></tr>
<tr><td>ghbj</td><td>char(2)</td><td>是否已经归还</td><td>否</td><td colspan="2"></td></tr>
</table>

(2) 利用 SQL Server Management Studio 输入这 3 个表的内容。

(3) 于读者借阅登记表中，将已经归还的记录删掉。

第 4 章 数据库的查询

教学目标

通过本章学习，使学生掌握 SQL Server 数据库的查询命令 SELECT 的语法格式、功能和使用，能够根据实际问题的具体要求，熟练利用 SELECT 命令对数据库实现相应的查询操作。

教学要求

知识要点	能力要求	关联知识
SELECT 命令	掌握 SELECT 语句的语法格式、功能	SELECT 命令
单个表的查询	(1) 掌握单个表的简单查询方法 (2) 掌握查询结果的排序方法 (3) 掌握查询结果计算和分类汇总方法 (4) 掌握查询结果的保存方法 (5) 掌握多个查询结果合并的方法	SELECT 命令 Count ( ), Sum ( ), Avg ( ), Max(), Min()等聚集函数
多个表的连接查询	掌握多个数据表的连接查询方法	连接查询的概念，SELECT 命令
子查询	(1) 掌握数据库普通子查询的方法 (2) 掌握数据库相关子查询的方法	子查询的概念和分类，SELECT 命令

重点难点

- SELECT 命令的语法格式、功能
- 单个数据表的查询方法
- 多个关联数据表的连接查询方法
- 数据库高级子查询的方法

4.1 任务描述

本章完成项目的第 4 个任务：在大学生选课管理数据库 Student 中，完成如下查询操作。

(1) 查询有关学生的基本信息。
(2) 查询有关教师的基本信息。
(3) 统计被选课程的有关信息。
(4) 查询选课学生所选课程的有关信息。
(5) 查询当前任课教师的任课情况。

4.2 SELECT 命令

语法格式：

```
SELECT [ ALL | DISTINCT ] select_list
[ INTO new_table_name ]
  FROM table_list
[ WHERE search_conditions ]
[ GROUP BY group_by_list
[ HAVING search_conditions ] ]
[ ORDER BY order_list [ ASC | DESC ] ]
```

其中：

- select_list 描述查询结果集中的各个列，它是一个用逗号分隔的表达式列表，它可以是星号(*)、表达式、列名表、变量等，“*”指源表中的所有列；
- ALL 指在查询结果列表中包含所有检索到的行(包含重复行)，DISTINCT 指在查询结果列表中只保留不同的行(删除重复行)，默认为 ALL；
- INTO new_table_name 指定使用查询结果集来创建一个新表，即把查询结果集保存到一个新表中，new_table_name 为新表名；
- FROM table_list 指定要查询的源表或者视图的列表，即从哪些表或视图中查询数据，table_list 为源表或视图的名称列表，名称之间用逗号相互隔开；
- WHERE search_conditions 指定待查询的记录所满足的范围和条件，即查询满足什么条件的记录，只有满足条件的记录才能进入查询结果集，search_conditions 为查询条件表达式，缺省指表的所有记录；
- GROUP BY group_by_list 指定将查询结果集根据 group_by_list 列中的值进行分组，按照 group_by_list 列中的值将查询结果集进行分类；
- HAVING search_conditions 指定查询结果集的附加筛选条件，对由 GROUP BY 子句所分出的各个组进行筛选，即满足什么条件的组，search_conditions 为组的筛选条件表达式；
- HAVING 子句必须与 GROUP BY 子句一起使用，它们和聚集函数一起可以实现对每个组生成一行和一个汇总值；
- ORDER BY order_list[ASC | DESC]：指定将查询结果集按照 order_list 列中的值进行排序，ASC 为升序，DESC 为降序，默认升序。

功能:从给定的各个源数据表或视图中,查询满足指定条件的记录(各个指定的字段表达式的值),并将查询记录结果集按指定的要求进行显示输出和其他相关的处理。

附注:可在 SQL Server 2008 查询编辑器窗口空白处,右击鼠标,选择弹出菜单里的【将结果保存到】选项中的相关命令,来设置查询结果的显示方式,如图 4-1 所示。

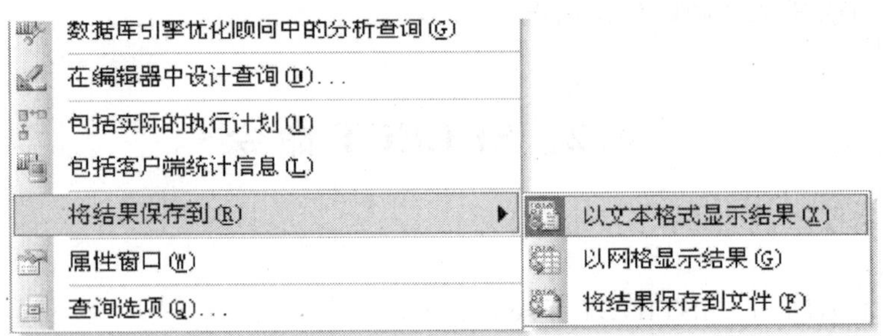

图 4-1 设置查询结果的显示方式

例如:Select 命令执行结果的默认(即网格)显示方式如图 4-2 所示。

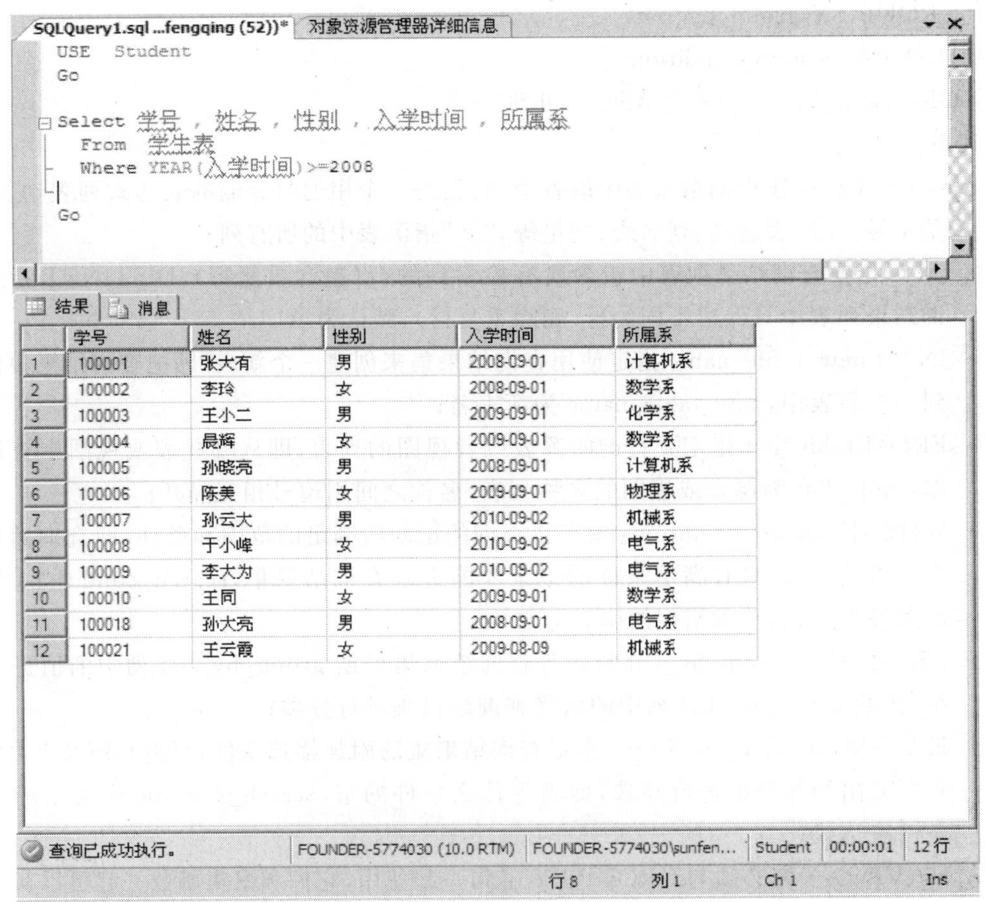

图 4-2 以网格方式显示查询结果

4.3　单个数据表的查询

设教学数据库 Teaching 中的学生成绩表 sgrade 的内容如表 4-1 所示。

表 4-1　sgrade(学生成绩表)

xh	xm	xb	rxsj	szx	bj	zw	yw	sx
100001	张大亮	男	2009-9-1	计算机系	09 网络	67.8	97.8	87
100002	李芳	女	2008-8-8	电气系	08 机电	98	54.7	56.8
100003	孙小同	女	2007-9-1	会计系	07 会计	87.5	78	93
100004	吴民符	男	2007-8-8	计算机系	07 应用	90	65	76
100005	李晓彤	女	2008-9-1	电气系	08 电器	97	90	67.5
100006	王大亮	男	2009-9-6	会计系	09 理财	67	78	89
100007	张大有	男	2007-9-2	计算机系	07 应用	45	98	97
100008	陈曦	女	2008-8-6	电气系	08 机电	89	45	90
100009	王光美	女	2009-9-3	计算机系	09 网络	56.9	76	56.8
100010	孙晓丽	女	2008-8-7	电气系	08 机电	97	68.8	73
100011	黑雪影	女	2007-8-9	会计系	07 会计	78	58.9	63
100015	白长天	男	2009-9-5	计算机系	09 网络	90	67	81

4.3.1　单个数据表的简单查询

【例 4-1】　从表 sgrade 中查询所有学生的记录信息(即查看表 sgrade 的内容)。

```
Use Teaching
Go
Select  *  From  sgrade
Go
```

【例 4-2】　从表 sgrade 中查询前 10 个学生的记录。

```
Use Teaching
Go
Select  top 10  *  From  sgrade
Go
```

【例 4-3】　从表 sgrade 中查询计算机系的学生记录。

```
Use Teaching
Go
Select  *  From  sgrade  Where szx = '计算机系'
```

```
Go
```

【例 4-4】 从表 sgrade 中,查询入学 4 年或 4 年以上的学生的学号、姓名和入学时间。

```
Use Teaching
Go
Select  xh , xm , rxsj  From  sgrade
  Where  year(getdate()) - year(rxsj) >= 4
Go
```

【例 4-5】 从表 sgrade 中,查询中文、英文和数学都及格的学生的学号、姓名,中文、英文、数学成绩和这三门课程的平均分,要求给每个待查的列或列表达式加上别名。

```
Use Teaching
Go
Select  xh 学号 ,  xm 姓名 ,  zw 中文 ,  yw 英文 ,  sx 数学 ,
        (zw + yw + sx)/3  平均分
  From  sgrade
  Where  zw>=60  and  yw>=60  and  sx>=60
Go
```

4.3.2 查询结果的排序

使用 ORDER BY order_list [ASC | DESC]子句实现。

【例 4-6】 从表 sgrade 中,按照中文、英文和数学三门课程的总成绩从高到低的顺序输出所有学生的学号、姓名,中文、英文、数学成绩和这三门课程的总分。

```
Use Teaching
Go
Select  xh 学号, xm 姓名, zw 中文, yw 英文, sx 数学, zw + yw + sx 总分
  From  sgrade
  Order  By  zw + yw + sx  Desc
Go
```

【例 4-7】 从表 sgrade 中,查询入学不到 4 年的学生的学号、姓名、入学时间、所在系和英文成绩,并将查询到的结果先按照学生的所在系升序排列,对于同一个系的再按照学生的英文成绩从高到低排列。

```
Use Teaching
Go
Select  xh 学号 , xm 姓名,  rxsj 入学时间 , szx 所在系 , yw 英文
  From  sgrade
  Where  year(getdate()) - year(rxsj) < 4
  Order  By  szx  Asc ,  yw  Desc
Go
```

【例 4-8】 从表 sgrade 中,在计算机系中查询中文、英文、数学总成绩最高的 10 个学生的学号、姓名和这三门课程的总成绩。

```
Use Teaching
Go
Select  top 10  xh , xm , zw + yw + sx  From  sgrade  Where  szx = '计算机系'
  Order  By  zw + yw + sx  Desc
Go
```

【例 4-9】 从表 sgrade 中,查询每个同学的学号和姓名及中文、英文、数学三门课程的总成绩和总成绩的排列名次,总成绩一样的学生排列名次相同。

```
Use Teaching
Go
Select  xh 学号 , xm 姓名 , zw + yw + sx 总成绩 ,
        rank() over(Order By zw + yw + sx Desc) 总成绩排名
  From  sgrade
Go
```

说明:函数 rank() over(order by 字段表达式 asc/desc) 返回相关记录在指定“字段表达式”值上的排列名次。“字段表达式”值相同的记录,其排名相同。

4.3.3 查询结果的计算

查询结果的计算主要是通过聚集函数来完成的,聚集函数可以返回整个或者几个列或者一个列的汇总数据,它常用来计算 SELECT 语句查询的统计值。聚集函数经常与 SELECT 语句的 GROUP BY 子句一同使用。常用的几个聚集函数如下。

- Count([Distinct | All] *):统计记录的个数。
- Count([Distinct | All]字段表达式):统计一个列中值的个数。
- Sum([Distinct | All]字段表达式):计算一列值的总和。
- Avg([Distinct | All]字段表达式):计算一列值的平均值。
- Max([Distinct | All]字段表达式):计算一列值的最大值。
- Min([Distinct | All]字段表达式):计算一列值的最小值。
- Var([Distinct | All]字段表达式):计算一列值的统计方差。
- Stdev([Distinct | All]字段表达式):计算一列值的统计标准方差。

其中:Distinct 表示去掉指定列中的重复值,All 表示不取消其重复值,默认为 All。

【例 4-10】 从表 sgrade 中,统计全体学生人数和所有系的个数。

```
Use Teaching
Go
Select  Count( * ) 学生人数 ,  Count(Distinct  szx) 系个数
  From  sgrade
Go
```

【例 4-11】 从表 sgrade 中,统计电气系的学生人数和班级的个数。

```
Use Teaching
Go
Select  Count( * ) 学生人数 , Count(Distinct  bj) 班级个数
  From  sgrade  Where  szx = '电气系'
Go
```

【例 4-12】 从表 sgrade 中,统计会计系的学生人数、英文总分、英文平均分、英文最高分和英文最低分。

```
Use Teaching
Go
Select  '会计系'  所在系 ,Count( * ) 学生人数 ,Sum(yw) 英文总分 ,
  Avg(yw) 英文平均分,Max(yw) 英文最高分,Min(yw) 英文最低分
  From  sgrade
  Where  szx = '会计系'
Go
```

4.3.4 查询结果的分类汇总

使用 GROUP BY group_by_list [HAVING search_conditions]子句实现。

注意: Select 子句的列名必须是 GROUP BY 子句已有的列名或是计算列(主要是利用聚集函数的计算列)。

【例 4-13】 从表 sgrade 中,查询各个系的学生人数、班级个数。

```
Use Teaching
Go
Select  szx 所在系 ,Count( * ) 学生人数 ,Count(Distinct  bj) 班级个数
  From  sgrade  Group  By  szx
Go
```

【例 4-14】 从表 sgrade 中,按照各个系学生的平均英文成绩从高到低的顺序查询各个系和各个系的学生人数、学生平均英文成绩。

```
Use Teaching
Go
Select  szx 所在系 ,Count( * ) 学生人数 ,Avg(yw) 平均英文
  From  sgrade
  Group By  szx
  Order By  Avg(yw)  Desc
Go
```

【例 4-15】 从表 sgrade 中,查询各个系的学生平均英文成绩和平均英文成绩的排列名

次。平均英文成绩一样的系，排列名次相同。

```
Use Teaching
Go
Select  szx 所在系 ， Avg(yw) 平均英文 ,
    rank() over(Order By  Avg(yw)  Desc) 平均英文排名
  From  sgrade  Group By  szx
Go
```

【例 4-16】 从表 sgrade 中，查询计算机系的各个班级和各个班级的学生人数、学生平均英文成绩。

```
Use Teaching
Go
Select  bj 班级 ，Count( * ) 学生人数 ，  Avg(yw) 平均英文
  From  sgrade   Where = ′计算机系′
  Group  By  bj
Go
```

【例 4-17】 从表 sgrade 中，统计系学生人数在 100 人以上，且系学生的平均英文成绩在 80 分以上的系，及该系学生人数和该系学生的平均英文成绩。

```
Use Teaching
Go
Select  szx 所在系 ，Count( * ) 学生人数 ，  Avg(yw) 平均英文
  From  sgrade
  Group  By  szx
    Having  Count( * )> = 100   and  Avg(yw)> = 80
Go
```

【例 4-18】 从表 sgrade 中，统计每个年级的学生人数。

```
Use Teaching
Go
Select  year(rxsj) 年级 ，  Count( * ) 学生人数
  From  sgrade  Group By  year(rxsj)
Go
```

【例 4-19】 从表 sgrade 中，统计各个系中的各个班级的学生人数和学生的平均英文成绩。

```
Use Teaching
Go
Select  szx 系 ，bj 班级 ，Count( * ) 学生人数 ，Avg(yw) 平均英文
  From  sgrade
  Group  By  szx  ，  bj
```

```
Go
```

附注:查询命令中“Where 条件”与“Having 条件”的区别如下。

(1) “Where 条件”是指源表或视图中待查的每条记录所满足的筛选条件, 即从整个源表或视图中的所有记录中查询满足此条件的记录。

(2) “Having 条件”是指分组后的各个组所满足的筛选条件,即先将查到的记录集按照“GROUP BY group_by_list”中 group_by_list 的不同值进行分组,每个组即为一行,然后再从分后的各个组中筛选满足此条件的组。

4.3.5 查询结果的保存

使用 INTO new_table_name 子句实现。

【例 4-20】 在表 sgrade 中,把计算机系的学生的学号、姓名、性别、入学时间和班级这些数据信息复制到一新表 computer 中。

```
Use Teaching
Go
Select  xh , xm , xb , rxsj , bj   INTO computer
  From  sgrade
  Where  szx = '计算机系'
Go
```

【例 4-21】 按照中文、英文、数学三门课程总成绩从高到低的顺序,把表 sgrade 中的中文、英文、数学三门课程平均成绩在 80 分以上的学生的学号、姓名,中文、英文、数学成绩和这三门课程的平均成绩,保存到一表 sgrade_1 中。

```
Use Teaching
Go
Select  xh , xm , zw , yw , sx ,  (zw + yw + sx)/3  pjcj
  INTO  sgrade_1
  From  sgrade
  Where  (zw + yw + sx)/3> = 80
  Order  By  zw + yw + sx  Desc
Go
```

其中:pjcj 是列表达式“(zw+yw+sx)/3”的别名。

【例 4-22】 从表 sgrade 中,把各个系的学生人数、班级个数、学生的平均英文成绩,保存到一表 sgrade_2 中。

```
Use Teaching
Go
Select  szx ,  Count(*)  xsrs ,  Count(Distinct  bj)  bjgs ,  Avg(yw)  pjyw
  INTO  sgrade_2
  From  sgrade
```

```
  Group  By  szx
Go
```

4.3.6　查询结果的合并

在多个 Select 命令之间使用集合操作符 UNION [All] 实现。

求多个查询结果集的并集,并于同一个窗口中输出,即在同一个窗口中同时输出多个 Select 命令的查询结果集。

注意:

- 这些所有的 Select 命令在其查询的目标项列表中,要具有相同的项数与相容数据类型的表达式;
- 若保存联合查询的结果集,INTO 子句可包含在第一个查询命令中,但不允许出现在后面的查询命令中;
- 若对联合查询的结果集进行排序,必须在最后一个查询命令中带有 ORDER　BY 子句,该子句对整个 UNION 操作结果集起作用,且排序依据的列只能为第一个查询命令中的列(表达式)。

【例 4-23】　于同一个窗口中,按照学生入学时间的先后顺序,先输出表 sgrade 中计算机系的学生信息,同时再输出该表中电气系的学生信息。

```
Use Teaching
Go
Select  *  From  sgrade  Where  szx = '计算机系'
UNION
Select  * From  sgrade  Where  szx = '电气系'
  Order  By  rxsj
Go
```

【例 4-24】　从表 sgrade 中,查询所有学生的学号、姓名,中文、英文、数学成绩,并在最后对他们的人数和中文、英文、数学三门课程成绩进行总计。

```
Use Teaching
Go
Select  xh 学号 ,  xm 姓名,  zw 中文 ,  yw 英文 ,  sx 数学
  From  sgrade
UNION
Select '总计' , str(Count( * )) + '人' , Sum(zw) , Sum(yw) , Sum(sx)
  From  sgrade
Go
```

【例 4-25】　从表 sgrade 中,先把电气系所有学生的学号、姓名、性别和入学时间复制到一表 e_system 中;再把会计系所有学生的学号、姓名、性别和入学时间复制到一表 a_system 中;再把计算机系所有学生的学号、姓名、性别和入学时间复制到一表 c_system 中;最后在同一个窗口中,同时输出 e_system、a_system 和 c_system 这三个表的内容。

```
Use Teaching
Go
Select  xh  ,  xm  ,  xb  ,  rxsj   INTO  e_system
  From  sgrade  Where  szx = '电气系'
Go
Select  xh  ,  xm  ,  xb  ,  rxsj   INTO  a_system
  From  sgrade  Where  szx = '会计系'
Go
Select  xh  ,  xm  ,  xb  ,  rxsj   INTO  c_system
  From  sgrade  Where  szx = '计算机系'
Go
Select  *  From  e_system
UNION
Select  *  From  a_system
UNION
Select  *  From  c_system
Go
```

4.4 多个表的连接查询

连接查询涉及多个表的查询，即从多个表中查询数据，它是关系数据库中最重要的查询，包括等值连接查询、非等值连接查询、自然连接查询、自身连接查询和外连接查询等。这里主要介绍等值连接查询。

1. 连接查询

从多个表中查询数据步骤如下。

(1) 首先，确定要查询的是哪几个表。

(2) 其次，再确定这些表之间的联系(一般通过表的主键和外键实现)，即找出这些表之间的连接条件，连接条件的一般格式为：表名 1. 列名 = 表名 2. 列名，其通常为“表名 1. 主键 = 表名 2. 外键”的形式。

(3) 最后，使用“Where 连接条件[and 其他条件]”子句实现。

2. 连接查询的执行过程

(1) 先取表 1 中的第一个记录，将该记录依次与表 2 中的每个记录一一比较，凡是满足 Where 查询条件的两记录都放入结果集中，不满足 Where 查询条件的则舍去。

(2) 再取表 1 中的下一个记录，将该记录依次与表 2 中的每个记录一一比较，凡是满足 Where 查询条件的两记录都放入结果集中，不满足 Where 查询条件的则舍去。

(3) 返回(2)继续执行，直到取完表 1 中的所有记录为止。

注意：在多个表的连接查询中，各个表中的列引用为：表名. 列名。

设大学生选课管理数据库 Student 中的各个数据表内容如表 4-2～表 4-6 所示。

表 4-2　stab(学生信息表)

xh	xm	xb	csrq	rxsj	ssx	bj	dh
100001	孙大有	男	1989-6-23	2009-9-4	电气系	09 机电	13509877890
100002	王芳	女	1990-12-9	2008-9-4	会计系	08 会计	15845677654
100003	刘晓亮	男	1988-5-4	2008-9-4	电气系	08 电气	13512344321
100004	孙小光	男	1989-7-2	2009-9-4	电气系	09 机电	13509870000
100005	陈云霞	女	1990-1-19	2008-9-4	计算机系	08 网络	15845671111
100006	黑豪天	男	1988-5-24	2008-9-4	计算机系	08 应用	13512224321
100007	成江中	男	1990-1-12	2009-9-4	电气系	09 机电	13554367890
100008	汪云	女	1989-11-23	2008-9-4	会计系	08 投资	15809877890
100009	胡慢霞	女	1990-5-4	2008-9-4	计算机系	08 应用	13500001111
100010	良天	男	1989-9-1	2008-9-4	会计系	08 会计	15833334444
100011	程云丽	女	1990-8-7	2009-9-4	会计系	09 会计	13567899876
100012	孙大鹏	男	1988-12-23	2008-9-4	计算机系	08 网络	15809879999

表 4-3　ttab(教师信息表)

jsh	xm	xb	csrq	rjsj	xl	zy	zc	ssx	dh
0001	孙科	男	1963-6-23	1985-7-1	本科	数学	教授	数学系	15809877890
0002	张云	女	1982-12-9	2005-7-4	硕士	数学	讲师	数学系	13500007654
0003	刘天	男	1975-5-4	1995-9-4	本科	会计	副教授	会计系	15812366321
0004	孙一	男	1961-6-2	1983-7-1	本科	物理	教授	电气系	15808888890
0005	张霞	女	1985-1-9	2004-7-4	博士	电气	讲师	电气系	13500777754
0006	刘豪	男	1973-4-4	1993-9-4	本科	机械	副教授	机械系	15812366321
0007	王云	女	1965-9-9	1988-7-2	硕士	制造	教授	机械系	13566660000
0008	李飒	男	1986-9-3	2005-7-1	硕士	会计	讲师	会计系	15800009999

表 4-4　ctab(课程信息表)

kch	kcm	xxkch	xf	xs	sf
C1	高等数学		5	120	300
C2	大学物理	C1	4	90	200
C3	会计基础		2	70	160
C4	企业会计	C3	3	80	185
C5	计算机基础		2	70	200
C6	程序设计	C1	3	72	180
C7	数据结构	C6	4	90	200
C8	电子技术	C2	3	72	180

表 4-5 tctab(教师教课信息表)

jsh	kch	cj
0001	C1	900
0001	C5	870
0001	C6	910
0002	C1	700
0002	C5	740
0002	C6	710
0003	C3	800
0003	C4	850
0004	C2	920
0004	C5	900
0004	C6	950
0005	C2	750
0005	C8	720

表 4-6 sctab(学生选课信息表)

xh	kch	jsh	cj
100001	C1	0001	65
100001	C2	0005	87
100001	C3	0003	73
100002	C1	0002	90
100002	C3	0003	56
100002	C4	0003	67
100002	C5	0002	82
100003	C2	0005	76
100003	C5	0002	49
100004	C1	0001	90
100004	C2	0005	59
100004	C3	0003	87
100009	C1	0001	78.9
100009	C2	0005	56
100009	C5	0002	98.3
100009	C6	0001	67
100012	C1	0001	53
100012	C5	0002	89
100012	C6	0001	91.3

在教师教课信息表 tctab 中：某教师号 jsh 重复几次，说明该教师能讲授几门课程；若没有某教师号 jsh，说明该教师没有能讲的课；某课程号 kch 重复几次，说明能讲授该课程的有几位教师；若没有某课程 kch，说明该课程无人能讲。

在学生选课信息表 sctab 中：某学号 xh 重复几次，说明该学生选修了几门课程；若没有某学号 xh，说明该学生没有选课；某课程号 kch 重复几次，说明选修该课程的有几个学生；若没有某课程号 kch，说明该课程无人选修；若没有某教师号 jsh，说明该教师当前没有任课。

【例 4-26】 从大学生选课管理数据库 Student 中，查询所有选课学生所选修课程的信息情况（即查询每个选课学生的学号、姓名、所属系和所选修的课程信息情况）。

```
Use  Student
Go
Select  stab.xh , stab.xm , stab.ssx , sctab.kch , sctab.jsh , sctab.cj
  From  stab  ,  sctab
  Where  stab.xh = sctab.xh
Go
```

【例 4-27】 从大学生选课管理数据库 Student 中，查询所选修的课程成绩在 80 分以上的学生的学号、姓名、所选修课程号和成绩，并将查询结果保存到一表 grade_1 中。

```
Use  Student
Go
```

```
Select  stab.xh ,  stab.xm ,  sctab.kch ,  sctab.cj   INTO  grade_1
  From  stab  ,  sctab
  Where  stab.xh = sctab.xh  and  sctab.cj>=80
Go
```

【例 4-28】 从大学生选课管理数据库 Student 中,按照选课成绩降序的方式输出每个选课学生的学号、姓名、所选课程名称和选课成绩。

```
Use  Student
Go
Select  stab.xh 学号 ,stab.xm 姓名 ,ctab.kcm 课程 ,sctab.cj 成绩
  From  stab  ,  ctab  ,  sctab
  Where  stab.xh = sctab.xh  and  ctab.kch = sctab.kch
  Order  By  sctab.cj  DESC
Go
```

【例 4-29】 从大学生选课管理数据库 Student 中,查询每个选课学生的学号、姓名、所选课程名称及该课程所选的任课教师名和该选修课程的成绩。

```
Use  Student
Go
Select  stab.xh ,  stab.xm ,  ctab.kcm ,  ttab.xm ,  sctab.cj
  From  stab ,  ctab ,  ttab ,  sctab
  Where  stab.xh = sctab.xh  AND  ctab.kch = sctab.kch
         AND  ttab.jsh = sctab.jsh
Go
```

【例 4-30】 从大学生选课管理数据库 Student 中,统计选修了“高等数学”这门课程的学生人数和他们高等数学的平均成绩。

```
Use  Student
Go
Select  '高等数学'  课程 ,Count( * ) 学生数 ,Avg(sctab.cj) 平均成绩
  From  ctab ,  sctab
  Where  ctab.kch = sctab.kch  AND  ctab.kcm ='高等数学'
Go
```

【例 4-31】 从大学生选课管理数据库 Student 中,查询每个选课学生的学号、姓名、选修课程的门数和所选课程的平均成绩,并将查询结果按学生的选修课程门数从多到少排序。

```
Use  Student
Go
Select  stab.xh 学号 ,  stab.xm 姓名 ,  Count( * ) 选课门数 ,
        Avg(sctab.cj)  平均成绩
  From  stab  ,  sctab
  Where  stab.xh = sctab.xh
  Group  By  stab.xh  ,  stab.xm
```

```
  Order  By  Count(*)  Desc
Go
```

4.5 子查询

4.5.1 子查询的有关概念

1. 子查询的概念

在 SQL 语言中，把一个 Selete-From-Where 语句称为一个查询块，在一个查询块的 Where 条件、Having 条件或字段表达式列表中嵌入另一个查询块，称为子查询(也称嵌套查询)，其中被嵌套的查询块称为子查询，包含子查询的外部查询语句称为父查询。

2. 使用子查询的要求

在查询嵌套中：

(1) 父查询(外部查询)是利用子查询来作为其查询条件的条件值，查询条件根据子查询的查询结果来确定外部查询的结果数据；

(2) 通过子查询，可用一系列简单查询来构造一个较为复杂的查询；

(3) 子查询中不能使用 Order By 子句，子查询中只能查询一个列项，子查询放在关系符的右边，且用"()"括起来；

(4) 子查询中一般求解方法是由内向外处理，即每个子查询在其上一级查询处理之前求解，子查询的结果用于建立其父查询的查找条件。

3. 子查询的分类

子查询分为普通子查询和相关子查询，其区别是：相关子查询的查询条件中引用了其父查询的字段，它把父查询的字段值作为查询的条件。

(1) 普通子查询的执行顺序

首先执行子查询，然后把子查询结果作为其父查询的查询条件，即：只执行一次子查询，父查询所涉及的所有记录都与其查询结果进行比较以确定查询结果。

(2) 相关子查询的执行顺序

① 由父查询选取第一个记录(候选记录)。

② 子查询利用该候选记录的相关字段值查询结果。

③ 父查询利用子查询返回结果判断该候选记录是否满足其查询条件，若满足，则将该候选记录放入其结果集中，否则舍去。

④父查询再取下一个候选记录，返回②继续执行，直到取完父查询中的所有记录。

4.5.2 普通子查询的应用

(1) ALL(查询块)：表示查询结果集中的所有值。

(2) ANY(查询块)：表示查询结果集中的某一个值。

1. 单个数据表的普通子查询

【例 4-32】 从上述数据库 Teaching 中的表 sgrade 中，查询英文成绩和“100001”号同学相同的所有学生的学号、姓名和英文成绩。

```
Use Teaching
Go
Select  xh 学号 ， xm 姓名， yw 英文  From  sgrade
  Where  yw = (Select  yw  From  sgrade  Where  xh = '100001' )
Go
```

【例 4-33】 从上述数据库 Teaching 中的表 sgrade 中，统计英文成绩在所有学生的平均英文成绩之上的学生人数。

```
Use Teaching
Go
Select  Count( * )  From  sgrade
  Where  yw>= (Select  Avg(yw)  From  sgrade)
Go
```

【例 4-34】 从上述数据库 Teaching 中的表 sgrade 中，查询系学生人数比计算机系的学生人数多的系和该系学生人数、学生的平均英文成绩。

```
Use Teaching
Go
Select  szx 所在系 ， Count( * ) 学生数 ， Avg(yw) 平均英文
  From sgrade
  Group  By  szx
      Having  Count( * )>( Select  Count( * )  From  sgrade
                              Where  szx = '计算机系' )
Go
```

【例 4-35】 从上述数据库 Teaching 中的表 sgrade 中，查询中文、英文和数学三门课程总分最高的学生信息。

```
Use Teaching
Go
Select  *  From  sgrade
  Where  zw + yw + sx >= ALL( Select  zw + yw + sx  From  sgrade )
Go
```

也可写为如下代码：

```
Use Teaching
Go
Select  *  From  sgrade
  Where  zw + yw + sx  = (Select  Max(zw + yw + sx)  From  sgrade)
Go
```

【例 4-36】 在上述数据库 Teaching 中的表 sgrade 中，从电气系中查询英文成绩和计

算机系的某个学生的英文成绩相同的学生信息。

```
Use Teaching
Go
Select  *  From  sgrade
  Where  szx='电气系'  AND  yw =ANY(Select  yw  From  sgrade
                                       Where szx='计算机系')
Go
```

也可写为如下代码：

```
Use Teaching
Go
Select  *  From  sgrade
  Where  szx='电气系'  AND  yw IN(Select  yw  From  sgrade
                                       Where szx='计算机系')
Go
```

2. 多个数据表的普通子查询

主要是使用IN(查询块)和NOT IN(查询块)。

(1) 字段IN(查询块):表示只要字段值在查询结果集中存在,则为真。

(2) 字段NOT IN(查询块):表示字段值在查询结果集中不存在,为真。

【例4-37】 从大学生选课管理数据库Student中,查询所有选课的学生的信息。

```
Use Student
Go
Select  *  From  stab
    Where  xh IN(Select  Distinct  xh  From  sctab)
Go
```

说明:“Distinct 字段”表示去掉重复的字段值。

【例4-38】 从大学生选课管理数据库Student中,统计各个系和各个系中没有选课的学生人数。

```
Use Student
Go
Select  ssx 系 ,  Count(*) 学生人数  From  stab
  Where  xh NOT IN(Select  Distinct  xh  From  sctab )
  Group  By  ssx
Go
```

【例4-39】 从大学生选课管理数据库Student中,查询至少选修了3门课程的学生信息。

```
Use Student
Go
Select  *  From  stab
  Where  xh IN(Select  xh  From  sctab
```

```
        Group By  xh  Having  Count( * )>=3 )
Go
```

【例 4-40】 从大学生选课管理数据库 Student 中,查询同时选修了 C1 和 C3 号课程的学生学号。

```
Use Student
Go
Select  xh  From  sctab
  Where kch='C1' AND xh IN(Select xh From sctab  Where kch='C3')
Go
```

【例 4-41】 从大学生选课管理数据库 Student 中,查询同时选修了 C1 和 C3 号课程的学生信息。

```
Use Student
Go
Select  *  From  stab
  Where xh IN(Select  xh  From  sctab  Where  kch='C1'  AND
                    xh  IN(Select  xh  From  sctab  Where  kch='C3'))
Go
```

4.5.3 相关子查询的应用

1. 带有 Exists 与 Not Exists 的子查询

(1) Exists(子查询):判断子查询的结果集是否存在(非空),若至少有一个记录,则为真,否则为假。

(2) Not Exists(子查询):判断子查询的结果集是否为空(不存在),若没有任何记录,则为真,否则为假。

【例 4-42】 从大学生选课管理数据库 Student 中,查询没有选修任何课程的学生信息。

```
Use Student
Go
Select  *  From  stab
  Where  Not Exists( Select  *  From  sctab  Where xh=stab.xh )
Go
```

【例 4-43】 从大学生选课管理数据库 Student 中,查询所有学生都选修了的课程的课程信息。

```
Use Student
Go
Select  *  From  ctab
  Where  Not Exists( Select  *  From  stab
      Where  Not Exists( Select  *  From  sctab
          Where  kch=ctab.kch  AND  xh=stab.xh ) )
Go
```

【例 4-44】 从大学生选课管理数据库 Student 中，查询至少选修了 C1、C4 和 C6 号这三门课程的学生信息。

分析：首先将课程信息表 ctab 中的 C1、C4 和 C6 这三门课程的信息保存到一个临时表 c146 中。

```
Use Student
Go
Select  * INTO c146  From ctab  Where kch IN('C1' , 'C4' , 'C6' )
Go
/* 再借助于临时表 c146 查询所需最终数据 */
Select  *  From  stab
  Where  Not Exists( Select  *  From  c146
      Where  Not Exists( Select  * From  sctab
          Where  xh = stab.xh  AND  kch = c146.kch ) )
Go
Drop  Table  c146
Go
```

2. 子查询为其父查询的一个列项

【例 4-45】 从大学生选课管理数据库 Student 中，统计所有学生人数、所有教师人数、所有课程门数、所有能够上课的教师人数、所有选课的学生人数、所有选修的课程门数、当前所有任课的教师人数。

```
Use Student
Go
Select  (Select  Count( * )  From  stab) 学生人数 ,
        (Select  Count( * )  From  ttab) 教师人数 ,
        (Select  Count( * )  From  ctab) 课程门数 ,
        (Select  Count(Distinct  jsh) From tctab) 能上课教师人数 ,
         Count(Distinct  xh) 选课的学生人数 ,
         Count(Distinct  kch) 选修的课程门数 ,
         Count(Distinct  jsh) 当前任课教师人数
  From  sctab
Go
```

【例 4-46】 从大学生选课管理数据库 Student 中，查询每个选课学生的学号、姓名、所选课程的门数和所选课程的平均成绩。

```
Use Student
Go
Select  xh 学号 , xm  姓名 ,
        ( Select  count( * )  From  sctab  Where xh = stab.xh ) 选课门数 ,
        ( Select  Avg(cj)  From  sctab  Where xh = stab.xh ) 平均成绩
  From  stab
```

```
  Where  xh IN(Select  Distinct  xh  From  sctab)
Go
```

注意：当对多个相关联的数据表进行查询数据时，若使用连接查询不易实现，则可选用子查询来实现。

4.6　在更新数据表内容命令中使用查询

4.6.1　向数据表中添加批量记录

语法格式：

Insert　into 表名［(字段名列表)］　Select 命令

功能：把指定的 Select 命令的查询结果集添加到指定表中

注意："(字段名列表)"中的各个字段与"Select 命令"中查询的各个列项，个数、类型和顺序必须一一对应。

【例 4-47】 在上述数据库 Teaching 中的表 sgrade 中，先把计算机系的学生的学号、姓名，中文、英文、数学成绩和这三门课程的总分复制到一表 ce_system 中，然后再把电气系学生的相应信息添加到该表 ce_system 中。

```
Use  Teaching
Go
Select  xh , xm , zw , yw , sx , (zw + yw + sx) zf  INTO ce_system
  From  sgrade    Where  szx = '计算机系'
Go
Insert  Into  ce_system
  Select  xh , xm , zw , yw , sx , zw + yw + sx  From  sgrade
      Where  szx = '电气系'
Go
```

4.6.2　在 DELETE 命令中使用子查询

在 Delete 命令中的"Where 条件"子句中使用子查询。

【例 4-48】 在上述数据库 Teaching 中的表 sgrade 中，从电气系中把英文成绩低于全体同学的平均英文成绩的学生记录删除。

```
Use  Teaching
Go
Delete  From  sgrade
  Where  szx = '电气系'  AND yw<(Select  Avg(yw)  From  sgrade)
Go
```

【例 4-49】 在上述数据库 Teaching 中的表 sgrade 中，从电气系中把英文成绩大于计算机系的某个同学的英文成绩的学生记录删除。

```
Use  Teaching
Go
Delete  From  sgrade
  Where  szx='电气系'  AND yw>ANY(Select  yw  From  sgrade
                                    Where  szx='计算机系' )
Go
```

4.6.3 在 UPDATE 命令中使用子查询

在 UPDATE 命令中的“Where 条件”子句或“SET 字段=表达式”子句中使用子查询。

【例 4-50】 在大学生选课管理数据库 Student 中，把所选修的课程成绩不及格并且是计算机系的学生的选修课成绩改为及格。

```
Use Student
Go
Update  sctab  Set  cj=60
  Where cj<60 AND xh IN(Select xh From stab Where ssx='计算机系')
Go
```

【例 4-51】 在上述数据库 Teaching 中的表 sgrade 中，把数学不及格的学生的数学成绩改为所有学生的平均数学成绩的 80%。

```
Use  Teaching
Go
Update  sgrade  Set  sx=(Select  Avg(sx)  From  sgrade )*0.8
  Where sx<60
Go
```

【例 4-52】 设仓库管理数据库 Storagez 中有两个数据表：一个是商品库存表(见表 4-7)，另一个是商品进货表(见表 4-8)。

表 4-7 商品库存表

商品号	商品名	单价/元	库存量/个
10001	海信电视	12 000	6
10002	联想电脑	6 000	5
10003	海尔冰箱	4 500	4
10004	小鸭洗衣机	5 000	7
10005	凤凰自行车	1 200	3

表 4-8 商品进货表

商品号	商品名	单价/元	进货量/个
10003	海尔冰箱	5 000	100
10008	三菱空调	6 500	150
10001	海信电视	12 000	120
10009	飞鸽自行车	1 000	200
10004	小鸭洗衣机	5 100	150
10007	老板抽油烟机	3 000	100

请用进货表的内容来更新库存表的内容，即用进货表对于库存表中已有的商品更新其价格和库存量，对于没有(即新进)的商品将其添加到库存表中。

```
Use Storagez
Go
Update 库存表 Set 单价 = 进货表.单价 ，库存量 = 库存量 + 进货表.进货量
  From  进货表  Where 库存表.商品号 = 进货表.商品号
Go
Insert  Into 库存表
  Select  *  From  进货表
      Where 商品号 NOT IN(Select 商品号  From 库存表)
Go
```

附注：上半部分代码也可使用子查询实现。

```
Use Storagez
Go
Update 库存表 Set 单价 =(Select 单价  From 进货表
                           Where 商品号 = 库存表.商品号) ,
                 库存量 = 库存量 +(Select 库存量  From 进货表
                                 Where 商品号 = 库存表.商品号)
  Where 商品号 IN(Select 商品号  From 进货表)
Go
```

4.7　任务实现

1. 从数据库 Student 中，查询有关学生的基本信息

(1) 从数据库 Student 中，查询没有选课学生的信息。

```
Use Student
Go
Select  *  From  stab
  Where  xh  NOT In(Select  Distinct  xh  From  sctab )
Go
```

(2) 从数据库 Student 中，查询选课学生的基本信息。即查询每个选课学生的学号、姓名、所选课程和该课程所选的任课教师及该课程成绩。

```
Use Student
Go
Select  stab.xh 学号 ，  stab.xm 姓名 ，  ctab.kcm 课程 ，
        ttab.xm 教师 ，  sctab.cj 成绩
From  stab ，  ctab ，  ttab ，  sctab
Where stab.xh = sctab.xh AND ctab.kch = sctab.kch AND ttab.jsh = sctab.jsh
Go
```

2. 从数据库 Student 中，查询有关教师的基本信息

(1) 从数据库 Student 中，统计各个系中职称在副教授以上（包括副教授）的教师人数和他们的平均年龄。

```
Use Student
Go
Select   ssx 所属系 , Count( * ) 教授人数 ,
         Avg( year(getdate()) - year(csrq)) 平均年龄
  From   ttab
  Where  zc IN('副教授','教授')
  Group By  ssx
Go
```

(2) 从数据库 Student 中，统计各个系中的各种职称的教师人数和教师平均年龄。

```
Use Student
Go
Select   ssx 所属系 ,  zc 职称 ,  Count( * ) 人数 ,
         Avg( year(getdate()) - year(csrq)) 平均年龄
  From   ttab
  Group By  ssx  ,  zc
Go
```

(3) 从数据库 Student 中，查询当前没有任课的教师的信息。

```
Use  Student
Go
Select   * From  ttab
  Where  jsh  NOT IN(Select  Distinct  jsh  From  sctab)
Go
```

(4) 从数据库 Student 中，查询能任课教师的基本信息。即查询每个能任课教师的编号、姓名、职称和能够担任的课程。

```
Use  Student
Go
Select ttab.jsh 教师号, ttab.xm 姓名 , ttab.zc 职称, ctab.kcm 能任课程
  From  ttab  ,  ctab  ,  tctab
  Where  ttab.jsh = tctab.jsh  AND  ctab.kch = tctab.kch
Go
```

(5) 从数据库 Student 中，按照讲授的课程门数从多到少的顺序，查询当前每个任课教师的编号、正在讲授的课程门数和所教的学生人数。

```
Use  Student
Go
Select   jsh 教师号 ,  Count(Distinct  kch) 讲课门数 ,
         Count(Distinct  xh) 学生人数
```

```
  From  sctab  Group By  jsh
  Order  By  Count(Distinct  kch)  Desc
Go
```

3. 从数据库 Student 中，统计被选课程的有关信息

(1) 从数据库 Student 中，统计所有选课的学生人数、所有选修的课程门数、当前所有任课的教师人数。

```
Use Student
Go
Select  Count(Distinct  xh) 选课的学生人数 ，
        Count(Distinct  kch) 选修的课程门数 ，
        Count(Distinct  jsh) 任课的教师人数
  From  sctab
Go
```

(2) 从数据库 Student 中，查询每门被选课程的课程号、课程名、选修该课程的学生人数和他们(选修这门课程)的平均成绩。

```
Use Student
Go
Select ctab.kch 课程号 ，  ctab.kcm 课程名 ，
           Count( * ) 选修人数   ， Avg(sctab.cj) 课程平均成绩
  From  ctab  ，  sctab
  Where  ctab.kch = sctab.kch
  Group  By  ctab.kch  ，  ctab.kcm
Go
```

4. 从数据库 Student 中，查询选课学生所选课程的有关信息

(1) 从数据库 Student 中，查询每个选课学生的学号、选修课程的门数及所选课程的平均成绩，并根据其平均成绩计算该学生的成绩等级(优秀、良好、中等、合格、不合格)，并将查询结果按学生的选修课程门数从多到少排序。

```
Use Student
Go
Select   xh 学号 ，Count( * ) 选课门数 ，  Avg(cj) 平均成绩，
        (case
         when  Avg(cj) >= 90  then '优秀'
         when  Avg(cj) >= 80  then '良好'
         when  Avg(cj) >= 70  then '中等'
         when  Avg(cj) >= 60  then '合格'
         else '不合格'
         end)成绩等级
  From  sctab
  Group  By  xh
```

```
  Order  By  Count( * )  Desc
Go
```

(2) 从数据库 Student 中,查询每个选课学生的学号、姓名和选修课程的门数、平均成绩、平均成绩的排名,同时把没有选课学生的相应信息加到其后面。

```
Use  Student
Go
Select  stab.xh 学号 ,  stab.xm 姓名 ,  Count( * ) 选课门数 ,
        Avg(sctab.cj)  平均成绩 ,
        rank() over(Order By  Avg(sctab.cj) Desc) 平均成绩排名
    From  stab  ,  sctab
    Where  stab.xh = sctab.xh
    Group  By  stab.xh  ,  stab.xm
  UNION
  Select  xh ,  xm ,  0  ,  0  ,  0  From  stab
    Where  xh  NOT IN (Select  Distinct  xh  From  sctab)
Go
```

5. 从数据库 Student 中,查询当前任课教师的任课情况

(1) 从数据库 Student 中,查询"0003"号教师的任课情况。即查询该教师正在讲授的课程门数、所教的学生人数和正在讲授课程的总酬金。

```
Use Student
Go
Select  Count(Distinct kch) 讲课门数 ,Count(Distinct xh) 学生人数 ,
        (Select  Sum(cj)  From  tctab  Where jsh = '0003'  AND
          kch  IN(Select Distinct kch From sctab Where jsh = '0003')
        ) 讲课酬金
  From  sctab  Where  jsh = '0003'
Go
```

(2) 从数据库 Student 中,查询当前每个任课教师的任课情况。即查询当前每个任课教师的编号、姓名、职称、正在讲授的课程门数和所教的学生人数。

方法 1:使用连接查询实现

```
Use Student
Go
Select  ttab.jsh 教师号  ,  ttab.xm 姓名 ,  ttab.zc 职称 ,
        Count(DISTINCT  sctab.kch)  讲课门数  ,
        Count(DISTINCT  sctab.xh)  学生人数
  From  ttab  ,  sctab
  Where  ttab.jsh = sctab.jsh
  Group  By  ttab.jsh  ,  ttab.xm  ,  ttab.zc
Go
```

方法 2:使用子查询实现

```
Use Student
Go
Select  jsh 教师号 , xm  姓名 , zc 职称 ,
    ( Select  Count(Distinct  kch)  From  sctab  Where jsh = ttab.jsh ) 讲课门数 ,
    ( Select  Count(Distinct  xh)  From  sctab  Where jsh = ttab.jsh ) 学生人数
  From  ttab
  Where  jsh IN(Select  Distinct  jsh  From  sctab)
Go
```

(3) 从数据库 Student 中,查询当前每个任课教师的任课情况。要求只查询当前每个任课教师的编号、姓名、职称、正在讲授的课程门数、所教的学生人数和正在讲授课程的总酬金。

```
Use Student
Go
Select  jsh 教师号 , xm  姓名 , zc 职称 ,
    ( Select  Count(Distinct  kch)  From  sctab  Where jsh = ttab.jsh ) 讲课门数 ,
     ( Select  Count(Distinct  xh)  From  sctab  Where jsh = ttab.jsh ) 学生人数 ,
     (Select  Sum(cj)  From  tctab  Where jsh = ttab.jsh  AND
         kch IN(Select  Distinct kch  From  sctab  Where jsh =  ttab.jsh)
    ) 讲课酬金
  From  ttab
  Where  jsh IN(Select  Distinct  jsh  From  sctab)
Go
```

6. 在数据库 Student 中,调整某些教师的讲课酬金

在数据库 Student 中,把教授和副教授所能担任课程的酬金降低 20%。

```
Use Student
Go
Update  tctab  Set  cj = 0.8 * cj
Where jsh IN(Select  jsh  From ttab  Where zc IN('教授','副教授'))
Go
```

练　习　题

1. 对客户订货管理数据库 goods 进行如下查询操作。

(1) 按照单价从高到低的顺序,查询单价在 1 000 元以上的商品信息。

(2) 查询每个订货客户的编号、所订购商品的种数(依商品号划分)和所定商品的总订货量,并将查询结果按客户订购商品的种数降序排列。

(3) 查询每个订货客户的编号、姓名、所定商品号、商品名、商品单价、订货量和所定商

品的总金额(单价×订货量)。(要求利用连接查询实现)

(4) 查询没有订货的客户信息。(要求利用子查询实现)

2. 对图书管理数据库 books 进行如下查询操作。

(1) 查询各个出版社所出版的图书种数(依图书号划分)和这些图书的平均价格。

(2) 查询被借出还没有归还的图书号、图书名、借阅本数和借阅读者的编号。(要求利用连接查询实现)

(3) 查询已借阅图书达两个月(60 天)或两个月以上,至今还没有归还的读者信息情况。(要求利用子查询实现)

第 5 章　视图及其应用

教学目标

通过本章学习，使学生掌握视图的基本概念和作用，掌握视图的建立、修改和操作方法，会根据实际问题的需要，熟练地建立相关视图，会利用视图查询数据和修改数据。

教学要求

知识要点	能力要求	关联知识
视图概念和作用	掌握视图的基本概念和作用	视图概念和作用
视图的建立和操作	(1) 掌握视图的建立方法 (2) 掌握视图的操作方法	SQL Server Management Studio 建立和操作视图，CREATE VIEW，ALTER VIEW 等 SQL 命令
视图的应用	(1) 掌握利用视图查询数据的方法 (2) 掌握利用视图修改数据的方法	视图的应用

重点难点

- 视图的概念和作用
- 视图的建立和操作方法
- 利用视图查询数据的方法

5.1　任务描述

本章完成项目的第 5 个任务：在大学生选课管理数据库 Student 中，完成如下操作。

(1) 建立教师的有关任课信息视图。

(2) 建立学生的有关选课信息视图。

(3) 建立每门课程被选修的状况视图。

5.2 视图综述

5.2.1 视图的基本概念

视图可以被看成是虚拟表或存储查询。除非是索引视图,否则视图的数据不会作为非重复对象存储在数据库中。数据库中存储的是 Select 语句。Select 语句的结果集构成视图所返回的虚拟表。用户可以采用引用表所使用的方法,在 SQL 语句中引用视图名称来使用此虚拟表。

视图是从一个或者多个表或视图中导出的表,其结构和数据是建立在对表的查询基础上的。和真实的表一样,视图也包括几个被定义的数据列和多个数据行,但从本质上讲,这些数据列和数据行来源于其所引用的表。因此,视图不是真实存在的基础表而是一个虚拟表,视图所对应的数据并不实际地以视图结构存储在数据库中,而是存储在视图所引用的表中。

5.2.2 视图的优点和作用

(1) 可以使用视图集中数据,简化和定制不同用户对数据库的不同数据要求。用户使用数据库中的数据时,最关心对自己有用的信息。对于庞大的数据,用户可只将自己所需的数据集中到一个视图内,而那些不需要的或者无用的数据则不在视图中显示,从而集中精力处理有用的数据。

(2) 使用视图可以屏蔽数据的复杂性,方便用户对数据的操作,用户不必了解数据库的结构,就可以方便地使用和管理数据,简化数据权限管理和重新组织数据以便输出到其他应用程序中。

(3) 视图便于组织数据导出,当需要将多个表中的相关数据导出时,可以将数据集中到一个视图内,通过视图导出相关数据,从而简化了数据的交换操作,也大大地简化了用户对数据的操作。

(4) 在某些情况下,由于表中数据量太大,因此在表的设计时常将表进行水平或者垂直分割,但表的结构的变化会对应用程序产生不良的影响。

(5) 视图提供了一个简单而有效的安全机制,能够对数据提供安全保护,视图可以定制显示数据库中的数据信息。因此,数据库管理者为用户创建视图时,就可以只将允许用户使用的数据加入视图。再通过设置有关权限,使用户不能访问基表。

(6) 视图可以跨服务器组合分区数据,在视图中可以使用 UNION 集合运算符,将两个或多个查询结果集组合到一个单一的结果集中,方便用户使用。视图还可以让不同的用户以不同的方式看到不同或者相同的数据集。

5.3 创建视图

创建视图时应该注意以下情况。

(1) 只能在当前数据库中创建视图。

(2) 如果视图引用的基表或者视图被删除,则该视图不能再被使用,直到创建新的基表或者视图。

(3) 如果视图中某一列是函数、数学表达式、常量或者来自多个表的列名相同,则必须为列定义别名。

(4) 不能在视图上创建索引,不能在规则、缺省、触发器的定义中引用视图。

(5) 当通过视图查询数据时,SQL Server 要检查以确保语句中涉及的所有数据库对象存在,而且数据修改语句不能违反数据完整性规则。

(6) 视图的名称必须遵循标识符的规则,且对每个用户必须是唯一的。此外,该名称不得与该用户拥有的任何表的名称相同。

5.3.1　使用 SQL Server Management Studio 创建视图

(1) 启动 SQL Server Management Studio,并连接到 SQL Server 2008 中的数据库,在"对象资源管理器"窗口中展开"数据库"节点,再展开新建视图所属的数据库名(如 Student),右击其"视图"节点,出现弹出菜单,如图 5-1 所示。

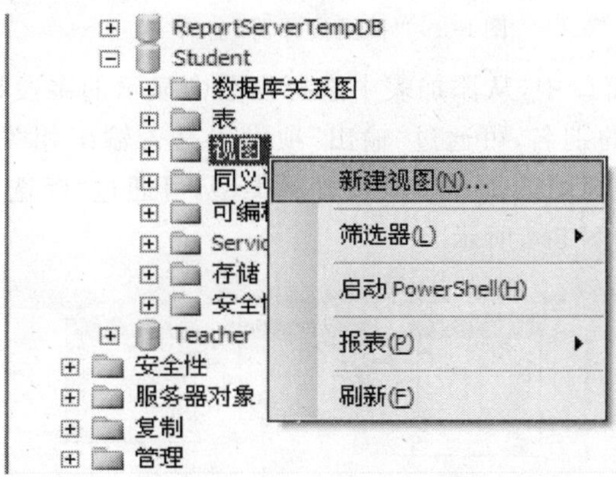

图 5-1　新建视图

(2) 在弹出菜单中,执行【新建视图】命令,系统弹出"添加表"对话框,如图 5-2 所示。

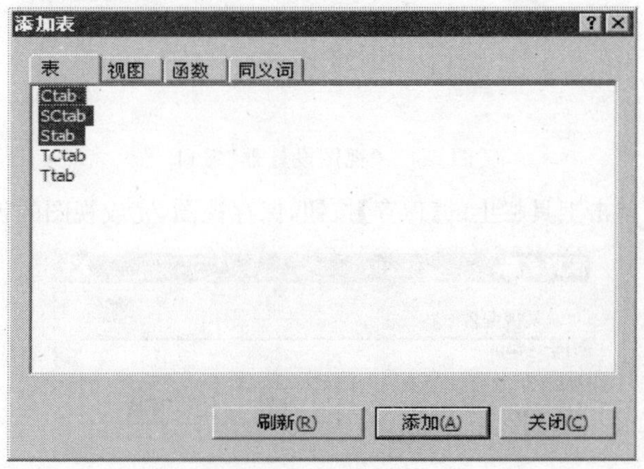

图 5-2　"添加表"对话框

(3) 在添加表对话框中，选择创建视图所用的表名和视图名，单击“添加”按钮，将表添加到视图设计器中，在视图设计器窗口的显示区域内显示出新加表的所有字段。添加完毕后，最后关闭“添加表”对话框，系统出现“视图设计器”窗口，如图 5-3 所示。

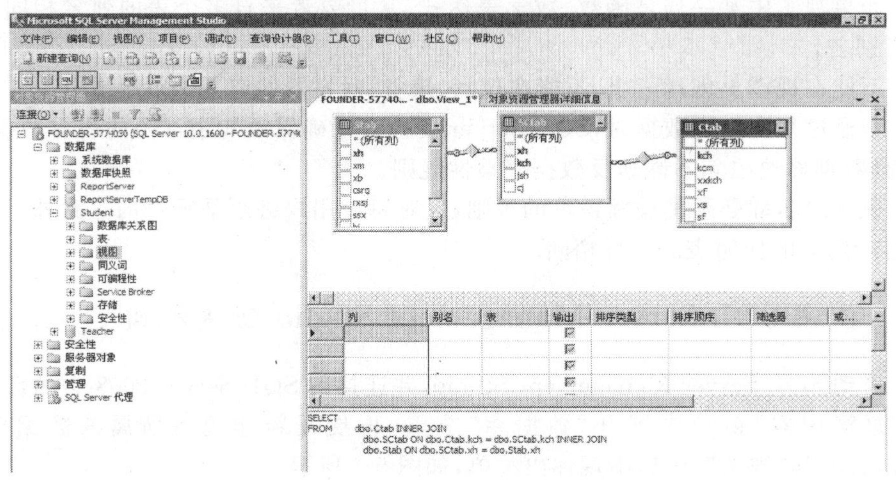

图 5-3 “视图设计器”窗口

(4) 在“视图设计器”窗口中，从添加表中选择视图中显示的字段显示于“列”项中，可通过“别名”项设置相关字段的别名，可通过“输出”项设置是否输出相关字段的值，可通过“排序类型”项下的下拉框设置视图的排序字段及排序类型，可通过“筛选器”项下的输入框输入视图记录的筛选条件等，如图 5-4 所示。

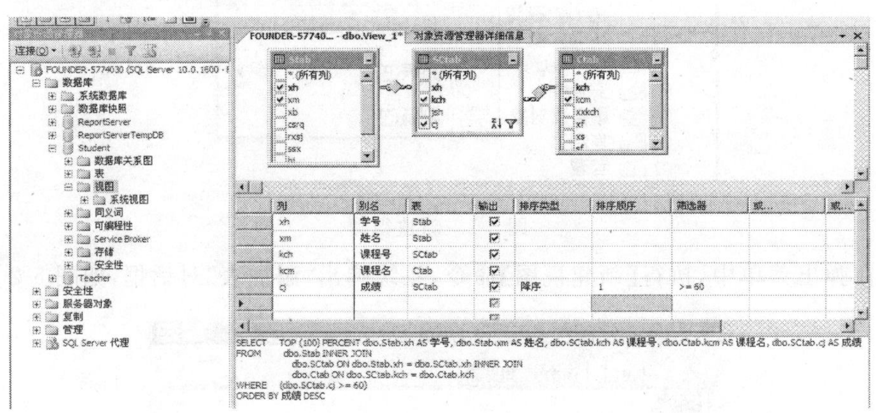

图 5-4 “视图设计器”窗口

(5) 设置完成后，单击工具栏上的【保存】按钮，保存视图，完成视图的创建，如图 5-5 所示。

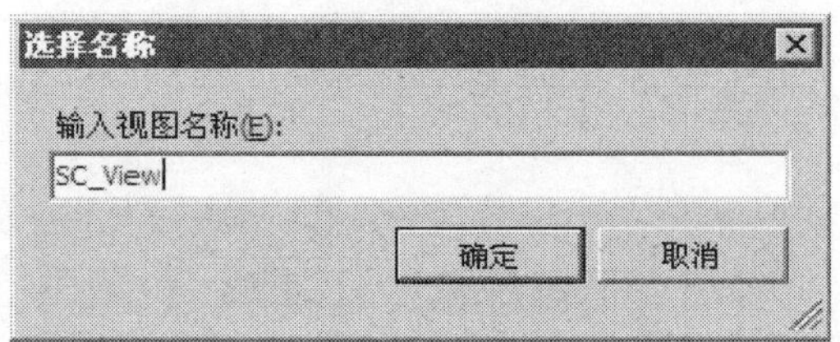

图 5-5 保存视图

5.3.2 使用 SQL 命令创建视图

语法形式：

```
CREATE VIEW   view_name [ ( column [ ,…n ] ) ]
[WITH ENCRYPTION]
 AS
select_statement
[ WITH CHECK OPTION ]
```

其中：

- view_name 指定视图的名称；
- column 指定视图中的列名，若没有指定，其列名由 SELECT 命令指派，即为 SELECT 命令中的列名（注意：视图中的列名个数要与 SELECT 命令中的列项数相同）；
- WITH ENCRYPTION 表示 SQL Server 加密包含 CREATE VIEW 语句文本在内的系统表列；
- select_statement 用于创建视图的 SELECT 语句，利用 SELECT 命令可以从表中或者视图中选择列构成新视图的列；
- WITH CHECK OPTION 用于强制视图上执行的所有数据修改语句都必须符合由 select_statement 设置的准则。

【例 5-1】 在数据库 Teaching 中，基于表 sgrade 建立一视图，视图名为 sview_1，要求该视图含有中文、英文和数学都及格的学生记录的学号，中文、英文、数学成绩及这三门课程的平均成绩。

```
Use Teaching
Go
Create  View  sview_1
  AS
  Select  xh , zw , yw ,  sx ,  (zw + yw + sx)/3  pjcj
      From  sgrade  Where zw> = 60 and yw> = 60 and sx> = 60
Go
```

【例 5-2】 在数据库 Teaching 中，基于表 sgrade 建立一视图，视图名为 sview_2，要求该视图含有各个系和各个系的学生人数、学生的平均英文成绩。要求重新命名视图的列，并加密视图。

```
Use Teaching
Go
Create  View  sview_2 (szx  ,  xsrs  ,  pjyw)
  WITH ENCRYPTION  /* 加密视图 */
  AS
  Select  szx ,  Count( * ) ,  Avg(yw)  From  sgrade
```

```
        Group  By  szx
Go
```

【例 5-3】 在大学生选课管理数据库 Student 中，建立一视图，视图名为 st_view1，要求该视图含有所有教授和副教授的编号、姓名、年龄和他们所能够讲授课程的编号及相应酬金。

```
Use Student
Go
Create  View  st_view1
  AS
  Select  ttab.jsh 教师号  ,  ttab.xm  姓名  ,
        year(getdate()) - year(ttab.csrq)  年龄 ,
        tctab.kch 课程号 ,  tctab.cj  酬金
     From  ttab  ,  tctab
     Where ttab.jsh = tctab.jsh  AND  ttab.zc IN('教授','副教授')
Go
```

【例 5-4】 在大学生选课管理数据库 Student 中，建立一视图，视图名为 st_view2，要求该视图含有所选修的课程至少有一门及格的学生的学号、姓名、入学时间和所属系，且按他们入学时间的先后顺序排列。

```
Use Student
Go
Create  View  st_view2
  AS
  Select  xh ,  xm ,  rxsj ,  ssx  From  stab
    Where  xh IN(Select  Distinct xh  From sctab  Where cj> = 60)
    Order  By  rxsj  ASC
Go
```

5.4 操作视图

5.4.1 使用 SQL Server Management Studio 操作视图

1. 修改视图

(1) 启动 SQL Server Management Studio，并连接到 SQL Server 2008 中的数据库，在“对象资源管理器”窗口中展开“数据库”节点，再展开修改的视图所属的数据库名(如 Student)，再展开其“视图”节点，右击要修改的视图名，系统出现弹出菜单，如图 5-6 所示。

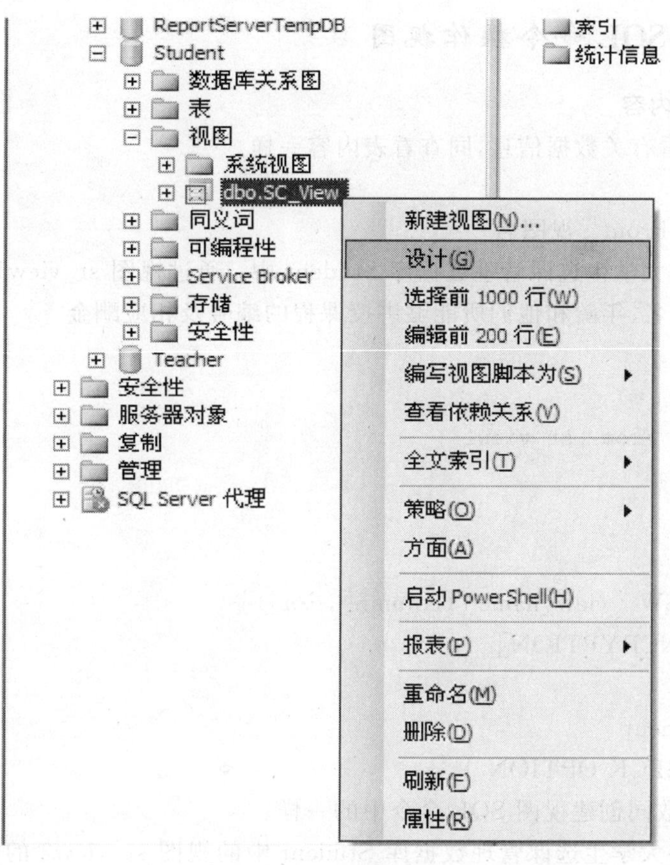

图 5-6　修改视图

(2) 执行弹出菜单中的【设计】命令，则进入“视图设计器”窗口，如图 5-4 所示，在“视图设计器”窗口中，修改视图的有关选项即可，同创建视图一样，修改完毕后，要重新保存视图。

2. 查看视图的定义信息

同修改视图的操作一样，只是查看视图的定义信息，而不进行修改。

3. 删除或重命名视图或查看视图属性

(1) 启动 SQL Server Management Studio，并连接到 SQL Server 2008 中的数据库，在“对象资源管理器”窗口中展开“数据库”节点，再展开操作的视图所属的数据库名(如 Student)，展开其“视图”节点，右击要删除或重命名或查看属性的视图名，系统出现弹出菜单，如图 5-6 所示。

(2) 执行弹出菜单中的【删除】命令，可删除视图。

(3) 执行弹出菜单中的【重命名】命令，可重命名视图。

(4) 执行弹出菜单中的【属性】命令，可查看视图的属性。

4. 查看视图的内容

因为视图本身也是一个表，因此查看其内容同表操作一样，执行图 5-6 弹出菜单中的【编辑前 200 行】命令即可查看视图内容。

5.4.2 使用 SQL 命令操作视图

1. 查看视图内容

使用视图查看有关数据信息,同查看表内容一样。

语法格式:

Select * From 视图名

【例 5-5】 在大学生选课管理数据库 Student 中,通过视图 st_view1 查看所有教授和副教授的编号、姓名、年龄和他们所能够讲授课程的编号及相应酬金。

```
Use Student
Go
Select  *  From  st_view1
Go
```

2. 修改视图

语法格式:

```
ALTER VIEW  view_name [(column[,…n])]
[WITH  ENCRYPTION]
AS
select_statement
[ WITH CHECK OPTION ]
```

其中各项参数同创建视图 SQL 命令中的一样。

【例 5-6】 将大学生选课管理数据库 Student 中的视图 st_view2 的筛选条件变为"xh NOT IN(Select Distinct xh From sctab)",并给视图加密。

```
Use Student
Go
Alter  View  st_view2
  WITH  ENCRYPTION
  AS
  Select  xh ,  xm ,  rxsj ,  ssx  From  stab
      Where  xh  NOT IN(Select Distinct  xh  From  sctab )
      Order  By  rxsj  ASC
Go
```

3. 删除视图

语法格式:

```
DROP VIEW  view_name
```

【例 5-7】 将上述数据库 Teaching 中的视图 sview_1 删掉。

```
Use Teaching
Go
Drop View sview_1
Go
```

4. 重命名视图

语法格式：

EXEC　sp_rename　源视图名　，　新视图名

5. 查看视图定义信息

语法格式：

EXEC sp_helptext　视图名

5.5　视图的应用

5.5.1　利用视图查询数据

因为视图本身也是一个表，因此利用视图查询数据同表的查询一样。这里只介绍利用视图完成一些复杂的查询操作，即先查询所需的中间数据，并形成一视图，然后再对该视图进行所需的查询操作，待查询完毕后，将视图删除。

【例 5-8】 从数据库 Teaching 中的表 sgrade 中，查询系学生人数在所有系的平均学生人数之上的系和该系学生的人数，及学生平均中文成绩、平均英文成绩、平均数学成绩。

分析：显然不能直接查询所需的数据，可借助于视图完成。即先查询各个系和各个系的学生人数，及平均中文成绩、平均英文成绩、平均数学成绩，并将其形成一视图 sview_3。

```
Use Teaching
Go
Create View  sview_3(szx ,  xsrs ,  pjzw ,  pjyw ,  pjsx)
  AS
  Select  szx ,  Count( * ) ,  Avg(zw) ,  Avg(yw) ,  Avg(sx)
    From  sgrade
    Group  By  szx
Go
/ * 从视图 sview_3 中查询所需的最终数据 * /
Select  szx 所在系 ,  xsrs 学生人数 ,  pjzw 平均中文 ,
        pjyw 平均英文 ,  pjsx 平均数学
    From  sview_3
    Where xsrs> = (Select  Avg(xsrs)  From  sview_3)
Go
Drop  View  sview_3
Go
```

【例 5-9】 在大学生选课管理数据库 Student 中，查询选课门数最多的学生的学号、姓名、所选课程的门数及选课平均成绩，并将查询结果按所选课的平均成绩降序排列。

分析：显然不能直接查询所需的数据，可借助于视图完成。即先查询每个选课学生的学号、姓名、所选课程的门数及选课平均成绩，并将其形成一视图 st_view3。

```
Use  Student
Go
Create  View  st_view3
    AS
    Select  stab.xh 学号 , stab.xm 姓名 ,Count( * ) 选课门数 ,
          Avg(sctab.cj)  平均成绩
      From  stab  ,  sctab
      Where  stab.xh = sctab.xh
      Group  By  stab.xh  ,  stab.xm
Go
/ * 从视图 st_view3 中查询所需的最终数据 * /
Select  *  From  st_view3
     Where 选课门数> = ALL(Select 选课门数  From  st_view3)
     Order  By  平均成绩  Desc
Go
Drop  View  st_view3
Go
```

注意:在进行复杂的查询时,若使用一次查询不易实现,可使用多次查询来完成。一般借助于临时视图来完成,即先查询所需中间数据形成一视图,然后再借助于视图查询所需最终数据。查询完成后,最后将中间视图删除。

5.5.2 利用视图修改数据

使用视图修改数据时,需要注意以下几点。

(1) 修改视图中的数据时,不能同时修改两个或者多个基表,可以对基于两个、多个基表或者视图的视图进行修改,但是每次修改都只能影响一个基表。

(2) 不能修改那些通过计算得到的字段。

(3) 如果在创建视图时指定了 WITH CHECK OPTION 选项,那么在使用视图修改数据库信息时,必须保证修改后的数据满足视图定义的范围。

(4) 执行 UPDATE、DELETE 命令时,所删除与更新的数据必须包含在视图的结果集中。

(5) 如果视图引用多个表时,无法用 DELETE 命令删除数据。

1. 通过视图插入记录

【例 5-10】 在数据库 Teaching 中,利用视图向表 sgrade 中添加一个学生记录。

```
Use Teaching
Go
/ * 先创建一个基于表 sgrade 的视图 sview_4 * /
Create  View  sview_4
  AS
```

```
  Select  * From  sgrade  Where  xm ='李芳'
Go
/*通过视图 sview_4 向表 sgrade 中添加记录*/
Insert  into  sview_4  values('100022','孙大名','男','2008-9-1',
        '机械系'  ,  '08 制造'  ,  80  ,  50  ,70)
Go
```

2. 通过视图更新记录内容

使用视图可以更新数据记录,但应该注意的是,更新的只是数据库中的基表。

【例 5-11】 在数据库 Teaching 中,创建一个基于表 sgrade 的视图 sview_5,然后通过该视图修改表 sgrade 中的记录。

```
Use Teaching
Go
/*先创建一个基于表 sgrade 的视图 sview_5*/
Create  View  sview_5
  AS
  Select  * From  sgrade
Go
/*通过视图 sview_5 修改表 sgrade 中的记录*/
Update  sview_5  Set  xm ='李丽霞'  Where  xm ='李芳'
Go
```

3. 通过视图删除记录

使用视图删除记录,可以删除任何基表中的记录,直接利用 DELETE 语句删除记录即可。但应该注意,必须指定在视图中定义过的字段来删除记录。

【例 5-12】 在数据库 Teaching 中,利用视图 sview_5 删除表 sgrade 中姓名为李丽霞的记录。

```
Use Teaching
Go
Delete  From  sview_5  Where  xm ='李丽霞'
Go
```

5.6 任务实现

1. 建立教师的有关任课信息视图

(1) 在数据库 Student 中,建立一视图 st_view4,该视图能查询当前所有任课教师的编号、姓名、性别、职称和年龄信息。

```
Use Student
Go
Create  View  st_view4
```

```
    AS
    Select  jsh 教师号 , xm 姓名 , xb 性别 , zc 职称 ,
          year(getdate()) - year(csrq)  年龄
      From  ttab
      Where  jsh  IN(Select  Distinct  jsh  From  sctab)
Go
```

(2) 在数据库 Student 中,建立一视图 st_view5,该视图能查询每个能任课教师的编号、姓名、职称和所能够担任的课程。

```
Use Student
Go
Create  View  st_view5
    AS
    Select  ttab.jch 教师号 ,  ttab.xm  姓名 ,
            ttab.zc  职称  ,  ctab.kcm 能任课程
      From  ttab  ,  ctab  ,  tctab
      Where  ttab.jch = tctab.jsh  AND  ctab.kch = tctab.kch
Go
```

(3) 在数据库 Student 中,建立一视图 st_view6,该视图能查询每个教师的编号、姓名、职称和所能够担任课程的门数。

```
Use Student
Go
Create  View  st_view6
    AS
    Select ttab.jsh 教师号 ,  ttab.xm 姓名 ,  ttab.zc 职称 ,
              Count( * ) 任课门数
          From  ttab  ,  tctab    Where ttab.jsh = tctab.jsh
          Group  By  ttab.jsh ,  ttab.xm ,  ttab.zc
    Go
```

附注:也可使用子查询完成。

```
Use Student
Go
Create  View  st_view6
    AS
    Select  jsh 教师号 ,xm 姓名 ,zc 职称 ,
           (Select  Count( * )  From  tctab  Where jsh = ttab.jsh) 任课门数
      From  ttab
    Go
```

(4) 在数据库 Student 中,建立一视图 st_view7,该视图能查询当前每个任课教师的编号、姓名和所正讲授的课程门数及所教的学生人数。

```
Use Student
Go
Create   View   st_view7
  AS
  Select  ttab.jsh  教师号  ,  ttab.xm  姓名 ,
        Count(DISTINCT sctab.kch)  讲课门数 ,
        Count(DISTINCT sctab.xh)   学生人数
    From   ttab   ,   sctab
    Where  ttab.jsh = sctab.jsh
    Group  By  ttab.jsh  ,  ttab.xm
Go
```

2. 建立学生的有关选课信息视图

(1) 在数据库 Student 中,建立一视图 st_view8,该视图能查询每个选课学生的学号、姓名、所选课程和该课程所选的任课教师及所选课程成绩。

```
Use Student
Go
Create   View   st_view8
  AS
  Select  stab.xh 学号 ,  stab.xm 姓名 ,  ctab.kcm 课程 ,
        ttab.xm 教师 ,  sctab.cj 成绩
    From  stab ,  ctab ,  ttab ,  sctab
    Where  stab.xh = sctab.xh  AND  ctab.kch = sctab.kch  AND ttab.jsh = sctab.jsh
Go
```

(2) 在数据库 Student 中,建立一视图 st_view9,该视图能查询每个学生的学号、姓名、所属系和所选课程的门数及平均成绩。

```
Use Student
Go
Create   View   st_view9
  AS
    Select   xh 学号 , xm 姓名 , ssx 所属系 ,
          (Select  Count( * )  From  sctab  Where xh = stab.xh) 选课门数 ,
          (Select  Avg(cj)  From  sctab  Where xh = stab.xh) 平均成绩
    From  stab
Go
```

3. 建立每门课程被选修的状况视图

在数据库 Student 中,建立一视图 st_view10,该视图能查询每门课程的编号、名称、所选学生人数和他们(选这门课)的平均成绩。要求把无人选修课程的相应信息加在后面。

```
Use Student
Go
```

```
Create  View  st_view10
  AS
  Select  ctab.kch 课程号  ,  ctab.kcm 课程名 ,
        Count( * ) 选修人数 ,  Avg(sctab.cj) 平均成绩
    From  ctab  ,  sctab
    Where  ctab.kch = sctab.kch
    Group  By  ctab.kch  ,  ctab.kcm
  UNION
  Select  kch  ,  kcm  ,  0  , 0  From  ctab
    Where  kch  NOT IN(Select  Distinct  kch  From  sctab)
Go
```

练　习　题

1. 在客户订货管理数据库 goods 中,完成如下操作。

(1) 建立一视图 g_view1,该视图含有每个订货客户的编号、姓名、所订购的商品号、商品名、单价、订货量及总金额。

(2) 建立一视图 g_view2,该视图含有每个订货客户的编号、姓名、电话和所订购商品的种数及这些商品的总订货量。

(3) 建立一视图 g_view3,该视图含有每种订购商品被订购的客户数和被订购的总数量。

(4) 查询订购商品种数最多的客户信息。

2. 在图书管理数据库 books 中,完成如下操作。

(1) 建立一视图 b_view1,该视图能够查询北京邮电大学出版社出版的所有图书的信息。

(2) 建立一视图 b_view2,该视图含有借阅时间已到 60 天或超过 60 天,至今还没有归还的读者的编号、姓名、电话和所借的图书编号、借阅时间及借阅本数。

(3) 建立一视图 b_view3,该视图含有每个借阅读者的编号、姓名和其所借过的图书的种数及所借图书的总数量。

(4) 查询所借过的图书种数最多的读者信息。

第 6 章　索引及其应用

教学目标

通过本章学习，使学生掌握索引的基本概念、分类和作用，掌握索引的建立和操作方法，掌握索引的维护方法，会根据实际问题的需要，能够熟练地建立表和视图的相关索引。

教学要求

知识要点	能力要求	关联知识
索引概念、分类和作用	掌握索引的基本概念、分类和作用	索引概念、分类和作用
索引的建立和操作	(1) 掌握索引的建立方法 (2) 掌握索引的操作方法	SQL Server Management Studio 建立和操作索引，CREATE INDEX 等 SQL 命令
索引的维护	掌握维护索引的常用方法	DBCC SHOWCONTIG 和 DBCC INDEXDEFRAG 命令
索引视图	掌握索引视图的建立和应用方法	CREATE VIEW，CREATE INDEX 等 SQL 命令

重点难点

- 索引的概念、分类和作用
- 索引的建立和操作方法
- 索引视图的建立与应用

6.1　任务描述

本章完成项目的第 6 个任务：在大学生选课管理数据库 Student 中，完成如下操作。

(1) 为课程信息表创建一个非聚集复合索引。

(2) 为教师教课信息表创建一个聚集复合索引。

(3) 为学生选课信息表创建一个唯一、聚集复合索引。

6.2 索引综述

数据库中的索引可以快速找到表或索引视图中的特定信息。索引包含从表或视图中一个或多个列生成的键,以及映射到指定数据的存储位置的指针。通过创建、设计良好的索引以支持查询,可以显著提高数据库查询和应用程序的性能。索引可以减少为返回查询结果集而必须读取的数据量。索引还可以强制表中的行具有唯一性,从而确保表数据的数据完整性。

1. 索引的概念

数据库中的索引与书籍中的索引(目录)类似,在一本书中,利用索引可以快速查找所需信息,无须阅读整本书。在数据库中,索引使数据库程序无须对整个表进行扫描,就可以在其中找到所需数据。书中的索引是一个词语列表,其中注明了包含各个词的页码。而数据库中的索引是某个表中一列或者若干列值的集合和相应的指向表中物理标识这些值的数据页的逻辑指针清单。也可以这么说,数据库中某个表的索引是指,将这个表中数据行按照某一列或者若干列值的组合(称为索引键)的大小,只排列各个数据行的顺序,而不改变数据行的存储位置,得到的一个非结构数据文件。

2. 索引的作用

- 通过创建唯一索引,可以保证数据记录的唯一性。
- 通过创建和使用索引可以大大加快数据检索的速度。
- 通过创建和使用索引可以加速表与表之间的连接,这一点在实现数据的参照完整性方面有特别的意义。
- 通过创建和使用索引使得在使用 ORDER BY 和 GROUP BY 子句中进行检索数据时,可以显著减少查询中分组和排序的时间。
- 通过索引可以在检索数据的过程中使用优化隐藏器,提高系统性能。

3. 索引类型

表或视图可以包含以下类型的索引。

(1) 聚集索引

聚集索引是指表中数据行的物理存储顺序与索引列顺序完全相同。聚集索引是根据数据行的键值在表或视图中排序而存储这些数据行。索引定义中包含聚集索引列。每个表只能有一个聚集索引,因为数据行本身只能按一个顺序方式排序。

只有当表包含聚集索引时,表中的数据行才按排序顺序存储。如果表没有聚集索引,则其数据行存储在一个称为堆的无序结构中。

(2) 非聚集索引

非聚集索引不改变表中数据行的物理存储位置,数据与索引分开存储,通过索引带有的指针与表中的数据发生联系。非聚集索引具有独立于数据行的结构。非聚集索引包含非聚集索引键值,并且每个键值项都是指向包含该键值的数据行的指针。

一个表或视图可含有多个非聚集索引。

聚集索引和非聚集索引都可以是唯一的。这意味着任何两行都不能有相同的索引键值。另外,索引也可以不是唯一的,即多行可以共享同一个索引键值。每当修改了数据表内容后，都会自动维护表或视图的索引。

(3) 唯一索引

唯一索引确保索引键不包含重复的值，因此，表或视图中的每一行在某种程度上是唯一的。

(4) 包含性列索引

是一种非聚集索引，它扩展后不仅包含键列，还包含非键列。

(5) 索引视图

视图的索引将具体化(执行)视图，并将结果集永久存储在唯一的聚集索引中，而且存储方法与带聚集索引的表的存储方法相同。创建聚集索引后，可以为视图添加非聚集索引。

6.3　创建索引

使用索引要付出一定的空间和时间的代价，因此为表建立索引时，要根据实际情况，认真考虑哪些列应该索引，哪些列不应该索引。

建立索引一般要遵循以下几条原则：

- 主键列上一定要建立索引；
- 外键列上可以建立索引；
- 在经常查询的字段上最好建立索引；
- 对于查询中很少涉及的列、重复值比较多的列不要建立索引；
- 对于定义为 text、image 和 bit 数据类型的列不要建立索引。

SQL Server 2008 在创建主键约束或唯一约束时，自动创建唯一索引，以强制实施 PRIMARY KEY 和 UNIQUE 约束的唯一性要求。如果需要创建不依赖于约束的索引，可以使用 SQL Server Management Studio 或者使用 SQL 命令创建索引。

建立索引时要注意以下几点。

- 只有表或视图的所有者才有权建立索引。
- 在建立聚集索引时，将会对表进行复制，对表中的数据进行排序，然后删除原始的表。因此，数据库上必须有足够的空间，以容纳数据复本。
- 在使用 CREATE INDEX 命令建立索引时，必须指定索引名称、表名称及索引所应用的各列名称(即索引键)。
- 在一个表中最多可建立 249 个非聚集索引。默认情况下，建立的索引是非聚集索引。
- 复合索引的列的最大数目为 16，各列组合的最大长度为 900 字节。

6.3.1　使用 SQL Server Management Studio 创建索引

(1) 启动 SQL Server Management Studio，并连接到 SQL Server 2008 中的数据库，在“对象资源管理器”窗口中展开“数据库”节点，再展开建立索引的表所属的数据库名(如 Student)，再展开其“表”节点，展开要建立索引的表名(如 Stab)，右击其“索引”节点，出现弹出菜单，如图 6-1 所示。

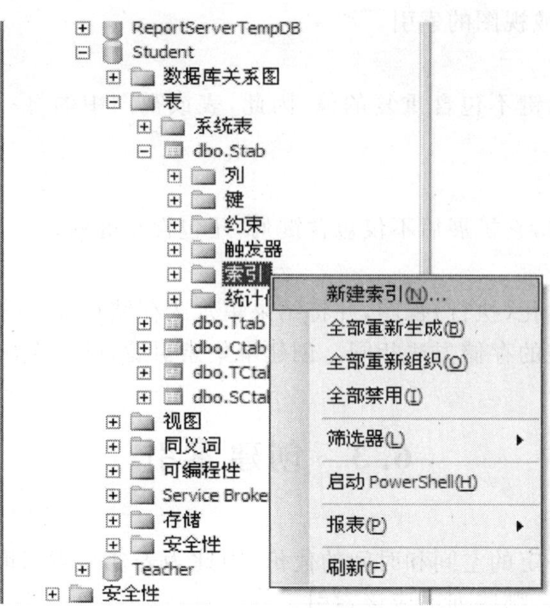

图 6-1　新建索引

(2) 执行弹出菜单中的【新建索引】命令，系统则出现“新建索引”对话框，如图 6-2 所示。

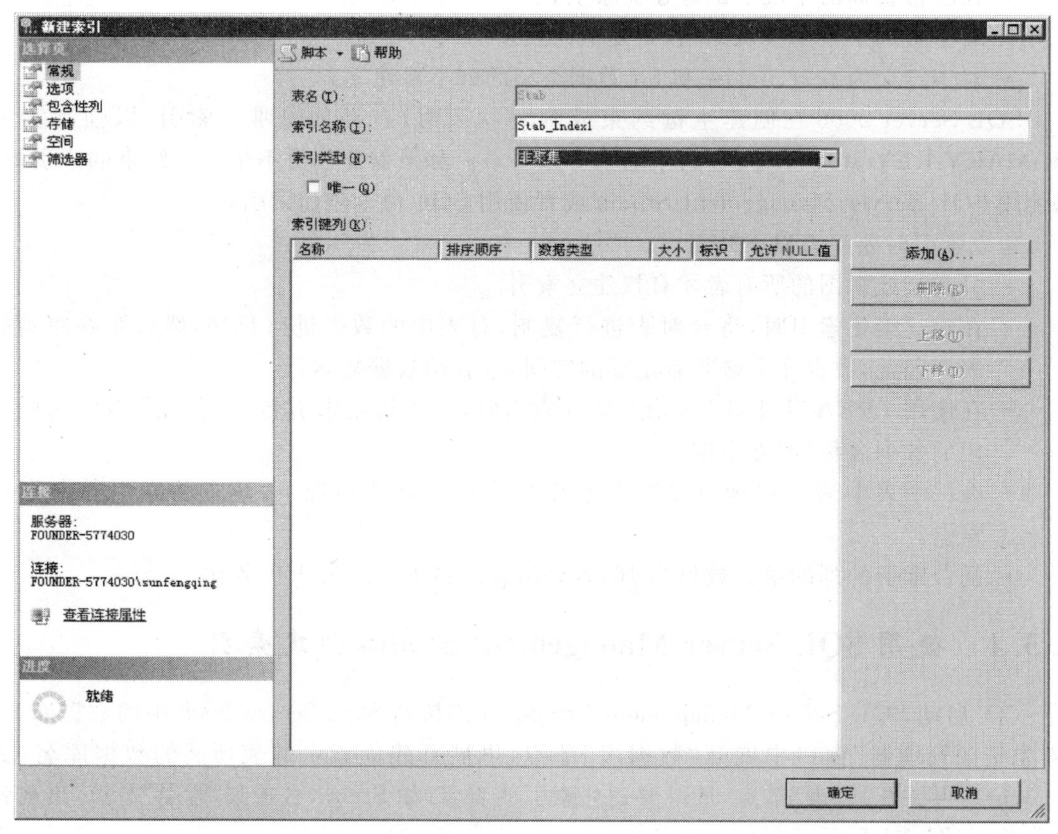

图 6-2　“新建索引”对话框

（3）在“新建索引”对话框中，于“索引名称”文本框中输入新建索引的名称，可于“索引类型”下拉框中选择新建索引的类型，可单击“索引键列”列表框后的“添加”按钮，系统出现选择索引键列对话框，如图 6-3 所示。

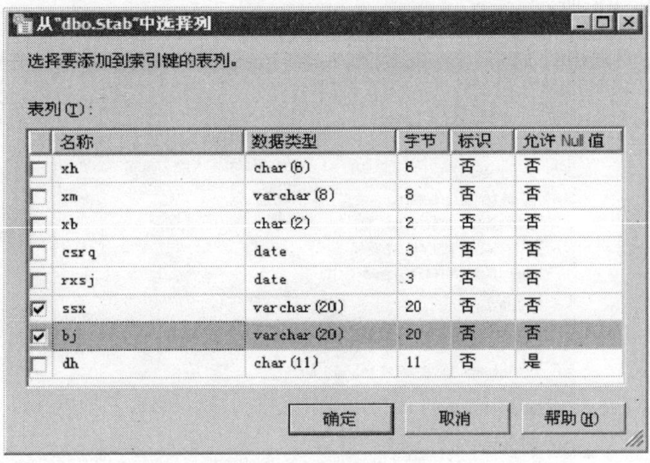

图 6-3　选择索引键列

（4）在选择索引键列对话框中，列出了建立索引的表的所有字段，从中选择新建索引所应用的各个列名（即选择作为索引键的各个列），选择完毕后，单击“确定“按钮，系统返回“新建索引”对话框，如图 6-4 所示。

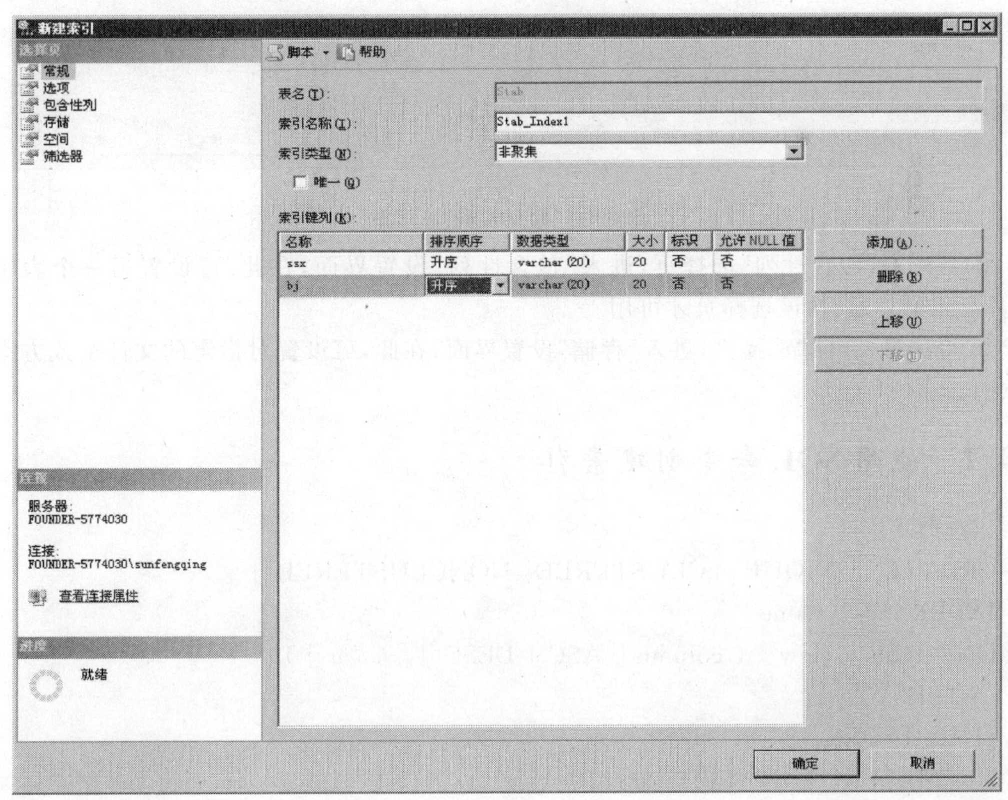

图 6-4　“新建索引”对话框

(5) 在该“新建索引”对话框中，可通过“索引键列”列表框中的“排序顺序”下拉框，设置相应的索引键列的排序顺序。

① 可选择“选项”选择页，进入“选项”设置界面，在此，可根据实际需要，设置应用索引时的相关选项，如图 6-5 所示。

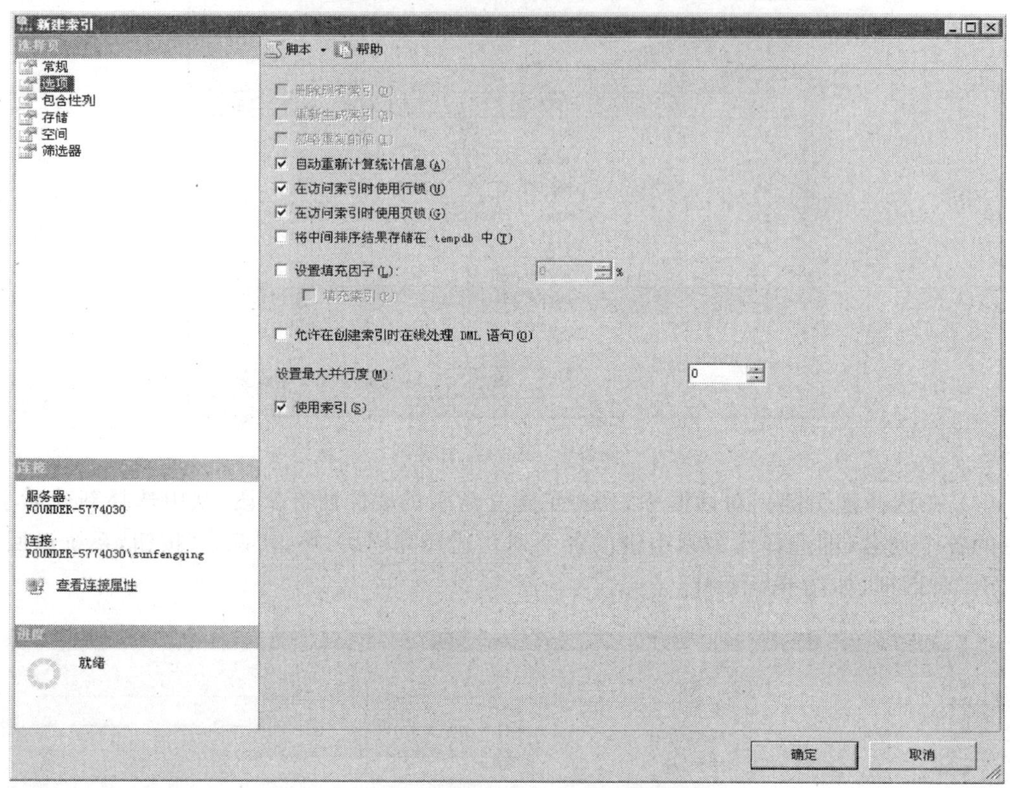

图 6-5 “新建索引”对话框

② 可选择“包含性列”选择页，进入“包含性列”设置界面，在此，可设置另一个表中的列，只有非聚集索引，该选择页才可用。

③ 可选择“存储“选择页，进入“存储”设置界面，在此，可设置对指定的文件组或方案创建索引。

6.3.2 使用 SQL 命令创建索引

语法形式：

```
CREATE [UNIQUE] [CLUSTERED| NONCLUSTERED ]
INDEX index_name
ON { table | view } ( column [ ASC | DESC ] [ ,…n ] )
[WITH
[PAD_INDEX]
[[,]FILLFACTOR=fillfactor]
[[,]IGNORE_DUP_KEY]
```

[[,]DROP_EXISTING]
[[,]STATISTICS_NORECOMPUTE]
[[,]SORT_IN_TEMPDB]]
[ON filegroup]

其中：

- UNIQUE——用于指定为表或视图创建唯一索引；
- CLUSTERED——用于指定创建的索引为聚集索引；
- NONCLUSTERED——用于指定创建的索引为非聚集索引，默认为非聚集索引；
- index_name——用于指定所创建的索引名称；
- table——用于指定创建索引的表的名称；
- view——用于指定创建索引的视图的名称；
- column——用于指定被索引的列，即索引所应用的列(索引键中的列)；
- ASC|DESC——用于指定具体某个索引列的升序或降序排序方向；
- PAD_INDEX——用于指定索引中间级中每个页(节点)上保持开放的空间；
- FILLFACTOR＝fillfactor——用于指定在创建索引时，每个索引页的数据占索引页大小的百分比，fillfactor 的值为 1 到 100；
- IGNORE_DUP_KEY——用于控制当往包含于一个唯一聚集索引中的列中插入重复数据时 SQL Server 所作的反应；
- DROP_EXISTING——用于指定应删除并重新创建已命名的先前存在的聚集索引或者非聚集索引；
- STATISTICS_NORECOMPUTE——用于指定过期的索引统计不会自动重新计算；
- SORT_IN_TEMPDB——用于指定创建索引时的中间排序结果将存储在 tempdb 数据库中；
- ON filegroup——用于指定存放索引的文件组。

【例 6-1】 在数据库 Teaching 中，为学生成绩表 sgrade 建立一个基于“学号，姓名”组合列的唯一、非聚集复合索引 s_index1。

```
Use  Teaching
Go
Create  UNIQUE  Index  s_index1  ON  sgrade(xh , xm)
Go
```

【例 6-2】 在数据库 Teaching 中，为学生成绩表 sgrade 建立一个基于“所在系，班级，姓名”组合列的聚集复合索引 s_index2。

```
Use  Teaching
Go
Create  CLUSTERED  Index  s_index2
   ON  sgrade(szx  ,  bj  ,  xm)
Go
```

【例 6-3】 在数据库 Teaching 中，为学生成绩表 sgrade 建立一个基于“姓名”列的非聚集索引 s_index3。

```
Use  Teaching
Go
Create  Index  s_index3  ON  sgrade(xm  DESC)
Go
```

6.4 操作索引

6.4.1 使用 SQL Server Management Studio 操作索引

启动 SQL Server Management Studio，并连接到 SQL Server 2008 中的数据库，在“对象资源管理器”窗口中展开“数据库”节点，再展开操作索引的表所属的数据库名(如 Student)，再展开其“表”节点，展开索引所属的表名(如 Stab)，展开其“索引”节点，右击要操作的索引名，出现弹出菜单，如图 6-6 所示。

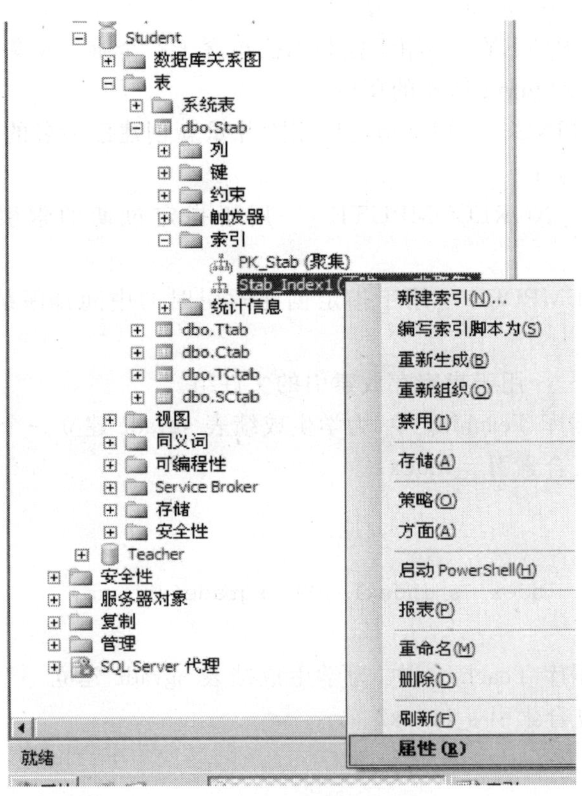

图 6-6 操作索引

1. 查看和修改索引属性

执行图 6-6 弹出菜单中的【属性】命令，进入“索引属性”对话框，在此，可查看和修改当前索引的有关属性，如图 6-7 所示。

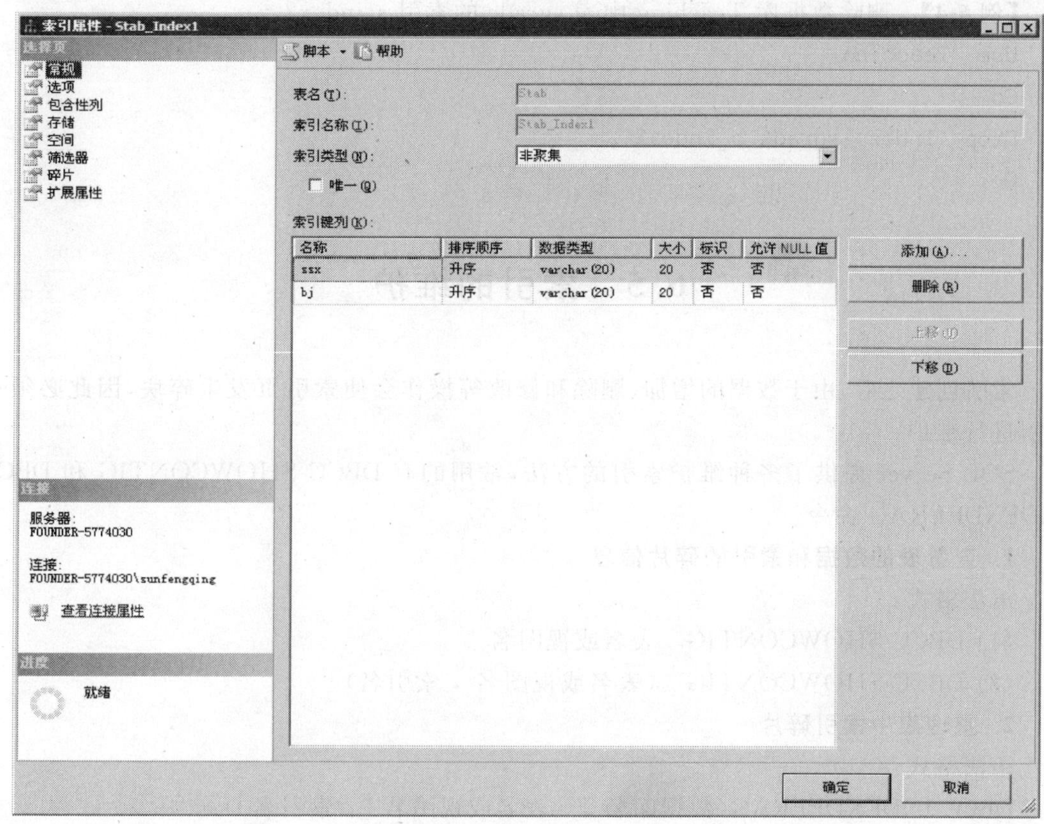

图 6-7　“索引属性”对话框

2. 重命名索引

执行图 6-6 弹出菜单中的【重命名】命令，可以重命名当前索引。

3. 删除索引

执行图 6-6 弹出菜单中的【删除】命令，可以删除当前索引。

6.4.2　使用 SQL 命令操作索引

1. 查看表的索引信息

语法格式：

EXEC sp_helpindex　表名

2. 重命名索引

语法格式：

EXEC　sp_rename　'表名.原索引名'，'表名.新索引名'

3. 删除表索引

语法格式：

DROP　INDEX　表名.索引名

或者

DROP　INDEX　索引名　ON　表名或视图名

【例 6-4】 删除数据库 Teaching 中表 sgrade 的索引 s_index2。

```
Use  Teaching
Go
Drop  Index  sgrade.s_index2
Go
```

6.5 索引的维护

索引创建之后，由于数据的增加、删除和修改等操作会使索引页发生碎块，因此必须对索引进行维护。

SQL Server 提供了多种维护索引的方法，常用的有 DBCC SHOWCONTIG 和 DBCC INDEXDEFRAG 命令。

1. 查看表的数据和索引的碎片信息

语法格式：

(1) DBCC SHOWCONTIG 表名或视图名

(2) DBCC SHOWCONTIG （表名或视图名 ，索引名）

2. 整理表中索引碎片

语法格式：

DBCC INDEXDEFRAG(数据库名 ， 表名或视图名 [，索引名])

【例 6-5】 清除数据库 Teaching 中的表 sgrade 的所有索引碎片。

```
Use Teaching
Go
DBCC INDEXDEFRAG(Teaching  ,  sgrade)
Go
```

附注：可在“索引属性”对话框中(如图 6-7 所示)，通过“碎片”选择页进入“碎片”界面，在此可查看和整理当前索引的碎片情况。

说明：当数据进行大量的修改后，这时可将原索引删掉，再重新建立索引。

6.6 索引视图

对于视图而言，系统为它们动态生成结果集的开销很大，尤其是对于那些涉及大量行进行复杂处理(如聚集大量数据或连接许多行)的视图。如果在查询中频繁地使用这类视图，应该对视图创建唯一聚集索引，形成索引视图。索引视图中存放着查询得到的结果集，它在数据库中的存储方式与具有聚集索引的表的存储方式相同，从而可提高查询性能。

创建索引视图除要遵照创建标准视图的要求外，还应注意如下几点。

- 索引视图只能引用基表，不能引用其他视图。
- 索引视图引用的所有基表必须与视图位于同一数据库中，且所有者也与视图相同。

- 索引视图引用的基表名称必须由两部分组成，即架构名.表名。
- 创建索引视图时必须使用 WITH　SCHEMABINDING 选项。
- 若索引视图定义中使用聚集函数，SELECT 列表中必须包括 COUNT_BIG(＊)。
- 索引视图中的表达式引用的所有函数必须是确定的。

【例 6-6】 在大学生选课管理数据库 Student 中，创建一个 xk_view 的索引视图，该视图可查询每个学生的学号、姓名、所选课门数和所选课程的平均成绩。

```
Use　Student
Go
/＊使用 WITH　SCHEMABINDING 选项创建视图 xk_view＊/
Create　View　xk_view
 WITH　SCHEMABINDING
AS
Select　dbo.stab.xh 学号　，　dbo.stab.xm 姓名，
          Count_Big(＊) 选课门数　，　Avg(dbo.sctab.cj) 平均成绩
    From　dbo.stab　，　dbo.sctab
    Where　dbo.stab.xh = dbo.sctab.xh
    Group　By　dbo.stab.xh　，　dbo.stab.xm
Go
/＊为视图建立一个基于"学号，姓名"组合列的唯一聚集索引 xk_index，形成索引视图＊/
Create　UNIQUE　CLUSTERED　Index　xk_index
  ON　xk_view(学号，姓名)
Go
/＊使用该索引视图 xk_view，查看学生选课情况＊/
Select　＊　From　xk_view
Go
```

6.7　任务实现

1. 为数据库 Student 中的课程信息表创建一个复合索引

在数据库 Student 中，为课程信息表创建一个基于"课程号，课程名"组合列的非聚集复合索引 ctab_index1。

```
Use　Student
Go
Create　Index　ctab_index1　ON　ctab(kch　，　kcm)
Go
```

2. 为数据库 Student 中的教师教课信息表创建一个聚集复合索引

在数据库 Student 中，为教师教课信息表创建一个基于"教师号，课程号"组合列的聚集复合索引 tctab_index1。

```
Use  Student
Go
Create CLUSTERED  Index  tctab_index1
ON  tctab(jsh  ,  kch)
Go
```

3. 为数据库 Student 中的学生选课信息表创建一个唯一聚集复合索引

在数据库 Student 中，为学生选课信息表创建一个基于"学号，课程号"组合列的唯一聚集复合索引 sctab_index1。

```
Use  Student
Go
Create  UNIQUE  CLUSTERED  Index  sctab_index1
   ON  sctab(xh  ,  kch )
Go
```

练 习 题

1. 在客户订货管理数据库 goods 中，完成如下操作(要求使用 SQL Server Management Studio 完成)。

(1) 为商品信息表创建一个基于"商品名，品牌，型号，单价"组合列的聚集索引 stab_index1，要求商品单价降序排列。

(2) 为客户订货信息表创建一个基于"客户号，商品号"组合列的唯一、聚集复合索引 kstab_index1。

2. 在图书管理数据库 books 中，完成如下操作(要求使用 SQL 命令完成)。

(1) 为图书信息表创建一个基于"出版社，图书名，作者名，单价"组合列的聚集索引 book_index1，要求图书单价降序排列。

(2) 为读者借阅登记信息表创建一个基于"读者号，图书号"组合列的唯一聚集复合索引 record_index1。

第 7 章　流程控制与函数

教学目标

通过本章学习，使学生掌握 SQL Server 主要的流程控制结构与语句，掌握 SQL Server 2008 三类用户自定义函数的特点、定义与用法，并能够编制脚本代码，创建自定义函数，解决实际的应用问题。

教学要求

知识要点	能力要求	关联知识
变量	掌握变量的定义、赋值与应用	DECLARE，SET，SELECT 语句
流程控制结构	掌握 SQL Server 流程控制结构各个相关语句的格式、功能与用法	BEGIN…END，IF…ELSE，CASE，WHILE 等语句
自定义函数	(1) 掌握自定义函数概念、分类和特点 (2) 掌握自定义函数的创建、使用和修改等基本操作方法	CREATE FUNCTION，ALTER FUNCTION 等语句

重点难点

- 变量的概念、定义与应用
- 各个流程控制语句的格式、功能与用法
- 自定义函数的定义、创建、使用和修改方法

7.1　任务描述

本章完成项目的第 7 个任务：在大学生选课管理数据库 Student 中，创建如下几个函数。

(1) 创建名称为 Age 的标量值函数。

(2) 创建名称为 Xscj 的内联表值函数。

(3) 创建名称为 Kcxf 的多语句表值函数。

7.2 程序中的批处理、脚本、注释

当要完成的任务不能由单独的 SQL 语句来完成时，SQL Server 使用批处理、脚本、存储过程、触发器等来组织多条 SQL 语句。本章主要介绍批处理、脚本，下一章介绍存储过程、触发器。

7.2.1 批处理

批处理是一条或多条 SQL 语句的集合，这些语句作为一个整体一起提交给 SQL Server，SQL Server 将一个批处理作为一个整体进行分析、编译和执行。使用批处理可以节省系统开销，但是如果在一个批处理中包含任何语法错误，则整个批处理就不能被成功地编译和执行。

建立批处理时，使用 GO 语句作为批处理的结束标记。GO 语句本身不是 SQL 语句的组成部分，当编译器读取到 GO 语句时，它会把 GO 语句前面所有的语句当做一个批处理，并将这些语句打包发送给服务器。

7.2.2 脚本

脚本是存储在文件中的一系列 SQL 语句，即一系列按顺序提交的批处理。一个脚本文件(.sql 文件)中可以包含一个或多个批处理。使用脚本文件，可以建立起可重复使用的模块化代码，还可以在不同计算机之间传送 SQL 语句，方便两台计算机执行同样的操作。

7.2.3 注释

注释是指程序中用来对程序内容解释说明的语句，编译器在编译程序时会忽略注释语句。在程序中使用注释是一个程序员良好的编程习惯，使用注释不仅能增强程序的可读性，而且有助于日后的管理和维护。

注释语句的格式：

/ * 注释内容 * /

7.3 SQL Server 变量

变量是程序语言最基本的角色，用来存放数据。SQL Server 的变量是用来在语句之间传递数据的方式之一。SQL Server 中的变量分为两种，即全局变量和局部变量，其中，全局变量的名称以两个@@字符打头，由系统定义和维护，即系统提供的变量；局部变量的名称以一个@字符打头，由用户自定义和赋值，即用户自定义的变量。这里主要介绍局部变量。

局部变量是指在批处理或脚本中用来保存单个数据值的对象。局部变量常用于作为计数器计算循环执行的次数或控制循环执行的次数，也可以用于保存由存储过程代码返回的

数据值。此外，还可以使用 Table 数据类型的局部变量来代替临时表。

1. 定义局部变量

使用一个局部变量之前，必须先定义(声明)这个局部变量。定义局部变量的语法格式：

DECLARE @变量 数据类型[,…n]

例如：

```
DECLARE @x  int , @y  char(10) , @z decimal(4,1)
```

2. 给局部变量赋值(赋值语句)

给局部变量赋值的语法格式：

SET @变量＝表达式

除了可以使用 SET 语句给局部变量赋值外，还可以使用 SELECT 查询语句给局部变量赋值，即通过在 SELECT 语句的选择列表中引用一个局部变量而使它获得一个值，其语法格式：

SELECT @变量＝表达式[,…n]

3. 输出变量或表达式的值

输出变量或表达式值的语法格式：

PRINT 表达式

除了可以使用 PRINT 语句输出变量或表达式的值外，还可以使用 SELECT 语句输出变量或表达式的值，其语法格式：

SELECT 表达式[,…n]

【例 7-1】 定义三个局部变量 name,borth,score,并给它们赋值，然后输出变量的值。

```
DECLARE @name  char(10) , @borth  date , @score  decimal(5,1)
SET @name = '孙一然'
SET @borth = '1990-8-23'
SET @score = 97.6
SELECT @name  姓名  ,  @borth  出生日期 ,  @score  成绩
GO
```

【例 7-2】 定义一个局部变量，把学生信息表中计算机系的学生人数赋给该变量，并输出。

```
Use Student
GO
DECLARE  @rs  int
SELECT  @rs = count( * )  From  stab  Where ssx = '计算机系'
PRINT '计算机系人数：' + STR(@rs)
GO
```

7.4 程序中的流程控制

流程控制语句是用来控制程序执行和流程分支的命令。在 SQL Server 2008 中可以使

用的流程控制语句主要有 BEGIN…END，IF…ELSE，CASE，WHILE 等。使用这些语句，可使程序具有结构性和逻辑性，完成较复杂的操作。

7.4.1 复合语句

将多个简单的语句组合成一个整体，即形成一个复合语句，语法格式：

```
BEGIN
  语句 1
  语句 2
…
END
```

7.4.2 简单分支语句

简单分支语句的语法格式：

```
IF 条件
 语句
```

或者：

```
IF 条件
 语句 1
ELSE
 语句 2
```

其中，条件是指一个逻辑表达式。

【例 7-3】 编写一段代码，要求完成：在教师信息表中，如果存在职称为副教授或教授的教师，就输出他们的姓名、学历、职称，否则输出“没有此条件的教师”信息。

```
USE Student
GO
IF  Exists( SELECT *  From  ttab  Where  zc ='副教授' or zc ='教授')
  BEGIN
   PRINT '具有高级职称的教师如下:'
   SELECT  xm 姓名 ,  xl 学历 ,  zc 职称   From  ttab
      Where  zc ='副教授' or zc ='教授'
  END
ELSE
  PRINT '没有此条件的教师'
GO
```

7.4.3 多路分支语句

多路分支语句的语法格式：

```
CASE
```

WHEN　条件 1　THEN 表达式 1
WHEN　条件 2　THEN 表达式 2
…
WHEN　条件 n　THEN 表达式 n
[ELSE 表达式 $n+1$]
END

【例 7-4】　编写一段代码,要求完成:输出每个选课学生的学号、姓名与所选课的平均成绩,并根据该平均成绩输出其等级。

```
USE Student
GO
SELECT xh 学号 ,(Select  xm  From stab  Where xh = sctab.xh) 姓名 ,
       Avg(cj)  平均成绩 ,
       (CASE
         WHEN  Avg(cj)>= 90  THEN '优秀'
         WHEN  Avg(cj)>= 80  THEN '良好'
         WHEN  Avg(cj)>= 70  THEN '中等'
         WHEN  Avg(cj)>= 60  THEN '合格'
         ELSE '不合格'
       END) 成绩等级
    From  sctab
    Group  By  xh
GO
```

7.4.4　循环语句

循环语句的语法格式:

WHILE 循环条件
 BEGIN
  语句组
 END

其中,在循环体(语句组)中还可使用如下两个语句。

- CONTINUE :使程序忽略该 CONTINUE 语句之后的语句,提前结束本次循环,重新开始下一次循环。
- BREAK :使程序提前退出循环,并将控制权转给该循环语句的后一语句。

【例 7-5】　编写一段代码,要求完成:求 100 之内的偶数之和,并输出。

```
DECLARE @n int  ,  @s  int
SET @n = 1
SET @s = 0
```

```
WHILE @n<=100
 BEGIN
  IF @n%2=0
     SET @s=@s+@n
  SET @n=@n+1
 END
PRINT @s
GO
```

7.4.5 其他语句

1. 暂停语句

语法格式：

WAITFOR DELAY 'hh:mm:ss'

例如：使程序暂停 5 秒，再执行其下一语句。

```
WAITFOR delay '00:00:05'
```

2. 返回语句

语法格式：

RETURN

功能：无条件中止查询、存储过程或批处理等，即结束当前运行的程序或存储过程返回。

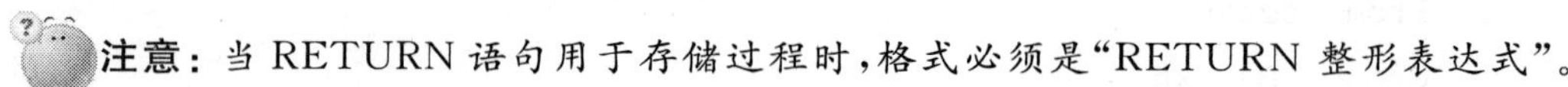

注意： 当 RETURN 语句用于存储过程时，格式必须是"RETURN 整形表达式"。

7.5 SQL Server 函数

函数在数据库管理和维护中经常被使用，正确地使用函数，可以为用户操作提供很大方便，如查看系统信息、进行数学计算、简化数据查询和前面用到的字符串截取等。一般情况下，在允许使用变量、字段和表达式的地方都可以使用函数。在使用函数时，只要提供正确的参数，就可以得到想要的结果。

函数可以由系统提供，也可以由用户创建。系统提供的函数称为内置函数，它为用户方便快捷地执行某些操作提供帮助。用户创建的函数称为用户自定义函数，它是用户根据自己的特殊需要而创建的，用来补充和扩展内置函数。

在第 3 章中已经介绍过常用的内置函数，因此这里主要介绍用户自定义函数。

7.5.1 创建自定义函数

在 SQL Server 中，用户不仅可以使用标准的内置函数，也可以根据自己的特殊需求创建函数。在 SQL Server 2008 中，用户自定义函数可为三种类型：标量值函数、内联表值函数和多语句表值函数。这三类函数都可以使用 CREATE FUNCTION 语句创建,也可以使用 SQL Server Management Studio 创建。在创建时需要注意:函数名在数据库中必须是唯一的,其可以有参数,也可以没有参数,其参数只能是输入参数,最多可以有 1 024 个参数。

创建自定义函数语法格式:

CREATE　FUNCTION 函数名([形式参数定义])　RETURNS 函数返回值数据类型

[AS]

BEGIN

　函数体语句组

　RETURN 函数返回值表达式

END

其中,函数的形式参数定义格式为:{@形参变量 数据类型}[,…n]。

1. 创建用户自定义标量值函数

用户自定义标量值函数与系统内置标量函数类似,返回在 RETURNS 子句中定义的类型的单个数据值。当需要在代码中的多个位置进行相同的数学计算时,用户自定义标量值函数十分有用。

下面通过以下例题来学习用户自定义标量值函数的建立和使用。

【例 7-6】　在数据库 Student 中创建一个标量值函数 pjcj,该函数通过输入学生的学号判断该学生是否进行选课,若有选修课,则返回其所有选修课程的平均成绩,否则,返回－1。

```
USE  Student
GO
CREATE  FUNCTION  pjcj(@no  char(6)) RETURNS  decimal(5,1)
BEGIN
  DECLARE  @s  decimal(5,1)
  IF  Exists(Select  *  From  sctab  Where  xh = @no)
   Select  @s = Avg(cj)  From  sctab  Where  xh = @no
  ELSE
   SET @s = -1
  RETURN @s
END
GO
```

在查询编辑器中执行以上代码,创建 pjcj 函数。

如果使用用户自定义函数,方法同使用系统内置的标量函数类似,只不过要在使用的时候指明函数的所有者。

例如:利用刚才定义的 pjcj 函数来查看学号为'100005'的学生所选修课程的平均成绩。

```
USE  Student
GO
PRINT  dbo.pjcj('100005')
```

```
GO
```

再如:利用刚才定义的 pjcj 函数,查询选课平均成绩在 75(包含 75)分以上的学生学号、姓名和其所选课程平均成绩。

```
USE  Student
GO
Select  xh 学号 , xm 姓名 , dbo.pjcj(xh) 选课平均成绩
  From  stab  Where  dbo.pjcj(xh)> = 75
GO
```

【例 7-7】 在数据库 Student 中创建一个标量值函数 sx,该函数通过输入学生的出生日期来返回该学生的属相。

```
USE Student
GO
CREATE  FUNCTION  sx(@csrq  date)  RETURNS  char(4)
BEGIN
  DECLARE  @y  int  ,  @f  char(4)
  SET @y = year(@csrq)
  SET @f = (CASE
              WHEN  @y % 12 = 1  THEN '鸡'
              WHEN  @y % 12 = 2  THEN '狗'
              WHEN  @y % 12 = 3  THEN '猪'
              WHEN  @y % 12 = 4  THEN '鼠'
              WHEN  @y % 12 = 5  THEN '牛'
              WHEN  @y % 12 = 6  THEN '虎'
              WHEN  @y % 12 = 7  THEN '兔'
              WHEN  @y % 12 = 8  THEN '龙'
              WHEN  @y % 12 = 9  THEN '蛇'
              WHEN  @y % 12 = 10 THEN '马'
              WHEN  @y % 12 = 11 THEN '羊'
              WHEN  @y % 12 = 0  THEN '猴'
            END)
  RETURN @f
END
GO
```

在查询编辑器中执行以上代码,创建 sx 函数。

例如:使用该函数 sx 查询每个学生的学号、姓名、出生日期和属相。

```
USE  Student
GO
```

```
Select  xh  学号 ，xm  姓名 ，csrq  出生日期 ，dbo.sx(csrq) 属相
 From  stab
GO
```

【例 7-8】 在数据库 Student 中创建一个标量值函数 maxi，该函数返回两个整数的最大数。

```
USE  Student
GO
CREATE  FUNCTION  maxi(@x  int  ,  @y  int)  RETURNS  int
BEGIN
  DECLARE  @z  int
  IF @x>@y
     SET @z = @x
  ELSE
    SET @z = @y
  RETURN @z
END
GO
```

2. 创建用户自定义内联表值函数

用户自定义内联表值函数返回的结果是表，其表由单个 SELECT 语句形成。

下面通过以下例题来学习用户自定义内联表值函数的建立和使用。

【例 7-9】 在数据库 Student 中创建一个内联表值函数 xst，该函数可以根据输入的系部名称返回该系学生的基本信息表。

```
USE Student
GO
CREATE  FUNCTION  xst(@ xm  varchar(20))  RETURNS  table
AS
RETURN
( Select  xh 学号 ，xm  姓名 ，rxsj 入学时间
   From  stab  Where  ssx = @xm )
GO
```

在查询编辑器中执行以上代码，创建内联表值函数 xst。

建立好该内联表值函数后，可以像使用表一样来使用它。

例如：利用刚才定义的内联表值函数 xst，查询计算机系学生的基本信息。

```
USE  Student
GO
Select  *  From  dbo.xst('计算机系')
GO
```

3. 创建用户自定义多语句表值函数

和内联表值函数相同,多语句表值函数返回的结果也是表。如果 RETURNS 子句指定的 TABLE 类型带有列及其数据类型,则该函数是多语句表值函数。多语句表值函数的主体中只允许使用以下语句。

- 赋值语句
- 控制流程语句
- DECLARE 语句
- SELECT 语句
- INSERT 、UPDATE 和 DELETE 语句
- EXECUTE 语句

多语句表值函数需要由 BEGIN…END 复合语句限定函数体,并且在 RETURNS 子句中必须定义表的名称变量和表的格式。

下面通过以下例题来学习用户自定义多语句表值函数的建立和使用。

【例 7-10】 在数据库 Student 中创建一个多语句表值函数 cji,该函数可以根据输入的课程名称返回选修该课程的学生姓名和成绩。

```
USE  Student
GO
CREATE  FUNCTION  cji(@km  varchar(20))
/*定义函数 cji 的表结构,表名称变量为 cjitab*/
RETURNS  @cjitab  TABLE
   (  课程名  varchar(20)  ,
      姓名 varchar(8)  ,
      成绩 decimal(4,1)  )
AS
BEGIN
  INSERT  @cjitab /*上面定义的表名称变量*/
    SELECT  ctab.kcm  ,  stab.xm  ,  sctab.cj
     From  ctab  ,  stab  ,  sctab
     Where  stab.xh = sctab.xh and ctab.kch = sctab.kch and ctab.kcm = @km
  RETURN
END
GO
```

在查询编辑器中执行以上代码,创建多语句表值函数 cji。

建立好该多语句表值函数后,可以像使用表一样来使用它。

例如:利用刚才定义的多语句表值函数 cji,查询选修"程序设计"这门课程的学生姓名和成绩。

```
USE Student
```

```
GO
Select  *  From  dbo.cji('程序设计')
GO
```

7.5.2　查看、修改和删除自定义函数

1. 查看用户自定义函数的文本信息

语法格式：

sp_helptext　用户自定义函数名

【例 7-11】 查看数据库 Student 中用户自定义函数 pjcj 的文本信息。

```
USE  Student
GO
sp_helptext  pjcj
GO
```

2. 修改用户自定义函数

语法格式：

ALTER　FUNCTION 函数名([形式参数定义])　RETURNS 函数返回值数据类型
[AS]
BEGIN
　函数体语句组
　RETURN 函数返回值表达式
END

【例 7-12】 将数据库 Student 中的用户自定义标量值函数 pjcj 进行修改，该函数通过输入学生的学号判断该学生是否进行选课，若有选修课，则返回其所有选修课程的门数，否则，返回 0。

```
USE  Student
GO
ALTER  FUNCTION  pjcj(@no  char(6))  RETURNS  int
BEGIN
  DECLARE  @s  int
  IF  exists(Select  *  From  sctab  Where  xh = @no)
   Select  @s = Count( * )  From  sctab  Where  xh = @no
  ELSE
   SET @s = 0
  RETURN @s
END
GO
```

3. 删除用户自定义函数

语法格式：

DROP FUNCTION [所有者.]函数名

【例 7-13】 将数据库 Student 中的用户自定义标量值函数 pjcj 删除。

```
USE  Student
GO
Drop  Function  dbo.pjcj
GO
```

7.6 任务实现

1. 创建名称为 Age 的标量值函数

在数据库 Student 中创建一个标量值函数 Age,该函数能够根据输入学生的出生日期,返回其年龄。

```
USE  Student
GO
CREATE  FUNCTION  Age(@csrq  date)  RETURNS  tinyint
AS
BEGIN
DECLARE  @nl  tinyint
SET @nl = year(getdate()) - year(@csrq)
RETURN @nl
END
GO
/*使用该函数 Age*/
SELECT  xh 学号 ,xm 姓名 ,dbo.Age(csrq) 年龄  From  stab
GO
```

2. 创建名称为 Xscj 的内联表值函数

在数据库 Student 中创建一个内联表值函数 Xscj,该函数可根据输入的课程号返回由选修该课程的学生的学号、姓名、所选课程名和成绩组成的表。

```
USE  Student
GO
CREATE  FUNCTION  Xscj(@kh  char(3))  RETURNS  table
AS
RETURN
( SELECT  stab.xh 学号 ,stab.xm 姓名 ,ctab.kcm 课程名 ,sctab.cj 成绩
   From  stab  ,  ctab  ,  sctab
   Where stab.xh = sctab.xh  and  ctab.kch = sctab.kch  and  sctab.kch = @kh)
GO
```

```
/＊使用该函数 Xscj＊/
Select  ＊  From  dbo.Xscj('C3')
GO
```

3. 创建名称为 Kcxf 的多语句表值函数

在数据库 Student 中创建一个多语句表值函数 Kcxf，该函数可以根据输入的课程名称返回选修该课程的学生姓名、成绩和成绩等级。

```
USE  Student
GO
CREATE   FUNCTION  Kcxf(@km  varchar(20))
RETURNS   @Kcxftab   TABLE
      ( 课程名  varchar(20) ,
        姓名  varchar(8) ,
        成绩  decimal(4,1)  ,
        等级  char(8)  )
AS
BEGIN
  INSERT   @Kcxftab
     SELECT   ctab.kcm  ,  stab.xm  ,  sctab.cj  ,
                ( CASE
                     WHEN   sctab.cj>=90   THEN '优秀'
                     WHEN   sctab.cj>=80   THEN '良好'
                     WHEN   sctab.cj>=70   THEN '中等'
                     WHEN   sctab.cj>=60   THEN '合格'
                     ELSE '不合格')
       From  stab  ,  ctab  ,  sctab
       Where  stab.xh = sctab.xh and ctab.kch = sctab.kch and ctab.kcm = @km
  RETURN
END
GO
/＊使用该函数 Kcxf＊/
SELECT   ＊   From   dbo.Kcxf('高等数学')
GO
```

练　习　题

1. 在数据库 goods 中创建以下几个自定义函数。

(1) 在数据库 goods 中创建一个标量值函数 sps，该函数通过输入的客户号判断该客户是否订购商品，若有订购商品，则返回其所订购商品的种数，否则返回 0。

(2) 在数据库 goods 中创建一个内联表值函数 ksdl，该函数通过输入的商品号返回由客户号、姓名、商品名、单价和订货量组成的表。

(3) 在数据库 goods 中创建一个多语句表值函数 spkh，该函数通过输入的商品号返回订购该商品的客户姓名、该商品名、单价和订货量。

2. 在数据库 books 中创建以下几个自定义函数。

(1) 在数据库 books 中创建一个标量值函数 age，该函数可根据输入读者的身份证号返回其年龄。

(2) 在数据库 books 中创建一个内联表值函数 dzsc，该函数可根据输入的图书号返回借阅该图书未归还的读者号、姓名、图书名和借阅数量组成的表。

(3) 在数据库 books 中创建一个多语句表值函数 tsdz，该函数可根据输入的图书号返回借阅该图书未归还的读者号、姓名、借阅时间和借阅数量。

第8章　存储过程与触发器

教学目标

通过本章学习，使学生掌握 SQL Server 存储过程的创建、运行、查看、修改和删除等基本操作方法，掌握DML触发器的基本概念及其创建、触发、查看、修改和删除等基本操作，解决实际的应用问题。

教学要求

知识要点	能力要求	关联知识
存储过程	(1) 掌握存储过程的基本概念和特点 (2) 掌握存储过程的建立、执行和修改等基本操作方法	CREATE PROCEDURE, EXECUTE, ALTER PROCEDURE 等语句
触发器	(1) 掌握触发器的基本概念和分类 (2) 掌握触发器的创建、触发和修改等基本操作方法	CREATE TRIGGER, ALTER TRIGGER 等语句

重点难点

- 存储过程的基本概念和特点
- 存储过程的创建、执行和修改方法
- 触发器的基本概念和分类
- 触发器的创建、触发和修改方法

8.1　任务描述

本章完成项目的第 8 个任务：在大学生选课管理数据库 Student 中，完成以下基本操作：

(1) 创建一个添加学生选课信息的存储过程。

(2) 创建一个删除学生选课信息的存储过程。

(3) 创建一个修改学生选课信息的存储过程。

(4) 创建一个统计某被选课程的平均成绩、最高和最低成绩的存储过程。

(5) 创建一个 INSERT 触发器。

(6) 创建一个 DELETE 触发器。

(7) 创建一个 UPDATE,INSERT 触发器。

8.2 存储过程综述

8.2.1 存储过程的概念

存储过程是数据库的一种对象,是为了实现某个特定任务,以一个存储单元的形式存储在服务器上的一组 SQL 语句的集合。用户也可以把存储过程看成是以数据库对象形式存储在 SQL Server 中的一段程序或函数。存储过程是由一系列的 SQL 语句或控制流程语句组成的。

存储过程的特点如下。

- 接收输入参数并以输出参数的形式将多个值返回至调用过程。
- 包含执行数据库操作的编程语句。
- 向调用过程或批处理返回状态值,以表明成功或失败及失败原因。

使用存储过程的优点如下。

(1) 增强安全机制。SQL Server 可以只给用户访问存储过程的权限,而不授予用户访问存储过程引用的对象(表或视图)的权限。这样,可以保证用户通过存储过程操作数据库中的数据,而不能直接访问与存储过程相关的表,从而保证了数据的安全性。

(2) 提高执行速度。用户可以多次使用存储过程的名称调用存储过程。存储过程在第一次执行时进行编译,然后将编译好的代码保存在高速缓存中,当用户再次执行该存储过程时,调用的是高速缓存中的编译代码,因此,其执行速度要比执行相同的 SQL 语句快得多。

(3) 减少网络流量。存储过程中包含大量的 SQL 语句,但是它以一个独立的单元存放在服务器上。调用执行过程中,只需传递执行存储过程的调用命令即可将执行结果返回调用过程或批处理,从而减少了网络上数据的传输。

8.2.2 存储过程的类型

在 SQL Server 2008 中,存储过程可以分为三种类型:用户定义的存储过程、系统存储过程和扩展存储过程。

(1) 用户定义的存储过程:用户定义的存储过程是用户根据需要,为完成某一特定功能,在自己的普通数据库中创建的存储过程。

(2) 系统存储过程:系统存储过程以 sp_为前缀,主要用来从系统表中获取信息,为系统管理员管理 SQL Server 提供帮助,为用户查看数据库对象提供方便。系统存储过程存储在资源数据库中。

(3) 扩展存储过程:扩展存储过程以 xp_为前缀,它是关系数据库引擎的开放式数据服务层的一部分，其可以使用户在动态链接库(DLL)文件所包含的函数中实现逻辑，从而扩展了 SQL 的功能，并且可以像调用 SQL 过程那样从 SQL 语句调用这些函数。

这里主要介绍用户定义的存储过程。

8.3　创建、执行、修改和删除存储过程

8.3.1　创建存储过程

存储过程是数据库的一种对象，只能在当前数据库中创建存储过程，且存储过程名必须唯一。

创建存储过程的语法格式：

CREATE　PROCEDURE　[dbo.]存储过程名
[形式参数定义]
[WITH {RECOMPILE | ENCRYPTION | RECOMPILE，ENCRYPTION}]
AS
[BEGIN]
{过程体语句组}
[END]

其中：

(1) 形式参数定义格式为：

{@形式参数　数据类型[＝默认值][OUTPUT]}[，…n]

形式参数分为输入参数和输出参数。

OUTPUT 指示参数为输出参数。

(2) RECOMPILE：表明该过程将在执行时重新编译。

(3) ENCRYPTION：表示加密存储过程文本。

在创建存储过程时，一般是先编写实现存储过程功能的 SQL 语句，然后进行执行调试，待调试成功后，再按照存储过程的语法创建存储过程。

8.3.2　执行存储过程

调用存储过程的语法格式：

EXECUTE 存储过程名[实际参数][WITH　RECOMPILE]

其中，实际参数格式为：

{输入参数对应的表达式 | @输出参数对应的变量 OUTPUT}[，…n]

注意：实际参数与形式参数类型、个数和顺序必须一一对应。

下面通过例题学习存储过程的创建和执行方法。

1. 创建和执行无参存储过程

【例 8-1】 在数据库 Student 中，创建一个存储过程 st_jsjbj，该存储过程可列出计算机

系的所有班级名称。

```
USE  Student
GO
CREATE  PROCEDURE  st_jsjbj
AS
Select  bj 班级名称  From  stab  Where  ssx='计算机系'
GO
```

在查询编辑器中执行以上代码,创建存储过程 st_jsjbj。

调用该存储过程:

```
USE  Student
GO
EXECUTE  st_jsjbj
GO
```

【例 8-2】 在数据库 Student 中,创建一个存储过程 st_xmax,该存储过程可列出选修人数最多的课程号、课程名和学生人数。

```
USE Student
GO
CREATE  PROCEDURE  st_xmax
AS
BEGIN
CREATE  VIEW  ctab_view1( 课程号 ,课程名 ,学生人数 )
  AS  Select  ctab.kch  ,  ctab.kcm  ,  count( * )
        From  ctab  ,  sctab
        Where  ctab.kch=sctab.kch
        Group  By  ctab.kch  ,  ctab.kcm
Select  *  From  ctab_view1
  Where 学生人数>=ALL( Select  学生人数  From  ctab_view1 )
Drop  View  ctab_view1
END
GO
```

在查询编辑器中执行以上代码,创建存储过程 st_xmax。

调用该存储过程:

```
USE  Student
GO
EXECUTE  st_xmax
GO
```

2. 创建和执行有参存储过程

(1) 带有输入参数

【例 8-3】 在数据库 Student 中,创建一个存储过程 st_xk,该存储过程可通过输入的学号来列出该学生的选课信息。

```
USE  Student
GO
CREATE  PROCEDURE  st_xk  @no  char(6)
AS
IF  Exists( Select  * From  sctab  Where  xh = @no)
  Select  stab.xm 姓名 , ctab.kcm  课程名 , sctab.cj 成绩
    From  stab  ,  ctab  ,  sctab
    Where  stab.xh = sctab.xh and ctab.kch = sctab.kch and sctab.xh = @no
ELSE
 PRINT'此学生无选修课!'
GO
```

在查询编辑器中执行以上代码,创建存储过程 st_xk。

调用该存储过程:例如,利用该存储过程查看'100006'号学生的选课情况。

```
USE  Student
GO
EXECUTE  st_xk'100006'
GO
```

(2)带有输出参数

【例 8-4】 在数据库 Student 中,创建一个存储过程 st_gsp,该存储过程可以返回高等数学这门课的平均成绩。

```
USE  Student
GO
CREATE  PROCEDURE  st_gsp  @pf  decimal(5,1) = 0  OUTPUT
AS
Select  @pf = Avg(cj)  From  sctab
  Where  kch = ( Select  kch  From  ctab  Where  kcm ='高等数学')
GO
```

在查询编辑器中执行以上代码,创建存储过程 st_gsp。

调用该存储过程:利用该存储过程输出高等数学这门课的平均成绩。

```
USE Student
GO
DECLARE  @pj  decimal(5,1)
EXECUTE  st_gsp  @pj  OUTPUT
PRINT'高等数学平均成绩为:' + STR( @pj )
GO
```

(3)带有多个参数

【例 8-5】 在数据库 Student 中,创建一个存储过程 st_ksp,该存储过程可根据输入的课程名称返回该课程的平均成绩。

```
USE Student
GO
CREATE  PROCEDURE  st_ksp
 @km  varchar(20) , @pf  decimal(5,1)  OUTPUT
AS
IF  Exists( Select  *  From  ctab  Where  kcm = @km)
  Select  @pf = Avg(cj)  From  sctab
     Where  kch = ( Select  kch  From  ctab  Where  kcm = @km)
ELSE
 SET @pf = 0
GO
```

在查询编辑器中执行以上代码,创建存储过程 st_ksp。

调用该存储过程:例如,利用该存储过程输出高等数学这门课的平均成绩。

```
USE Student
GO
DECLARE  @pj  decimal(5,1)
EXECUTE  st_ksp  '高等数学' , @pj  OUTPUT
PRINT '高等数学平均成绩为:' + STR( @pj )
GO
```

8.3.3 查看存储过程

查看存储过程信息语法格式:

sp_helptext 存储过程名

【例 8-6】 查看数据库 Student 中存储过程 st_ksp 的信息。

```
USE  Student
GO
sp_helptext  st_ksp
GO
```

8.3.4 修改存储过程

修改存储过程语法格式:

```
ALTER  PROCEDURE  [dbo.]存储过程名
[ 形式参数定义 ]
[ WITH {RECOMPILE | ENCRYPTION | RECOMPILE , ENCRYPTION} ]
AS
[ BEGIN ]
{过程体语句组}
[ END ]
```

【例 8-7】 修改数据库 Student 中的存储过程 st_gsp，使该存储过程返回程序设计这门课的最高成绩。

```
USE  Student
GO
ALTER  PROCEDURE  st_gsp  @pf  decimal(5,1) = 0  OUTPUT
AS
Select  @pf = Max(cj)  From  sctab
  Where  kch = ( Select  kch  From  ctab  Where  kcm = '程序设计')
GO
```

8.3.5 删除存储过程

删除存储过程语法格式：

DROP PROCEDURE 存储过程名

【例 8-8】 删除数据库 Student 中的存储过程 st_jsjbj。

```
USE  Student
GO
DROP  PROCEDURE  st_jsjbj
GO
```

8.4 存储过程的重新编译与加密

8.4.1 存储过程的重新编译

存储过程第一次执行后，其被编译的代码将驻留在高速缓存中，当用户再次执行该存储过程时，SQL Server 将其从缓存中调出执行。有时，在使用了存储过程后，可能会因为某些原因，必须向表中新增加数据列或者为表新添加索引，从而改变了数据库的逻辑结构，而 SQL Server 不自动进行优化，直接下一次重新启动后，再运行该存储过程。这时，需要对它进行重新编译，使存储过程能够得到优化。SQL Server 提供三种重新编译存储过程的方法，下面分别介绍。

1. 在建立存储过程时设定重新编译

在 CREATE PROCEDURE 命令中指定 WITH RECOMPILE 选项。

【例 8-9】 在数据库 Student 中，建立一个存储过程 st_kq，该存储过程可根据输入的课程号列出其被选修的情况，要求 SQL Server 在每次执行该过程时都要重新编译。

```
USE  Student
GO
CREATE  PROCEDURE  st_kq  @kh  char(3)
WITH  RECOMPILE
```

```
AS
IF  Exists( Select  *  From  sctab  Where  kch = @kh )
   Select  ctab.kch 课程号  ,  ctab.kcm  课程名 ,  count( * )  选修人数
     From  ctab  ,  sctab
     Where  ctab.kch = sctab.kch  and  s ctab.kch = @kh
ELSE
  PRINT '此课无人选修!'
GO
```

2. 在执行存储过程时设定重新编译

在 EXECUTE 命令中指定 WITH RECOMPILE 选项。

【例 8-10】 调用数据库 Student 中的存储过程 st_ksp，输出高等数学这门课的平均成绩，且对该存储过程强制重新编译。

```
USE Student
GO
DECLARE  @pj  decimal(5,1)
EXECUTE  st_ksp  '高等数学'  ,  @pj  OUTPUT  WITH  RECOMPILE
PRINT '高等数学平均成绩为：' + STR( @pj )
GO
```

3. 使用系统存储过程对存储过程设定重新编译

语法格式：

EXEC sp_recompile 存储过程名

【例 8-11】 对数据库 Student 中的存储过程 st_gsp 设定重新编译。

```
USE  Student
GO
EXEC  sp_recompile  st_gsp
GO
```

8.4.2 存储过程的加密

在 CREATE PROCEDURE 命令中指定 WITH ENCRYPTION 选项。

【例 8-12】 在数据库 Student 中，创建一个加密存储过程 st_nkq，该过程可列出未选修任何课程的学生信息。

```
USE  Student
GO
CREATE  PROCEDURE  st_nkq
WITH  ENCRYPTION
AS
Select  xh  学号  ,  xm  姓名  From  stab
    Where  xh  NOT  IN ( Select  DISTINCT  xh  From  sctab )
GO
```

8.5 触发器综述

触发器是一种特殊类型的存储过程。与存储过程类似,它也是由 SQL 语句组成的,可以实现一定的功能。不同的是,触发器的执行不能通过名称调用来完成,而是当用户对数据库进行操作时,如 INSERT、DELETE、UPDATE 数据时,将会自动触发执行与该操作相关的触发器,使其自动执行。触发器不允许带参数,它的定义与表紧密相连,即作用于表的触发器,可以作为表的一部分,该表称为触发器表。

在 SQL Server 2008 中,触发器分为两大类:DML 触发器和 DDL 触发器。这里主要介绍 DML 触发器。

DML 触发器是对表或视图进行了 INSERT、DELETE 和 UPDATE 操作而激活的触发器,该类触发器有助于在表或视图中修改数据时强制业务规则,扩展数据完整性。

根据引起触发器自动执行的操作,DML 触发器分为三种类型:INSERT、DELETE 和 UPDATE 触发器。

根据触发器被激活的时机,DML 触发器分为两种类型:AFTER 触发器和 INSTEAD OF 触发器。

(1) AFTER 触发器又称后触发器,当引起触发器执行的操作成功完成之后激发该类触发器。如果因操作错误而执行失败,触发器将不会执行。此类触发器只能定义在表上,不能创建在视图上。可以为每个触发操作(INSERT、DELETE 或 UPDATE)创建多个 AFTER 触发器。

(2) INSTEAD OF 触发器又称为替代触发器,该类触发器代替触发操作执行,即触发器在数据发生变动之前被触发执行,取代变动数据的操作(INSERT、DELETE 或 UPDATE 操作),执行触发器定义的操作。该类触发器可在表和视图上定义。只能为每个触发操作(INSERT、DELETE 或 UPDATE)创建一个 INSTEAD OF 触发器。

DML 触发器包含复杂的处理逻辑,能够实现复杂的数据完整性约束。同其他约束相比,它有以下优点。

- 触发器自动执行。系统内部机制可以侦测用户在数据库中的操作,并自动激活相应的触发器执行,实现相应的功能。
- 触发器能够对数据库中的相关表实现级联操作。触发器是基于一个表创建的,但是可以针对多个表进行操作,实现数据库中相关表的级联操作。
- 触发器可以实现比 CHECK 约束更为复杂的数据完整性约束。在数据库中为了实现数据完整性约束,可以使用 CHECK 约束或触发器。CHECK 约束不允许引用其他表中的列来完成检查工作,而触发器可以引用其他表中的列。
- 触发器可以评估数据修改前后表的状态,并根据其差异采取对策。
- 一个表中可以同时存在三种不同操作的触发器(INSERT、DELETE 或 UPDATE)。

8.6 触发器的创建执行、修改和删除

8.6.1 触发器的创建执行

1. Inserted 表和 Deleted 表

在创建触发器前，需要了解两个与触发器紧密相关的专用临时表：Inserted 表和 Deleted 表。系统为每个触发器创建专用临时表，其表结构与触发器作用的表结构相同。专用临时表被存放在内存中，由系统进行维护，用户可以对其查询，不能对其修改。触发器执行完成后，与该触发器相关的临时表被删除。

当向表中插入数据时，如果该表存在 INSERT 触发器，触发器将被触发而自动执行。此时，系统将自动创建一个与触发器表具有相同表结构的 Inserted 临时表，新的记录被添加到触发器表和 Inserted 表中。Inserted 表中保存了所有新插入记录的副本，方便用户查找当前的插入数据。

当从表中删除数据时，如果该表存在 DELETE 触发器，触发器将被触发而自动执行。此时，系统将自动创建一个与触发器表具有相同表结构的 Deleted 临时表，用来保存触发器表中被删除的记录。Deleted 表中保存了所有被删除的记录，方便用户查找当前删除的数据。

当修改表中的数据时，就相当于删除一条旧的记录，添加一条新的记录，其中被删除的记录存放在 Deleted 表中，同时添加的新记录存放在 Inserted 表中。

2. 创建触发器

只能在当前数据库中创建触发器，且触发器的名称必须唯一。创建触发器是指为哪个表或视图创建触发器，当对这个表进行操作（INSERT、DELETE 和 UPDATE）时，其相应的触发器就会被自动触发执行。

语法格式：

```
CREATE  TRIGGER  触发器名 ON 触发器的表名
[ WITH  ENCRYPTION ]
{ FOR } { [ INSERT ] [ , ] [ DELETE ] [ , ] [ UPDATE ] }
AS
[ IF UPDATE (列) [ { AND | OR  UPDATE (列) } [...n] ]
[ BEGIN ]
{ 触发器语句组 }
[ END ]
```

其中：

- WITH ENCRYPTION 表示对触发器文本进行加密；
- INSERT、DELETE、UPDATE 用于指定触发器类型；
- IF UPDATE (列)……用于指定对表中字段进行增加或修改内容时起作用，不能用于删除操作。

说明：本命令创建的都是 AFTER 触发器。

【例 8-13】 在数据库 Student 中，为教师信息表 ttab 建立一个名称为 del_js 的 DELETE 触发器，其作用是当删除某个教师的记录时，检查教师教课信息表 tctab 中是否存在该教师的上课信息，如果存在，则提示不允许删除该教师的记录。

```
USE Student
GO
CREATE  TRIGGER  del_js   ON  ttab
FOR  DELETE
AS
DECLARE   @jh  char(4)   /* 变量@jh用于存放删除的教师的编号 */
Select @jh = jsh  From  Deleted
     /* 从 Deleted 表中提取刚删除的教师记录的教师号 */
IF  Exists( Select  *  From  tctab  Where  jsh = @jh )
  BEGIN
  PRINT '该教师能够上课，不能删除！'
  ROLLBACK  TRANSACTION  /* 撤销以前的所有操作，回到起始状态 */
  END
GO
```

在查询编辑器中执行以上代码创建触发器 del_js。

【例 8-14】 删除教师信息表 ttab 中编号为'0002'的教师记录，观察触发器 del_js 的作用。

```
USE  Student
GO
DELETE   From  ttab  Where  jsh = '0002'
GO
```

注意： 如果触发器表上存在约束，则在 INSTEAD OF 触发器执行后、AFTER 触发器执行前检查这些约束。如果违反了约束，则回滚 INSTEAD OF 触发器操作并且不执行 AFTER 触发器。

【例 8-15】 设数据库 Teaching 中有如下两个数据表（见表 8-1、表 8-2），其中"总分"指每个学生的中文、英文和数学的总分。

表 8-1　score（学生成绩表）

学号	姓名	中文	英文	数学	学号	姓名	中文	英文	数学
100001	孙大亮	78	90	67	100012	王伟	56	87	90
100005	良关英	76	54	91	100016	孙启名	67	78	98
100009	张小红	68	92	83	100034	和大卫	76	80	91

在数据库 Teaching 中，为表 score 创建一个名称为 add_cj 的 INSERT 触发器，当向该表中添加新的学生成绩记录时，会自动计算该学生的中文、英文和数学的总分，并将其相应

信息添加在 total 表中。

表 8-2 total(学生成绩汇总表)

学号	姓名	总分	学号	姓名	总分
100001	孙大亮	235	100012	王伟	233
100005	良关英	221	100016	孙启名	243
100009	张小红	243	100034	和大卫	247

```
USE  Teaching
GO
CREATE  TRIGGER  add_cj  ON  score
FOR  INSERT
AS
DECLARE  @xh  char(6) , @xm  varchar(10) , @zf  int
Select  @xh = score.学号  ,  @xm = score.姓名 ,
        @zf = score.中文  +  score.英文  +  score.数学
  From  score  ,  Inserted
  Where  score.学号 = Inserted.学号
INSERT  INTO  total  values( @xh  ,  @xm  ,  @zf )
GO
```

【例 8-16】 在数据库 Teaching 中,为表 score 创建一个名称为 del_cj 的 DELETE 触发器,当删除该表中某个学生的成绩记录时,同时也会将 total 表中该学生的相应记录删掉。

```
USE  Teaching
GO
CREATE  TRIGGER  del_cj  ON  score
FOR  DELETE
AS
DECLARE  @xh  char(6)
Select  @xh = 学号  From  Deleted
DELETE  From  total  Where  学号 = @xh
GO
```

【例 8-17】 在数据库 Teaching 中,为表 score 创建一个名称为 edit_cj 的 UPDATE 触发器,当修改该表中某个学生的中文、英文或数学成绩时,同时会自动更新 total 表中该学生的中文、英文和数学的总分记录。

```
USE  Teaching
GO
CREATE  TRIGGER  edit_cj  ON  score
FOR  UPDATE
AS
DECLARE  @xh  char(6)
```

```
IF UPDATE(中文) or UPDATE(英文) or UPDATE(数学)
BEGIN
Select  @xh = score.学号  From  score  ,  Inserted
    Where  score.学号 = Inserted.学号
UPDATE  total  SET  总分 =
    (Select  中文 + 英文 + 数学  From  score  Where 学号 = @xh) Where 学号 = @xh
END
GO
```

8.6.2 查看触发器信息

查看某表的触发器信息语法格式：

sp_helptrigger　表名 [,INSERT] [,DELETE] [,UPDATE]

【例 8-18】 查看数据库 Student 中的教师信息表 ttab 的触发器信息。

```
USE  Student
GO
sp_helptrigger  ttab
GO
```

8.6.3 修改触发器

修改触发器语法格式：

```
ALTER  TRIGGER  触发器名 ON 触发器的表名
[ WITH  ENCRYPTION ]
{ FOR } { [ INSERT ] [ , ] [ DELETE ] [ , ] [ UPDATE ] }
AS
[ IF UPDATE (列) [ { AND | OR  UPDATE (列) } [ … n] ]
[ BEGIN ]
{ 触发器语句组 }
[ END ]
```

8.6.4 禁止、启用和删除触发器

1. 禁止触发器

语法格式：

DISABLE　TRIGGER　触发器名称　ON　表名

触发器被禁止后，则不再起作用。

2. 启用触发器

重新启用被禁止的触发器语法格式：

ENABLE　TRIGGER　触发器名称　ON　表名

3. 删除触发器

语法格式：

DROP TRIGGER 触发器名称

8.7 任务实现

1. 创建一个添加学生选课信息的存储过程

在数据库 Student 中创建一个存储过程 sc_add，该存储过程可添加某学生的选课信息。参数@x、@k、@j、@c 分别为学生的学号、课程号、教师号和成绩。

```
USE Student
GO
CREATE PROCEDURE sc_add
@x char(6) , @k char(3) , @j char(4) , @c decimal(4,1)
AS
Insert into sctab values( @x , @k , @j , @c)
GO
```

2. 创建一个删除学生选课信息的存储过程

在数据库 Student 中创建一个存储过程 sc_del，该存储过程可删除某学生的选课信息。参数@x、@k、@j 分别为学生的学号、课程号和教师号。

```
USE Student
GO
CREATE PROCEDURE sc_del
@x char(6) , @k char(3) , @j char(4)
AS
Delete From sctab Where xh = @x and kch = @k and jsh = @j
GO
```

3. 创建一个修改学生选课信息的存储过程

在数据库 Student 中创建一个存储过程 sc_edit，该存储过程可修改某学生的选课信息。参数@x、@k、@j、@c 分别为学生的学号、课程号、教师号和成绩。

```
USE Student
GO
CREATE PROCEDURE sc_edit
@x char(6) , @k char(3) , @j char(4) , @c decimal(4,1)
AS
Update sctab Set kch = @k , jsh = @j , cj = @c
   Where xh = @x and kch = @k and jsh = @j
GO
```

4. 创建一个统计某被选课程的平均成绩、最高和最低成绩的存储过程

在数据库 Student 中，创建一个存储过程 pc_max_min，该存储过程可统计某门被选课程的平均成绩、最高成绩和最低成绩。参数@km、@pj、@zg、@zd 分别为课程名称、平均成绩、最高成绩和最低成绩。

```
USE  Student
GO
CREATE  PROCEDURE  pc_max_min
@km  varchar(20)  ,
@pj  decimal(4,1)  OUTPUT  ,
@zg  decimal(4,1)  OUTPUT  ,
@zd  decimal(4,1)  OUTPUT
AS
Select  @pj = Avg(cj)  ,  @zg = Max(cj)  ,  @zd = Min(cj)
 From  sctab
 Where  kch = ( Select  kch  From  ctab  Where  kcm = @km)
GO
/*调用此存储过程，输出高等数学的平均成绩、最高和最低成绩*/
USE  Student
GO
DECLARE  @kcname  varchar(20)
DECLARE  @pjcj  decimal(4,1)
DECLARE  @zgcj  decimal(4,1)
DECLARE  @zdcj  decimal(4,1)
SET  @kcname = '高等数学'
EXECUTE  pc_max_min  @kcname  ,  @pjcj  OUTPUT  ,
         @zgcj  OUTPUT  ,  @zdcj  OUTPUT
SELECT  @kcname  课程名称  ,  @pjcj  平均成绩  ,
         @zgcj  最高成绩  ,  @zdcj  最低成绩
GO
```

5. 创建一个 INSERT 触发器

在数据库 Student 中，为教师教课表 tctab 建立一个名称为 add_js 的 INSERT 触发器。当用户向教师教课表 tctab 中添加记录时，如果添加了在教师表 ttab 中没有的教师号或者在课程表 ctab 中没有的课程号，则提示用户不能添加记录，否则提示记录添加成功。

```
USE  Student
GO
CREATE  TRIGGER  add_js  ON  tctab
FOR  INSERT
AS
DECLARE  @jh  char(4)  ,  @kh  char(3)
```

```
Select  @jh=ttab.jsh  From  ttab  ,  Inserted
    Where  ttab.jsh=Inserted.jsh
Select  @kh=ctab.kch  From  ctab  ,  Inserted
    Where  ctab.kch=Inserted.kch
IF @jh<>''  and  @kh<>''
   PRINT '记录添加成功'
ELSE
  BEGIN
  PRINT '添加记录非法,不能添加记录!'
  ROLLBACK  TRANSACTION
  END
GO
```

6. 创建一个 DELETE 触发器

在数据库 Student 中,为课程表 ctab 建立一个名称为 del_kc 的 DELETE 触发器。当用户删除课程表 ctab 中的记录时,如果在教师教课表 tctab 中引用了此记录的课程编号,则提示用户不能删除记录,否则提示记录已删除。

```
USE  Student
GO
CREATE  TRIGGER  del_kc  ON  ctab
FOR  DELETE
AS
IF ( Select  count( * )  From  tctab , Deleted
        Where  tctab.kch=Deleted.kch ) >0
  BEGIN
  PRINT '删除记录非法,不能删除记录!'
  ROLLBACK  TRANSACTION
  END
ELSE
  PRINT '记录已删除'
GO
```

7. 创建一个 UPDATE、INSERT 触发器

在数据库 Student 中,先为学生选课表 sctab 增加一个字段 xf,用于存放课程的学分。然后再为该表建立一个名称为 edit_cj 的 UPDATE、INSERT 触发器。当用户更新该表的学生成绩或添加新记录时,自动依据课程表 ctab 为学分字段 xf 赋值或清零。

```
USE Student
GO
ALTER  TABLE  sctab  ADD  xf  tinyint
GO
CREATE  TRIGGER  edit_cj  ON  sctab
```

```
FOR  UPDATE , INSERT
AS
DECLARE  @sc  decimal(4,1)  ,  @kh  char(3),@x  char(6)
IF  UPDATE( cj )  /＊指定对成绩字段cj只在进行增加或修改时起作用＊/
BEGIN
Select  @sc = Inserted. cj  , @kh = Inserted. kch, @x = Inserted. xh   From
sctab  , Inserted
     Where  sctab. kch = Inserted. kch and sctab. xh = Inserted. xh
If ( @sc> = 60 )
  Update  sctab  Set  xf = ( Select  xf  From  ctab  Where  kch = @kh)
      Where  kch = @kh and xh = @x
else
  Update  sctab  Set  xf = 0  Where  kch = @kh and xh = @x
END
GO
```

练　习　题

1. 在数据库 goods 中，创建一个存储过程 g_sp，该存储过程可列出无人订购的商品名、品牌、型号和生产厂家。

2. 在数据库 goods 中，创建一个存储过程 add_kd，该存储过程可添加某客户的订货信息。

3. 在数据库 goods 中，创建一个存储过程 del_kd，该存储过程可删除某客户的订货信息。

4. 在数据库 goods 中，创建一个存储过程 edit_kd，该存储过程可修改某客户的订货信息。

5. 在数据库 goods 中，创建一个存储过程 pj_zg_zd，该存储过程可统计某种商品的订货人数、平均订货量、最高订货量和最低订货量。

6. 在数据库 goods 中，为客户表 ktab 创建一个名称为 del_s 的 DELETE 触发器，当从该表中删除记录时，如果在客户订货表 kstab 中引用了此记录的客户号，则提示不能删除，否则提示记录已删除。

7. 在数据库 goods 中，为客户订货表 kstab 创建一个名称为 add_s 的 INSERT 触发器，当向该表中添加记录时，如果添加了在客户表 ktab 中没有的客户号或者在商品表 stab 中没有的商品号，则提示不能添加记录，否则提示添加记录成功。

8. 在数据库 books 中，创建一个存储过程 add_book，该存储过程可添加新的图书信息。

9. 在数据库 books 中，创建一个存储过程 edit_book，该存储过程可修改某种图书的信息。

10. 在数据库 books 中，创建一个存储过程 del_book，该存储过程可删除某种图书的信息。

第9章　数据库的备份与还原

教学目标

通过本章学习，使学生掌握数据的导入与导出、数据库的备份与还原、数据库的分离与附加的基本方法，掌握建立数据库维护计划的方法，会根据实际需要，对数据库进行相关备份，会使用“维护计划向导”建立数据库的维护计划。

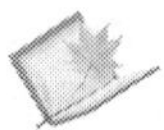

教学要求

知识要点	能力要求	关联知识
数据的导入与导出	(1) 掌握数据的导入方法 (2) 掌握数据的导出方法	数据的导入与导出
数据库的备份与还原	(1) 掌握备份数据库的方法 (2) 掌握还原数据库的方法	备份与还原的概念，数据备份的类型，备份设备，数据备份与还原方法
数据库的分离与附加	(1) 掌握分离数据库的方法 (2) 掌握附加数据库的方法	数据库分离与附加的概念和基本方法
数据库的维护计划	掌握建立数据库维护计划的方法	数据库的维护计划

重点难点

- 数据的导入与导出
- 数据库的备份与还原
- 数据库的分离与附加
- 数据库的维护计划

9.1　任务描述

本章完成项目的第9个任务：对大学生选课管理数据库Student，完成如下工作。

(1) 把Access数据库D:\人事管理\Person.mdb中的教师工资表wage导入到该数据库Student中。

(2) 把该数据库Student中学生选课的信息导出到SQL Server教学数据库Teaching中。

(3) 把该数据库备份到文件 D:\数据库备份\student. bak 中。

(4) 待该数据库被破坏时,还原该数据库 Student。

(5) 分离数据库 Student,然后将分离出来的该数据库附加到另一台计算机上。

(6) 建立一个维护该数据库的计划。

9.2 数据的导入与导出

在 SQL Server 数据库和文件之间移动数据的功能是数据管理的基本要求。SQL Server 允许用户大容量地导入和导出数据。这是在 SQL Server 之间或者 SQL Server 和其他异类数据源之间有效传输数据所必需的。数据导出是指将数据从 SQL Server 数据库复制到另一个 SQL Server 数据库或其他异种数据文件。数据导入是指将数据从 SQL Server 数据库或其他异种数据文件加载到另一个 SQL Server 数据库。通过数据导出和导入操作可以在 SQL Server 之间或者 SQL Server 与其他异类数据源之间轻松传递数据。

9.2.1 数据的导入

导入数据是从其他数据源中把数据复制到 SQL Server 数据库中。下面以通过"导入和导出向导"工具将 Excel 工作本 Book1. xls 中的部分数据导入到 SQL Server 数据库 Student 中为例,介绍数据的导入过程。

(1) 启动 SQL Server Management Studio,并连接到 SQL Server 2008 中的数据库。在"对象资源管理器"窗口中,展开"数据库"节点,右击目的数据库名"Student",弹出快捷菜单,如图 9-1 所示。

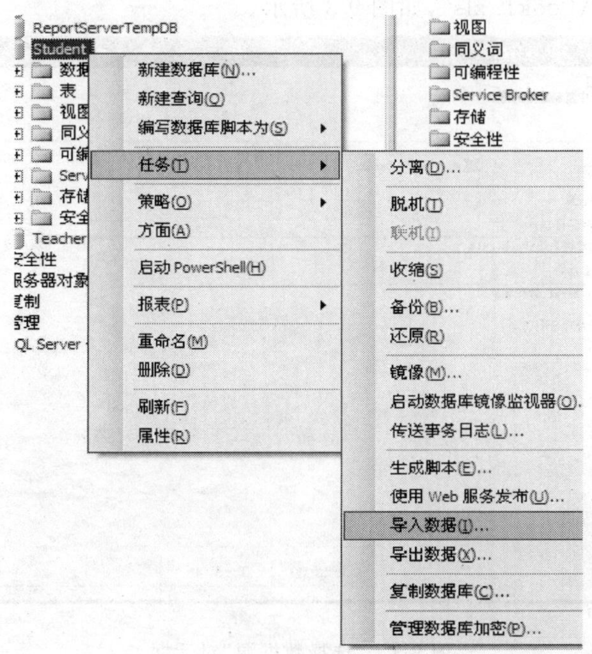

图 9-1 导入数据

（2）在弹出菜单中，执行【任务】→【导入数据】命令，进入“SQL Server 导入和导出向导”对话框，如图 9-2 所示。

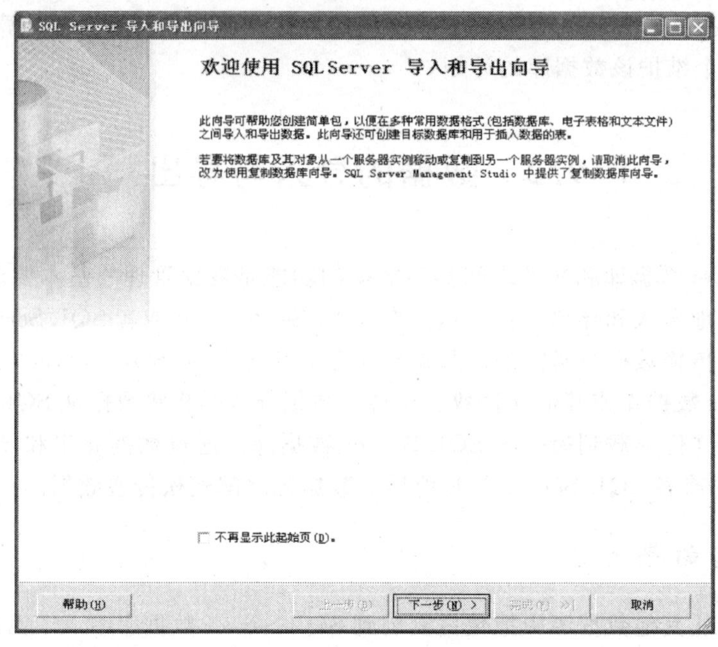

图 9-2 “SQL Server 导入和导出向导”对话框

（3）直接单击“下一步”按钮，进入“选择数据源”对话框，在此，首先从“数据源”下拉列表框中选择源数据库类型，这里选择“Microsoft Excel”，然后再通过单击“Excel 连接设置”项中的“浏览”按钮，选择源数据库，即选择从哪个 Excel 工作本中导入数据，这里选择“D:\大学生选课系统\Book1. xls”，如图 9-3 所示。

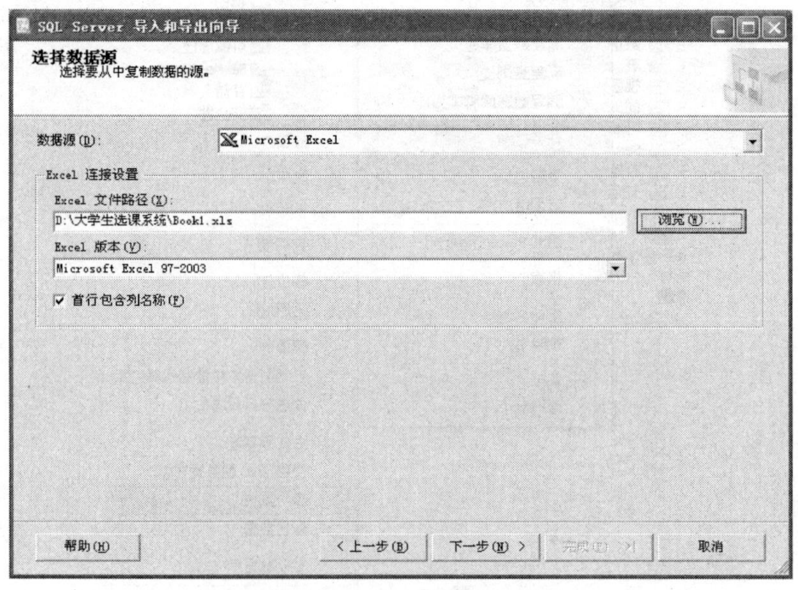

图 9-3 “选择数据源”对话框

（4）单击“下一步”按钮，进入“选择目标”对话框，如图 9-4 所示。由于是将数据导入到 SQL Server 数据库，所以一切选择默认设置即可。

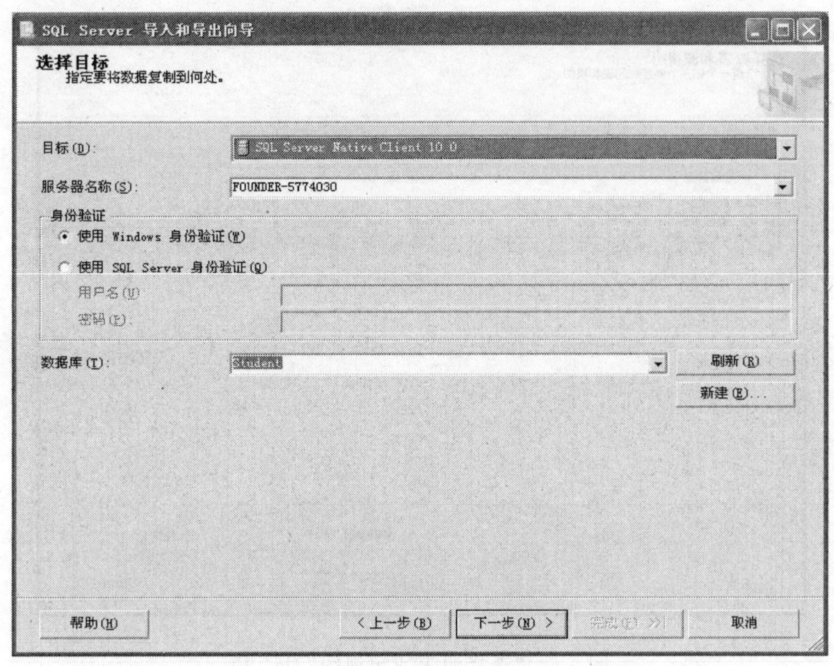

图 9-4　“选择目标”对话框

（5）单击“下一步”按钮，进入“指定表复制或查询”对话框，如图 9-5 所示。这里选择“复制一个或多个表或视图的数据”选项。

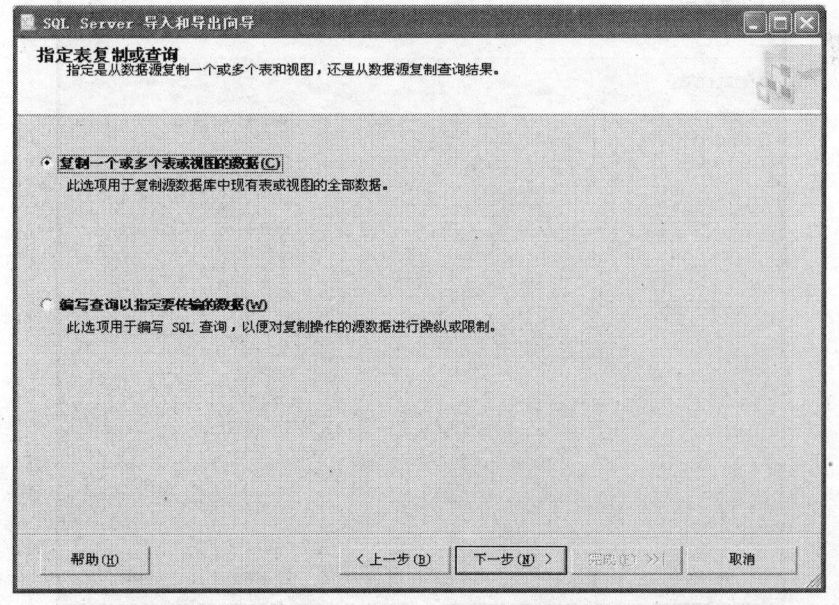

图 9-5　“指定表复制或查询”对话框

(6) 单击“下一步”按钮,进入“选择源表或源视图”对话框,在其内的“表和视图”列表框中列出了源数据库中的所有数据表和视图,从中选择要导入的表或视图,如图 9-6 所示。

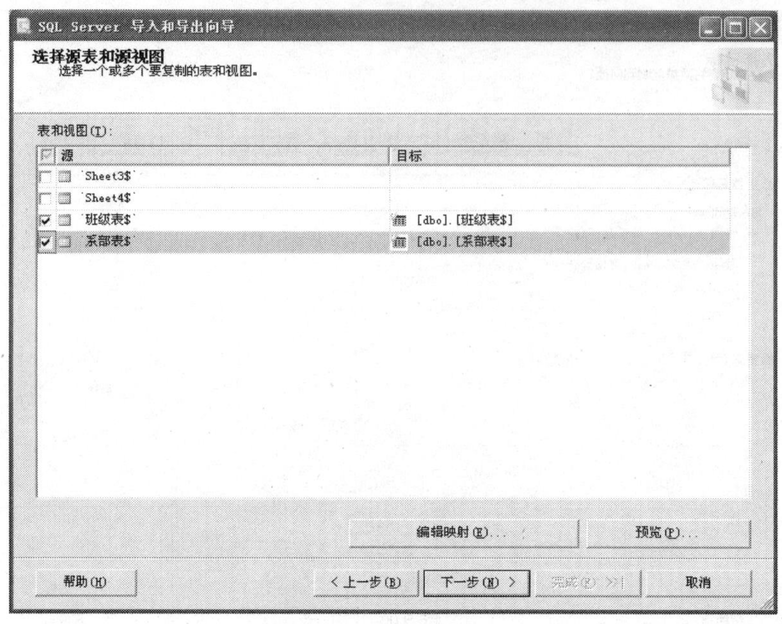

图 9-6 “选择源表或源视图”对话框

(7) 单击“下一步”按钮,进入“保存并运行包”对话框,如图 9-7 所示。这里保留默认设置。

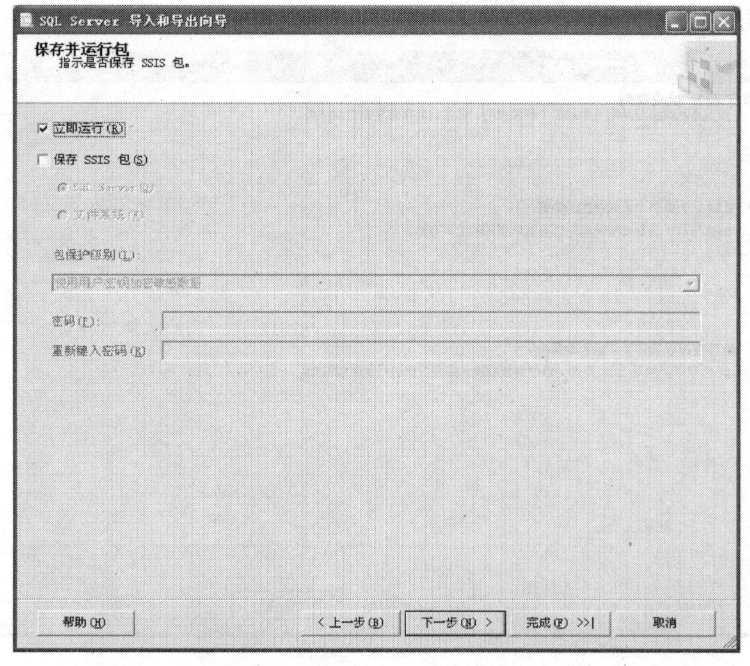

图 9-7 “保存并运行包”对话框

(8) 单击“下一步”按钮，进入“完成该向导”对话框，如图 9-8 所示。

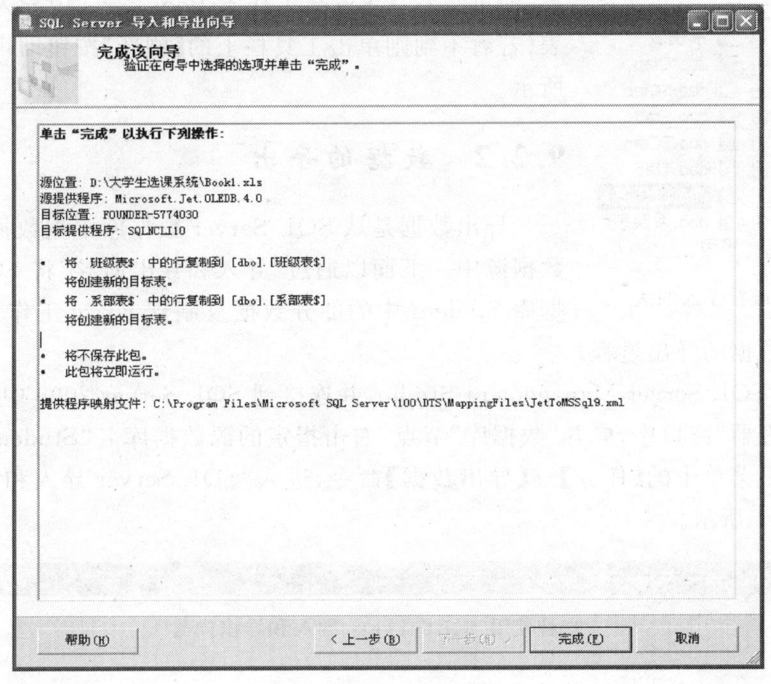

图 9-8　“完成该向导”对话框

(9) 单击“完成”按钮，系统开始执行复制，执行成功后单击“关闭”按钮完成数据的导入操作，如图 9-9 所示。

图 9-9　开始导入数据

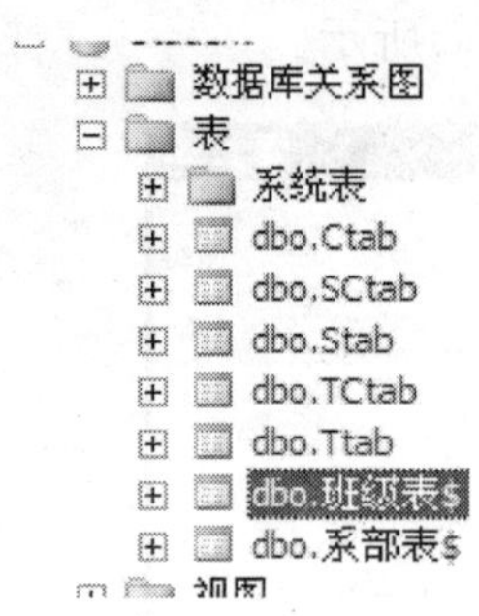

图 9-10　查看导入的表

（10）这时可展开数据库 Student 节点，再展开其“表”节点，即可查看从 Excel 工作本 Book1. xls 中导入过来的工作表（若看不到则单击工具栏上的【刷新】按钮即可），如图 9-10 所示。

9.2.2　数据的导出

导出数据是从 SQL Server 数据库中把数据复制到其他数据源中。下面以通过“导入和导出向导”将 SQL Server 数据库 Student 中的部分数据复制到 Excel 工作本 Book1. xls 中为例，介绍数据的导出过程。

（1）启动 SQL Server Management Studio，并连接到 SQL Server 2008 中的数据库，在“对象资源管理器”窗口中，展开“数据库”节点，右击指定的源数据库名“Student”，弹出快捷菜单，执行弹出菜单中的【任务】→【导出数据】命令，进入“SQL Server 导入和导出向导”对话框，如图 9-11 所示。

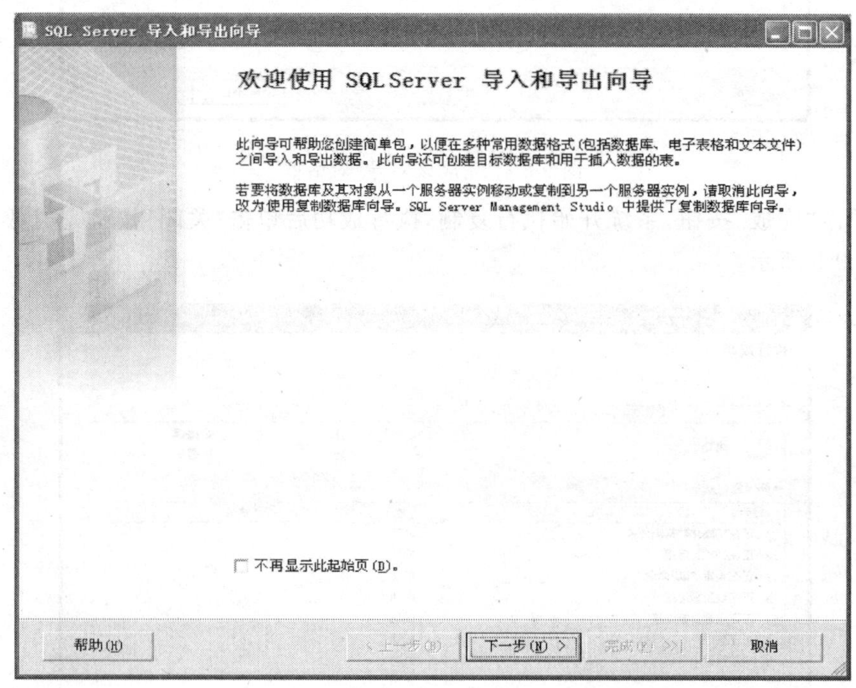

图 9-11　“SQL Server 导入和导出向导”对话框

（2）直接单击“下一步”按钮，进入“选择数据源”对话框，如图 9-12 所示。由于是从 SQL Server 数据库中导出数据，所以选择默认设置即可。

（3）单击“下一步”按钮，进入“选择目标”对话框，这里将数据导出到 Excel 工作本中，所以在“目标”下拉框中选择“Microsoft Excel”选项，单击“Excel 连接设置”项中的“浏览”按钮，选择目标数据库，即选择将数据导出到哪个 Excel 工作本中，这里选择“D:\大学生选课系统\Book1. xls”，如图 9-13 所示。

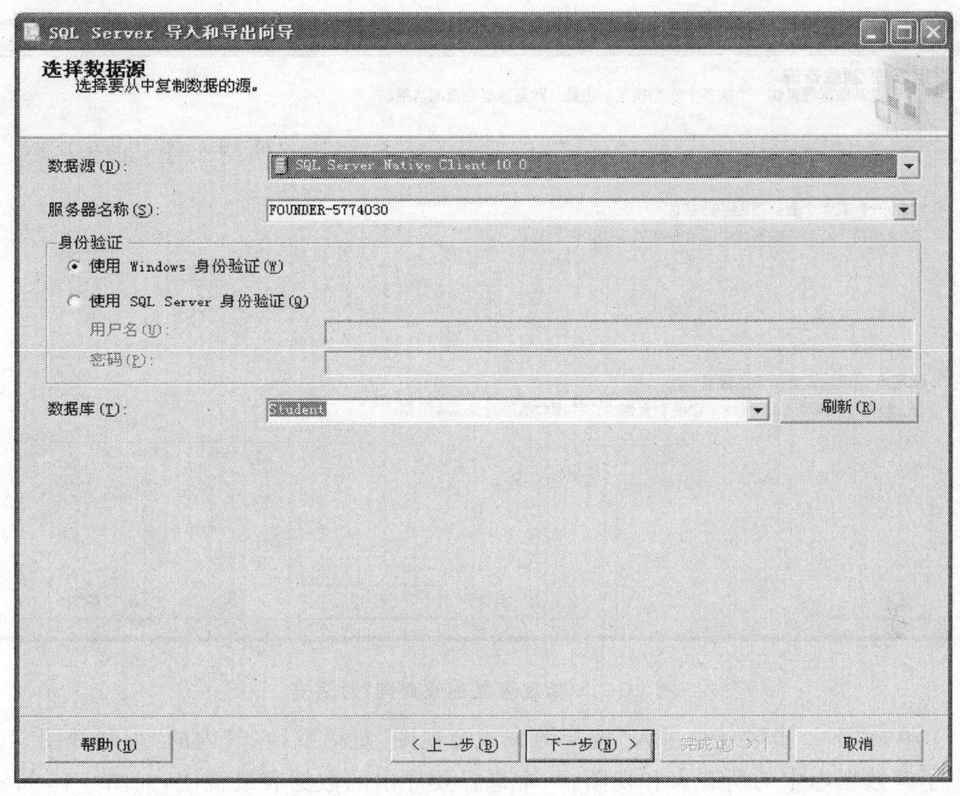

图 9-12　“选择数据源”对话框

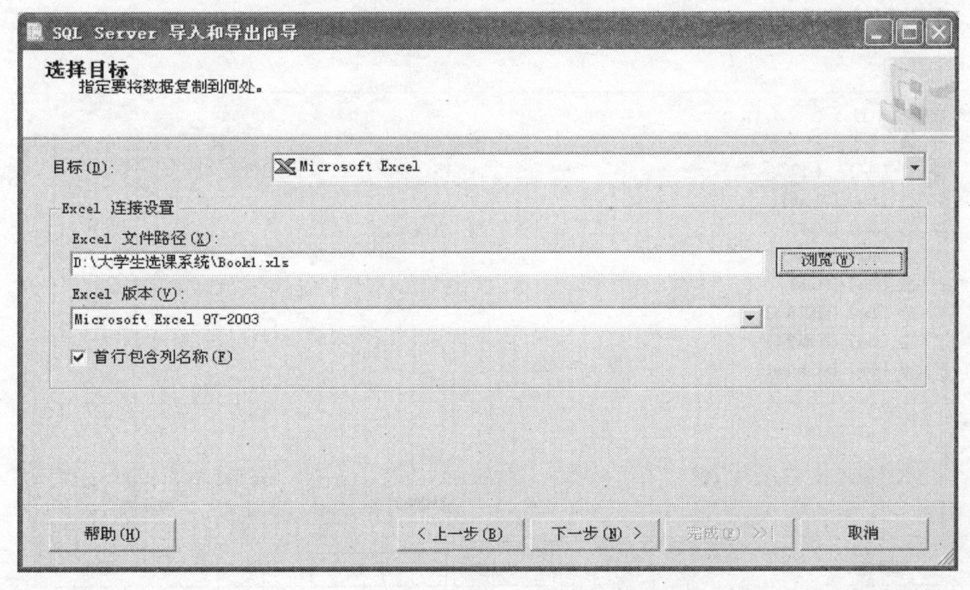

图 9-13　“选择目标”对话框

(4) 单击“下一步”按钮，进入“指定表复制或查询”对话框，如图 9-14 所示。这里选择默认选项。

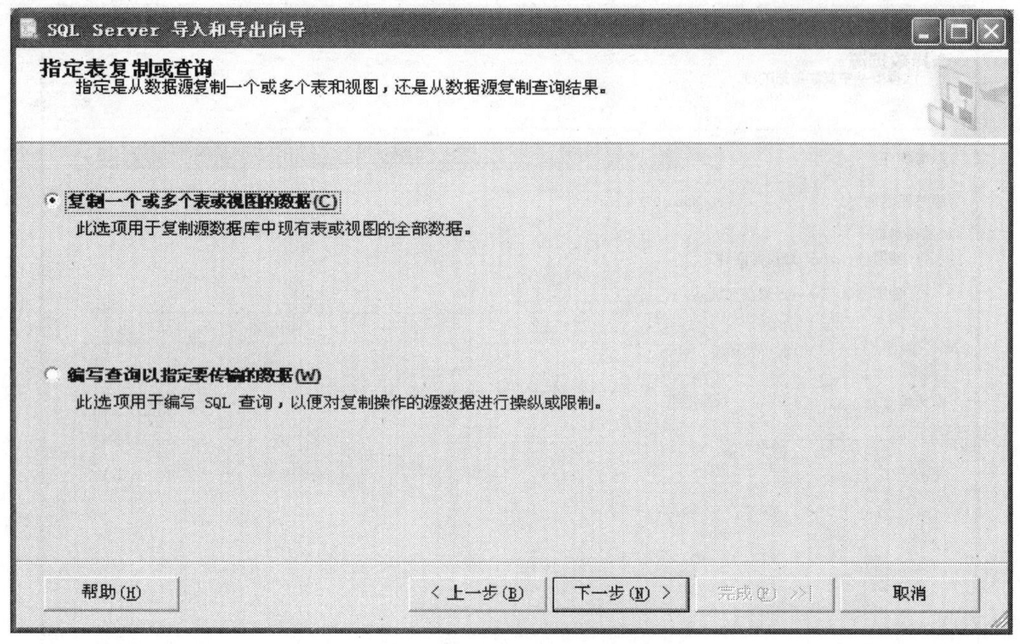

图 9-14 “指定表复制或查询”对话框

(5) 单击“下一步”按钮，进入“选择源表或源视图”对话框，在其内的“表和视图”列表框中列出了源数据库中的所有表和视图，从中选择要导出的数据表或视图，如图 9-15 所示。

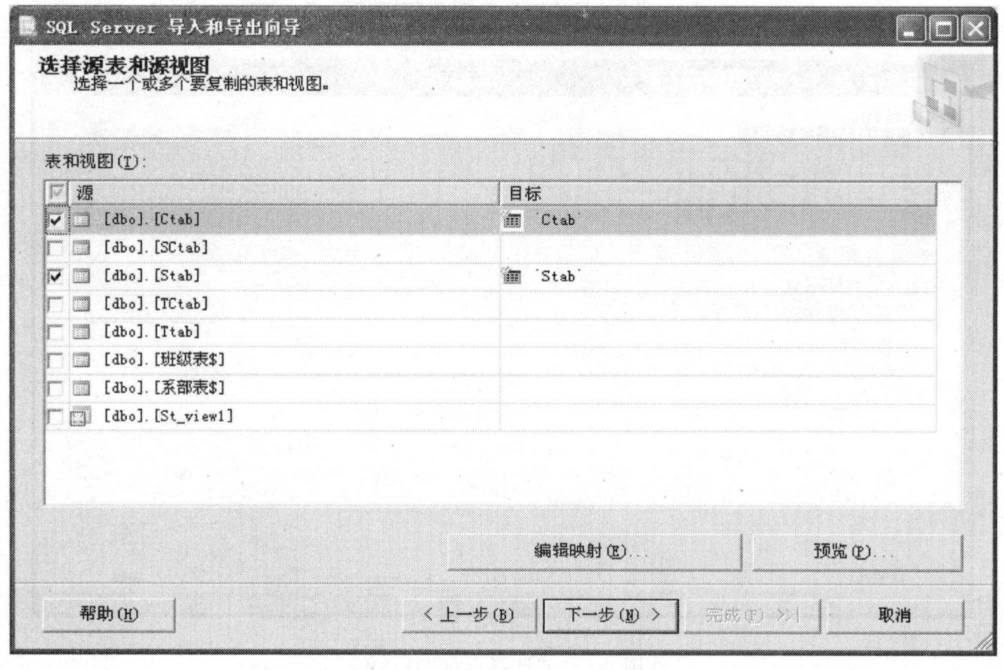

图 9-15 “选择源表或源视图”对话框

(6) 单击“下一步”按钮，进入“查看数据类型映射”对话框，如图 9-16 所示。

图 9-16　“查看数据类型映射”对话框

(7) 单击“下一步”按钮，进入“保存并运行包”对话框，如图 9-17 所示。这里保留默认设置。

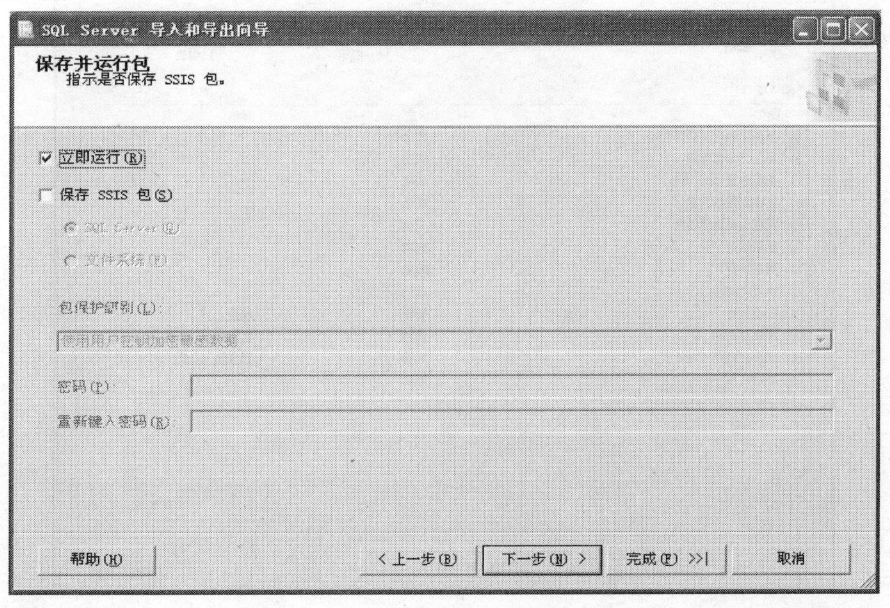

图 9-17　“保存并运行包”对话框

(8) 单击“下一步”按钮,进入“完成该向导”对话框,如图 9-18 所示。

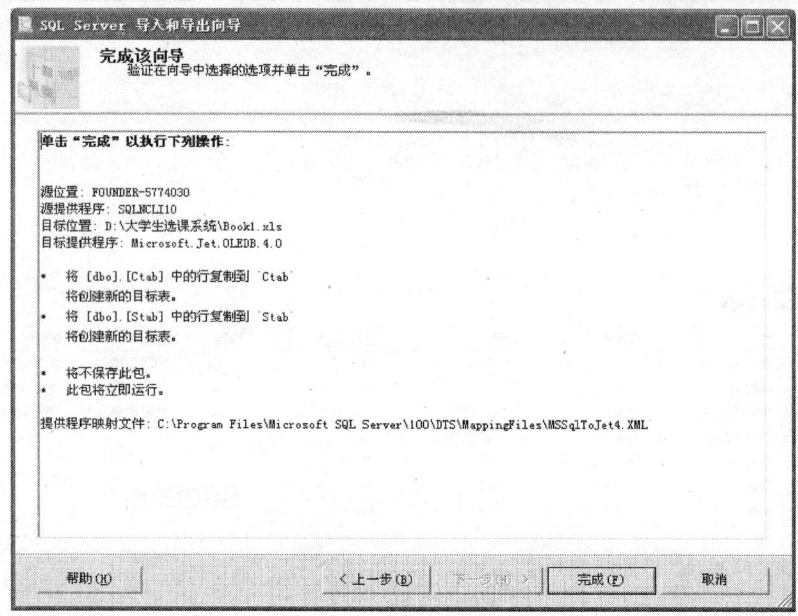

图 9-18 “完成该向导”对话框

(9) 单击“完成”按钮,系统开始执行复制,执行成功后单击“关闭”按钮完成数据的导出操作,如图 9-19 所示。

图 9-19 开始导出数据

（10）这时可启动 Microsoft Excel，打开工作本文件“D:\大学生选课系统\Book1. xls”，可查看从 SQL Server 数据库 Student 中导入过来的数据表。

9.3　数据库的备份与还原

Microsoft SQL Server 2008 提供了高性能的备份和还原功能，SQL Server 备份和还原组件提供了重要的保护手段，以保护存储在 SQL Server 数据库中的关键数据。实施计划妥善的备份和还原策略可保护数据库，避免由于各种故障造成的损坏而丢失数据。通过还原一组备份并恢复数据库来测试的策略，为有效地应对灾难作好准备。

9.3.1　备份概念

1. 备份综述

备份就是对 SQL Server 数据库或事务日志进行备份，数据库备份记录了在进行备份这一操作时数据库中所有数据的状态，以便在数据库遭到破坏时能够及时地将其恢复还原。

2. 数据备份类型

SQL Server 2008 的数据库备份类型有四种，即完全数据库备份、差异数据库备份、事务日志备份和数据库文件或文件组备份。

（1）完全数据库备份

完全数据库备份就是备份整个数据库。它备份数据库文件、这些文件的地址以及事务日志的某些部分（从备份开始时所记录的日志顺序号到备份结束时的日志顺序号）。这是任何备份策略中都要求完成的第一种备份类型，因为其他所有备份类型都依赖于完全备份。换句话说，如果没有执行完全备份，就无法执行差异数据库备份和事务日志备份。

（2）差异数据库备份

差异数据库备份是指将从最近一次完全数据库备份以后发生改变的数据进行备份。如果在完全备份后将某个文件添加到数据库，则下一个差异备份将会包括该文件。这样可以方便地备份数据库，而无须了解各个文件。差异备份每做一次就会变得更大一些，但仍然比完全备份小，因此差异备份比完全备份快。

（3）事务日志备份

事务日志备份依赖于完全备份，但它并不备份数据库本身。这种备份只记录事务日志的适当部分，明确地说，就是自从上一个事务以来已经发生了变化的部分。事务日志备份比完全备份节省时间和空间，而且利用事务日志备份进行恢复时，可以指定恢复到某一个具体事务，这是完全备份与差异备份所不能做到的。通常情况下，事务日志备份经常与完全备份和差异备份结合使用。

（4）数据库文件或文件组备份

当一个数据库很大时，对整个数据库进行备份可能会花费很多的时间，这时可以采用数据库文件或文件组备份,即对数据库中的部分文件或文件组进行备份,备份指定的数据文件或者指定文件组下的数据文件。利用文件组备份,每次可以备份这些文件当中的一个或多个文件,而不是同时备份整个数据库。在执行文件或文件组备份后,必须执行事务日志备份。

9.3.2 创建和操作备份设备

1. 备份设备

在使用备份设备备份数据库时,首先必须指定或创建备份设备,备份设备是用来存储数据库、事务日志或文件和文件组备份的存储介质,备份设备可以是硬盘、磁带或管道。当使用磁盘时,SQL Server 允许将本地主机硬盘和远程主机上的硬盘作为备份设备,备份设备在硬盘中是以文件的方式存储的。

2. 备份设备的类型

常用的备份设备有磁盘备份设备、磁带备份设备、网络共享文件及命名管道备份设备。

(1) 磁盘备份设备是指包含一个或多个备份文件的硬盘或其他磁盘存储媒体。备份文件是常规操作系统文件。

(2) 磁带备份设备的用法同磁盘设备相同,不过磁带设备必须物理连接到运行 SQL Server 实例的计算机上。

(3) 命名管道备份设备是微软专门提供的一个备份和恢复方式,它不能通过 SQL Server 企业管理器来建立和管理,必须在 Backup 语句中提供管道的名字。

3. 使用 SQL Server Management Studio 创建备份设备

(1) 启动 SQL Server Management Studio,并连接到 SQL Server 2008 中的数据库,在"对象资源管理器"窗口中,展开"服务器对象"节点,右击其"备份设备"节点,系统弹出快捷菜单,如图 9-20 所示。

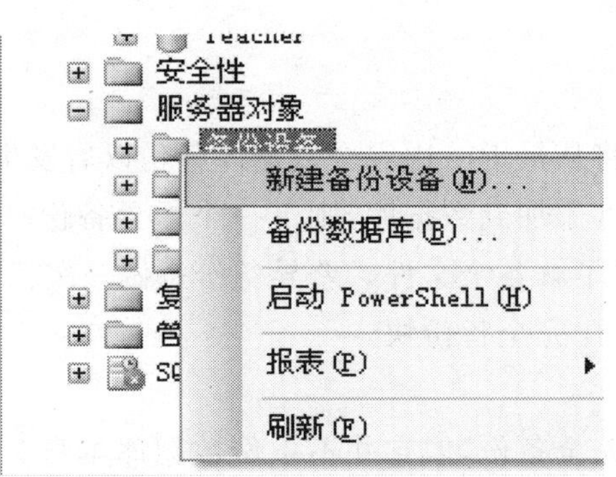

图 9-20 "新建备份设备"

(2) 在弹出菜单中,执行【新建备份设备】命令,系统出现"备份设备"对话框,在此,在"设备名称"输入框中输入新建备份设备的名称,可通过"文件"选项后的"…"按钮选择该设备文件的存储位置,如图 9-21 所示。

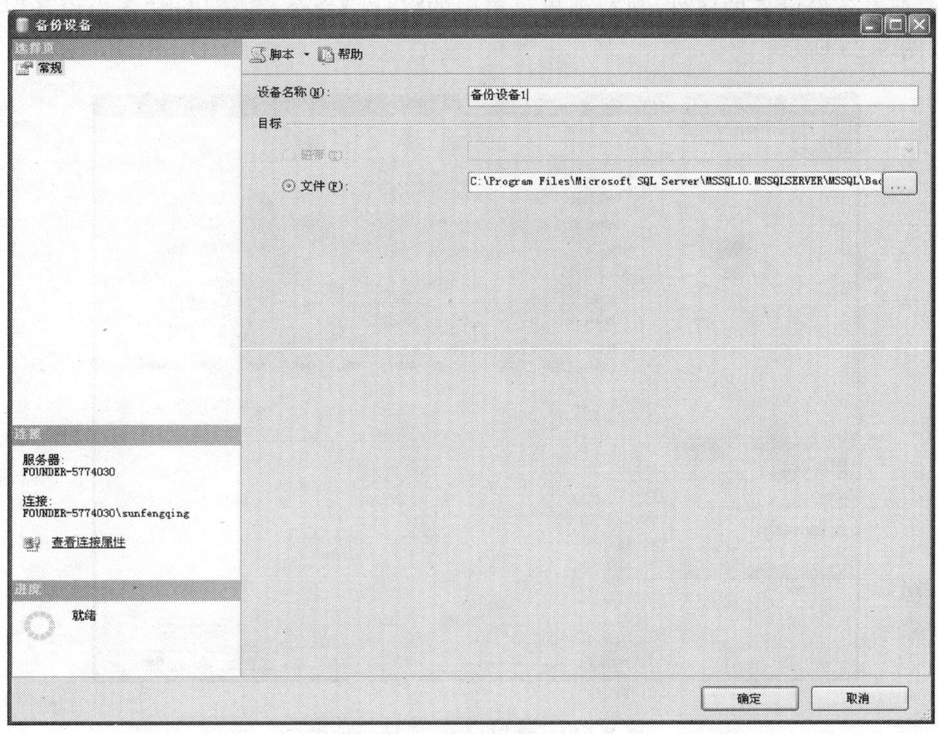

图 9-21　“备份设备”对话框

4. 使用 SQL Server Management Studio 管理备份设备

(1) 启动 SQL Server Management Studio,并连接到 SQL Server 2008 中的数据库,在“对象资源管理器”窗口中,展开“服务器对象”节点,展开其“备份设备”节点,右击要操作的备份设备名称,系统弹出快捷菜单,如图 9-22 所示。

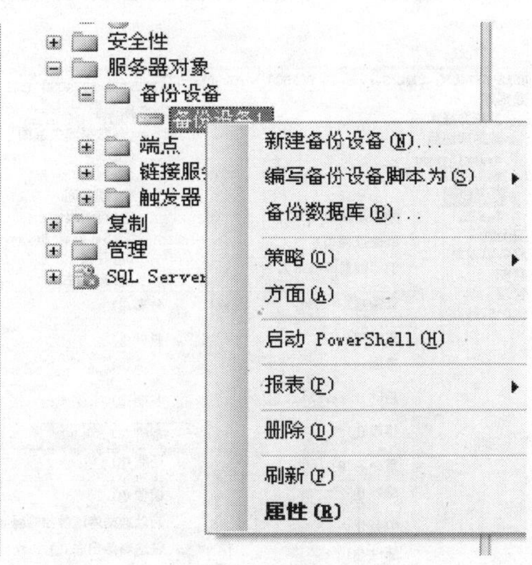

图 9-22　操作备份设备

(2) 删除备份设备,执行弹出菜单中的【删除】命令。

(3) 查看备份设备的属性,执行弹出菜单中的【属性】命令,系统出现“备份设备”属性对话框,如图 9-23 所示。

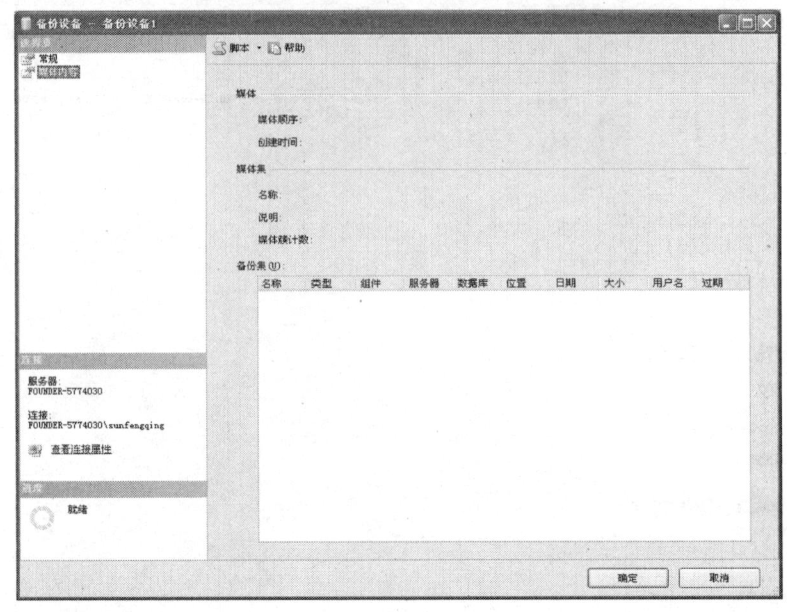

图 9-23 “备份设备”属性对话框

9.3.3 备份数据库

这里介绍将数据库备份到备份设备上的方法。

(1) 启动 SQL Server Management Studio,并连接到 SQL Server 2008 中的数据库,在“对象资源管理器”窗口中,展开“数据库”节点,右击要备份的数据库名(如 Student),弹出快捷菜单,如图 9-24 所示。

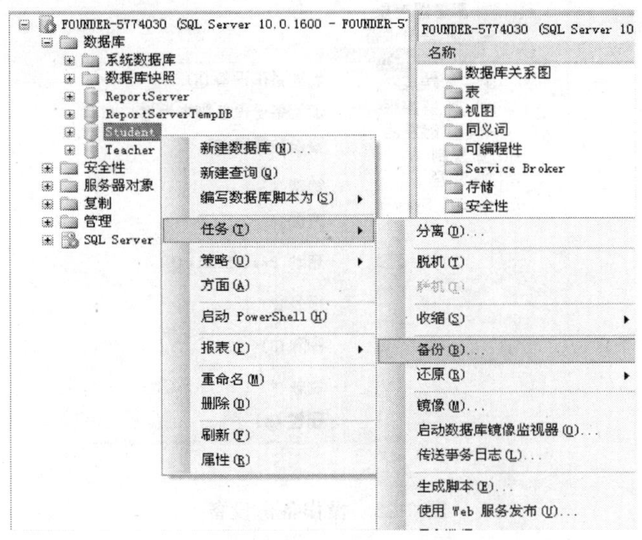

图 9-24 备份数据库

(2) 在弹出菜单中,执行【任务】→【备份】命令,进入“备份数据库”对话框,如图 9-25 所示。

① 在“源”项目组中:在“备份类型”下拉框中选择备份类型(如选择“完整”),因为这里是备份数据库,所以选择“备份组件”选项组中的“数据库”选项。

② 在“备份集”项目组中:可在“名称”文本框中输入备份集的名称,可在“说明”文本框中输入说明事项,还可以设置“备份集过期时间”,这里都采用默认设置。

③ 在“目标”列表框中:将其内的“C:\Program Files\Microsoft……”删除掉。

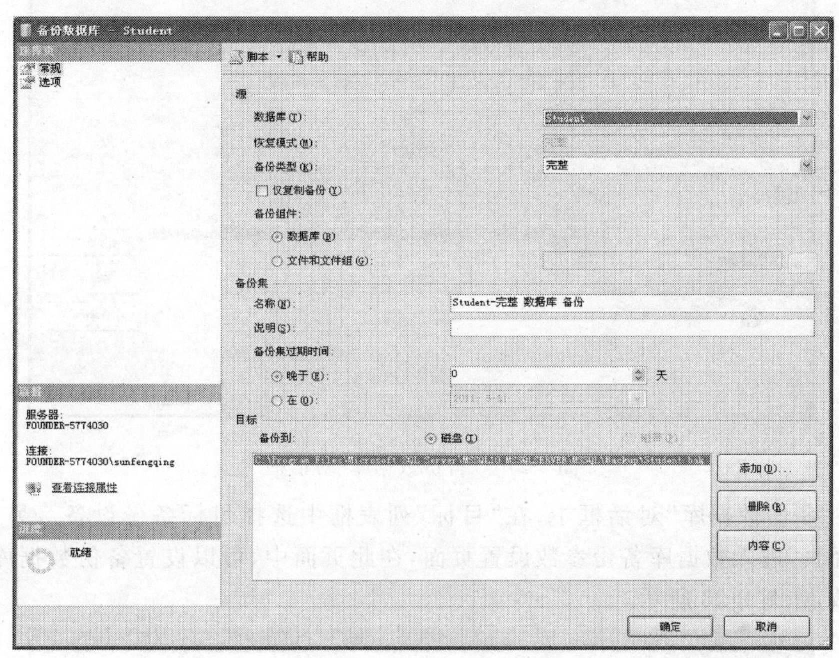

图 9-25 “备份数据库”对话框

(3) 在“备份数据库”对话框中,单击“目标”列表框后面的“添加”按钮,进入“选择备份目标”对话框,在此,选择“备份设备”选项,并在其下拉框中选择备份数据库的目标备份设备名,如图 9-26 所示。

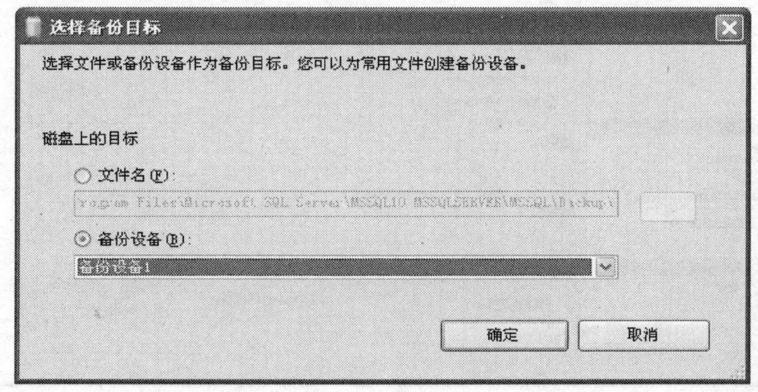

图 9-26 “选择备份目标”对话框

（4）在“选择备份目标”对话框中，当选择完备份数据库的目的备份设备后，单击“确定”按钮，则返回“备份数据库”对话框，如图 9-27 所示。

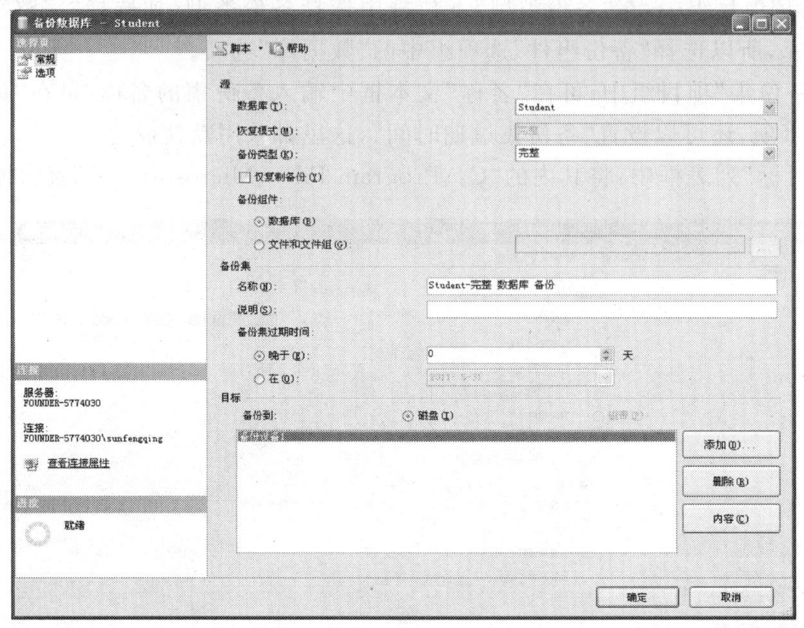

图 9-27 “备份数据库”对话框

（5）在“备份数据库”对话框中，在“目标”列表框中选择目标备份设备。另外，可选择“选项”选择页，进入数据库备份参数设置页面，在此页面中，可以设置备份数据库的一些相关选项参数，如图 9-28 所示。

图 9-28 “备份数据库”对话框

待相关参数设置完毕后，单击“确定”按钮，数据库备份操作开始运行。备份完成后，会出现如图 9-29 所示的对话框，在该对话框中，单击“确定”按钮，即完成数据库的备份操作。

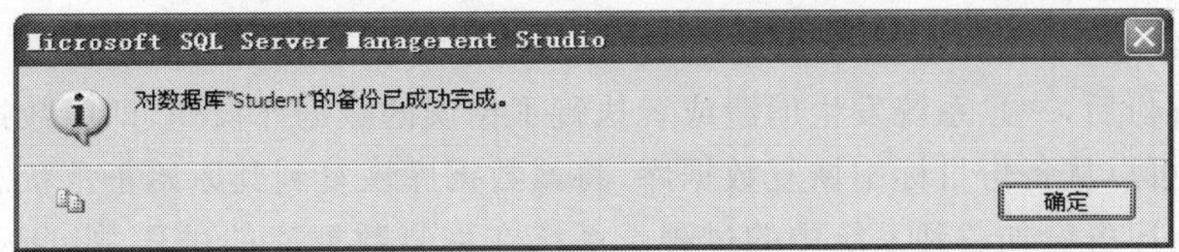

图 9-29　数据库备份成功消息框

附注：将数据库备份到文件中的方法。

方法同上，只是在“选择备份目标”对话框中，如图 9-30 所示，选择“文件名”选项，并通过此选项后面的“…”按钮，设置备份数据库的目标备份文件名；设置完成后，单击“确定”按钮，则返回“备份数据库”对话框，如图 9-31 所示。

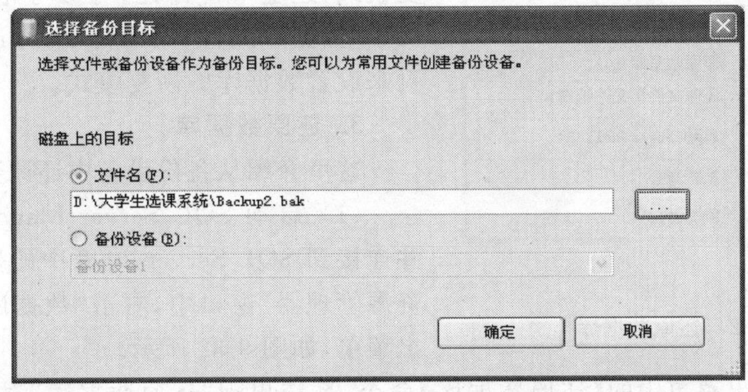

图 9-30　“选择备份目标”对话框

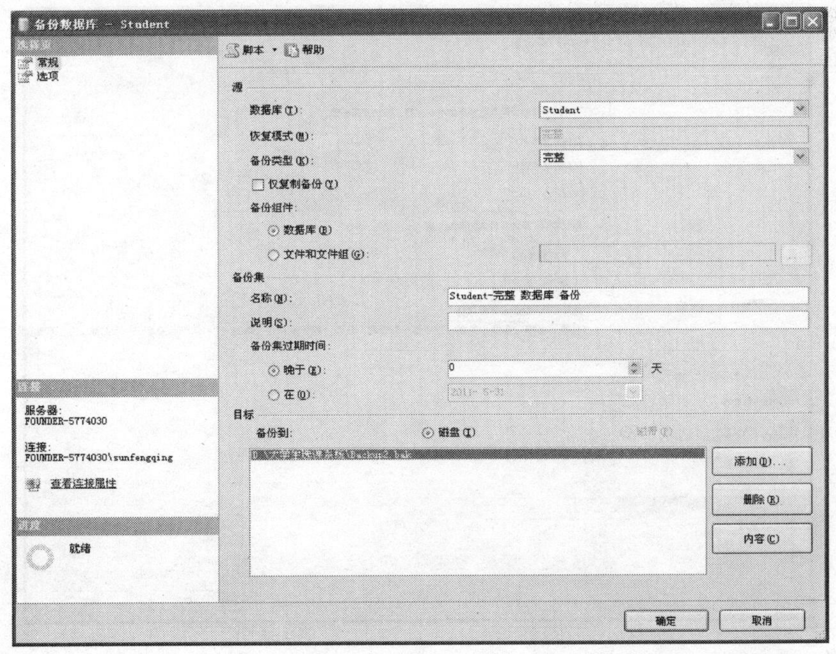

图 9-31　“备份数据库”对话框

9.3.4 还原数据库

1. 还原综述

数据库备份后，一旦系统发生崩溃或者执行了错误的数据库操作，即原数据库丢失或遭到破坏时，就可以从备份目标中恢复数据库，将该数据库恢复到其原始正常状态。数据库恢复是指将数据库备份加载到系统中的过程。系统在恢复数据库的过程中，自动执行安全性检查、重建数据库结构以及完整数据库内容。

2. 还原模式的类型

备份和还原操作都是在某种恢复模式下进行的。恢复模式是数据库的一个属性，它用于控制数据库备份和还原操作的基本行为。在 SQL Server 2008 中可以使用三种恢复模式：简单恢复模式、完整恢复模式和大容量日志恢复模式，这里不再详述，可参考相关资料。另外，可于“数据库属性”对话框中，通过其“选项”选择页来设置数据库的恢复模式。

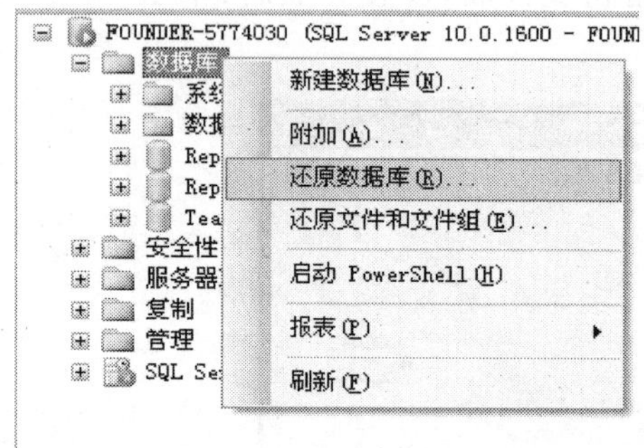

图 9-32 还原数据库

3. 还原数据库

这里介绍从备份设备中还原数据库的方法。

(1) 启动 SQL Server Management Studio，并连接到 SQL Server 2008 中的数据库，在“对象资源管理器”窗口中，右击“数据库”节点，出现弹出菜单，如图 9-32 所示。

(2) 执行弹出菜单中的【还原数据库】命令，系统出现“还原数据库”对话框，如图 9-33 所示。

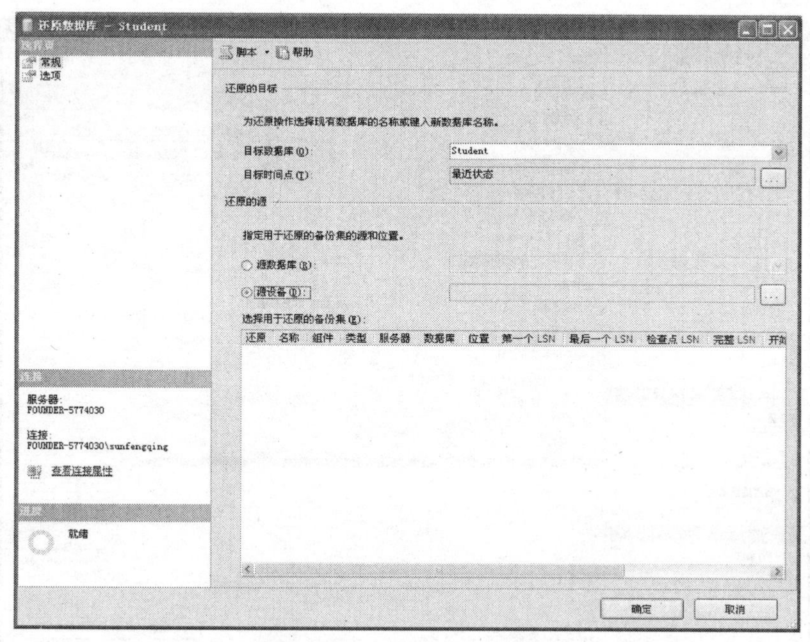

图 9-33 “还原数据库”对话框

(3) 在“还原数据库”对话框中:在“还原的目标”项目组中的“目标数据库”下拉框中输入要还原的数据库名称(如 Student);在“还原的源”项目组中,选择“源设备”选项,并单击其后面的“…”按钮,弹出“指定备份”对话框,如图 9-34 所示。

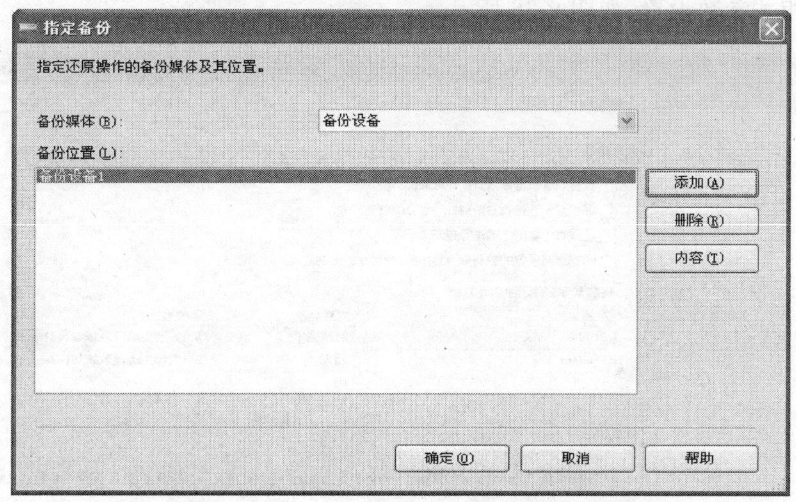

图 9-34 “指定备份”对话框

(4) 在“指定备份”对话框中,在“备份媒体”下拉框中选择“备份设备”选项。单击“备份位置”列表框后面的“添加”按钮,在出现的“选择备份目标”对话框中选择要还原数据库的源备份设备,确认两次后,最后返回“还原数据库”对话框,如图 9-35 所示。

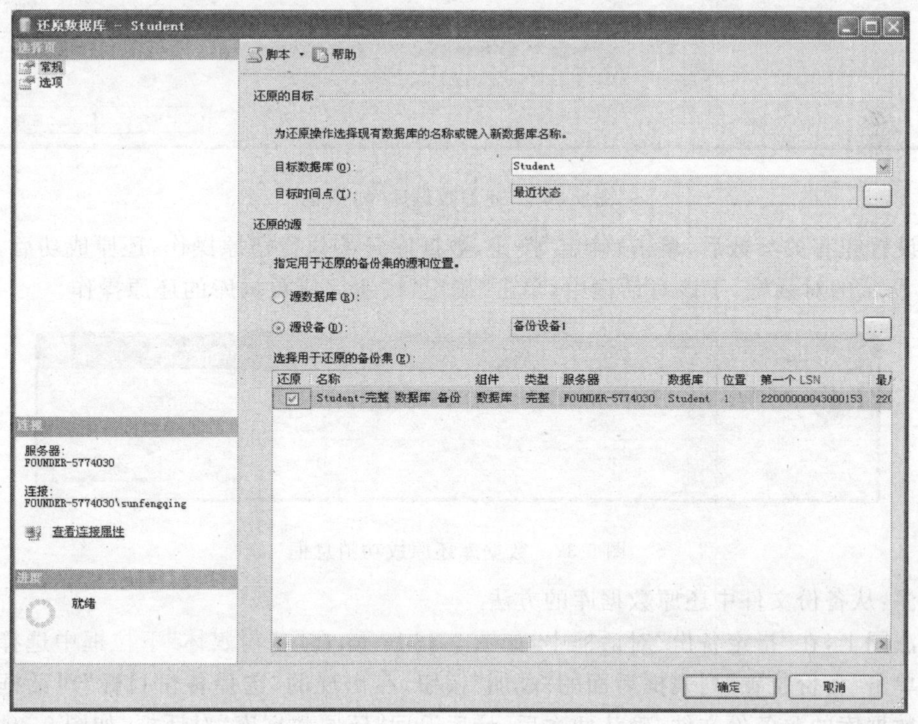

图 9-35 “还原数据库”对话框

(5) 在“还原数据库”对话框中，在“选择用于还原的备份集”列表中选择“还原”列的复选框，以选择备份文件。

另外，可选择“选项”选择页，进入还原数据库参数设置页面，在此页面中，可进行还原数据库的一些相关参数设置，如图 9-36 所示。

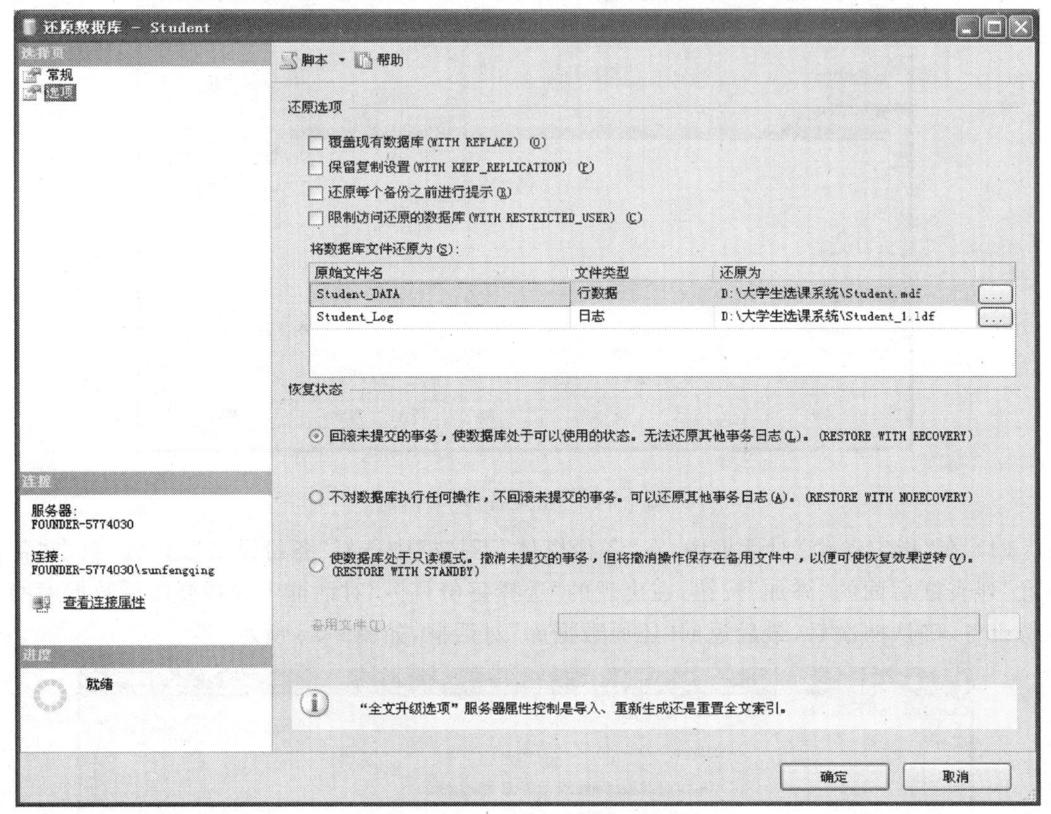

图 9-36 “还原数据库”对话框

在设置完有关参数后，单击“确定”按钮，数据库开始执行还原操作，还原成功后，出现如图 9-37 所示的对话框，于该对话框中，单击“确定”按钮完成数据库的还原操作。

图 9-37 数据库还原成功消息框

附注：从备份文件中还原数据库的方法

方法同上，在“指定备份”对话框中，如图 9-38 所示，在“备份媒体”下拉框中选择“文件”选项。单击“备份位置”列表框后面的“添加”按钮，在出现的“选择备份目标”对话框中选择要还原数据库的源备份文件，确认两次后，最后返回“还原数据库”对话框，如图 9-39 所示。

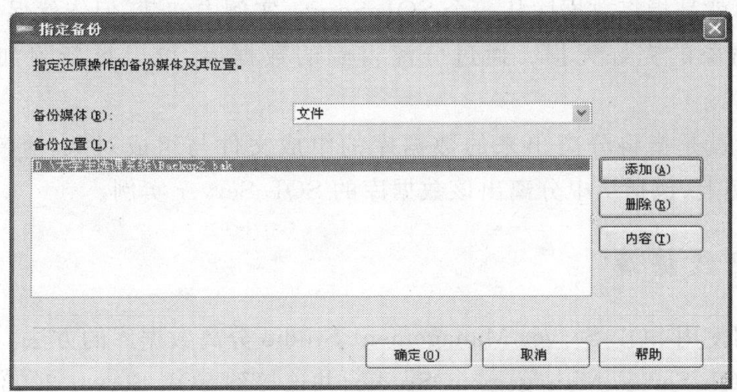

图 9-38　“指定备份”对话框

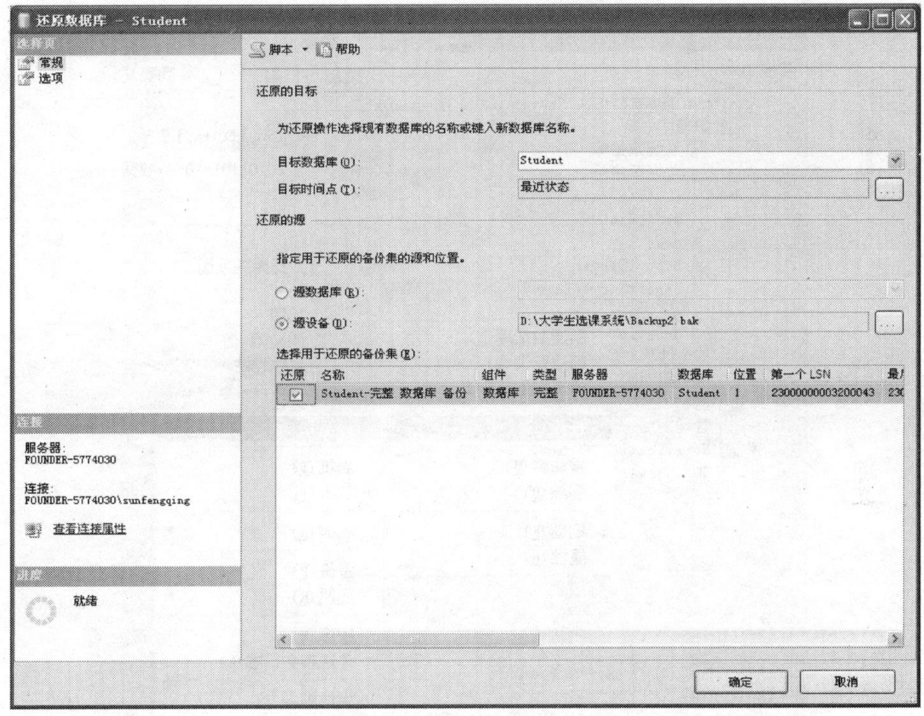

图 9-39　“还原数据库”对话框

9.4　数据库的分离与附加

9.4.1　分离与附加概述

当数据库需要从一台计算机移到另一台计算机，或者需要从一个物理磁盘移到另一个物理磁盘时，常要进行数据库的分离与附加操作。

分离数据库就是指将数据库从一个 SQL Server 实例中卸载，但依然保持该数据库的组成文件与组成对象的完好无损。通过分离得到的数据库，可以重新附加到另一个 SQL Server 实例上。

附加数据库就是指将分离出来的数据库的组成文件与组成对象，重新加载到另一个 SQL Server 实例上，包括从中分离出该数据库的 SQL Server 实例。

9.4.2 分离数据库

这里只介绍使用 SQL Server Management Studio 分离数据库的方法。

(1) 启动 SQL Server Management Studio，并连接到 SQL Server 2008 中的数据库，在"对象资源管理器"窗口中，展开"数据库"节点，右击要分离的数据库名称（如 Student），出现弹出菜单，如图 9-40 所示。

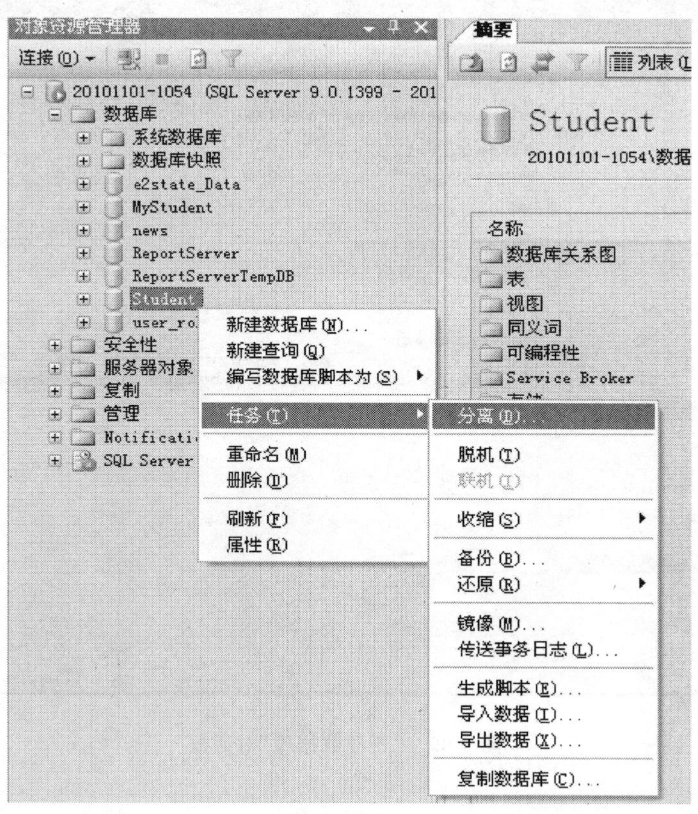

图 9-40 分离数据库

(2) 从弹出菜单中，执行【任务】→【分离】命令，则进入"分离数据库"设置对话框，在该对话框中，进行相关设置，单击"确定"按钮，即完成数据库的分离操作，如图 9-41 所示。

(3) 数据库分离成功后，在"数据库"节点中分离的数据库的名称就会消失。可将分离出的数据库所在的源文件夹中该数据库对应的两个文件（数据文件和日志文件）复制到其他文件夹中。

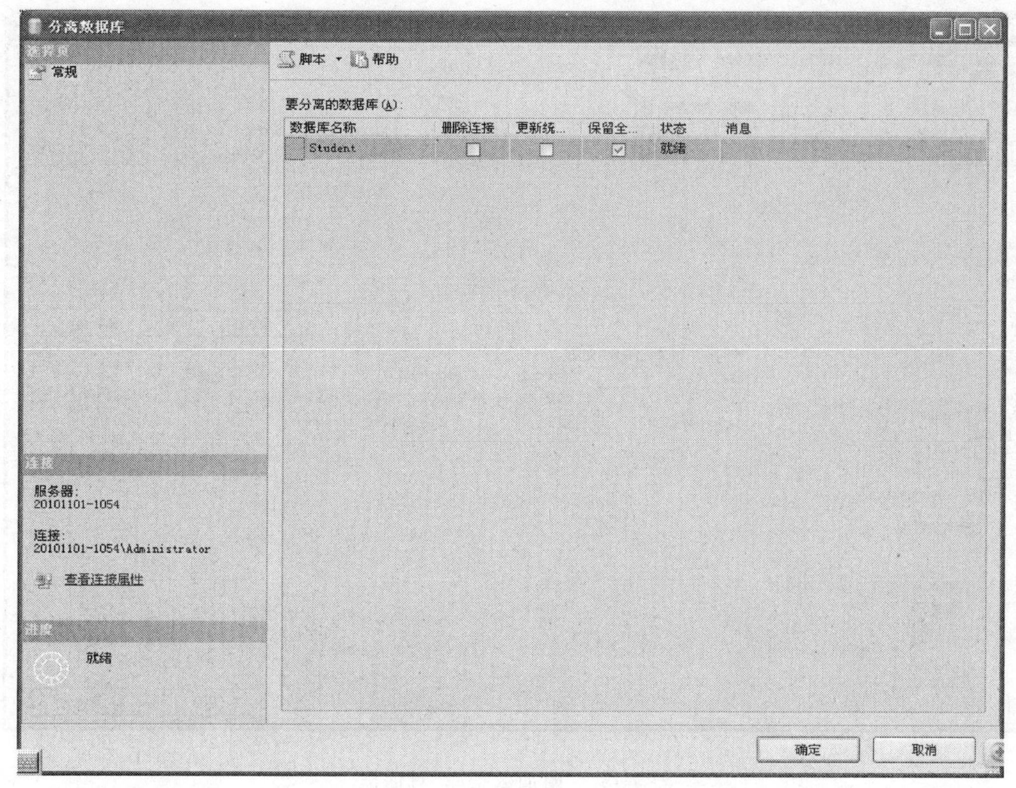

图 9-41　“分离数据库”对话框

9.4.3　附加数据库

这里只介绍使用 SQL Server Management Studio 附加数据库的方法。

(1) 启动 SQL Server Management Studio，并连接到 SQL Server 2008 中的数据库，在“对象资源管理器”窗口中，右击“数据库”节点，出现弹出菜单，如图 9-42 所示。

(2) 从弹出菜单中，执行【附加】命令，则进入“附加数据库”设置对话框，如图 9-43 所示。

(3) 在“附加数据库”对话框中，单击“添加”按钮，打开“定位数据库文件”对话框，如图 9-44 所示，从该对话框中，选择要附加的数据库的主数据文件，单击“确定”按钮，返回上述“附加数据库”对话框，单击“确定”按钮，完成数据库的附加操作。

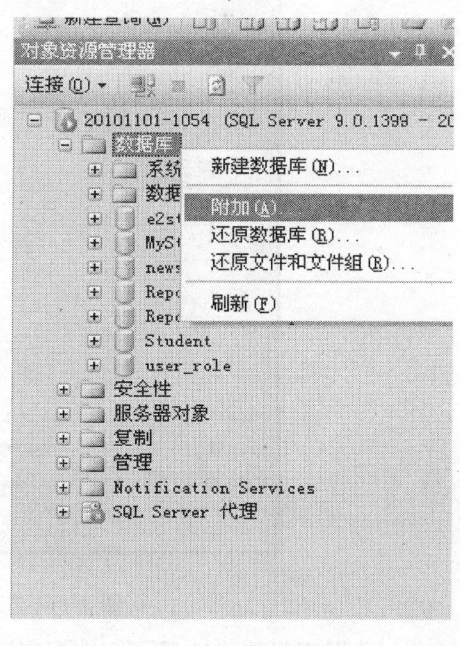

图 9-42　附加数据库

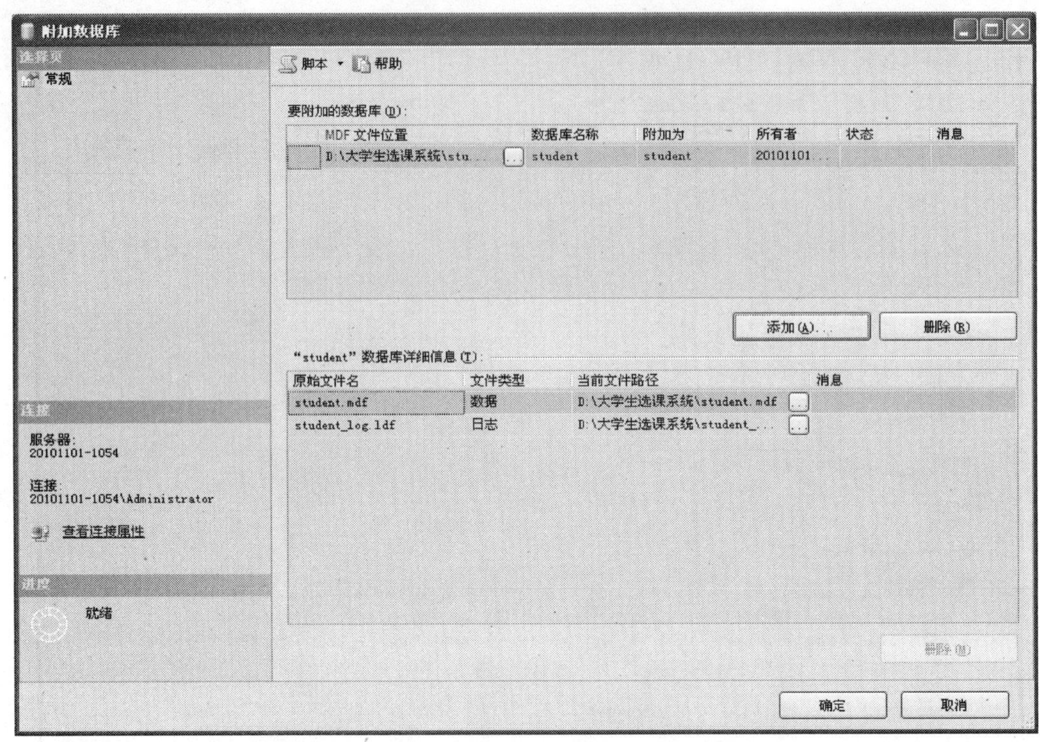

图 9-43 “附加数据库”对话框

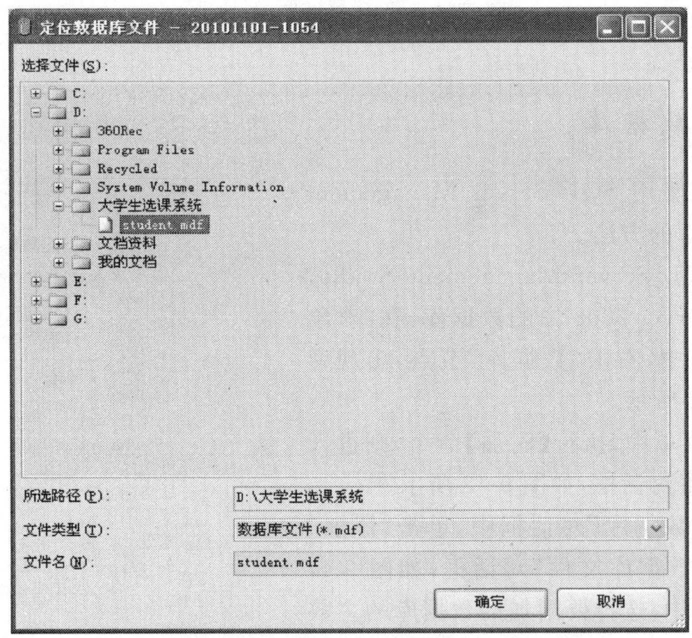

图 9-44 “定位数据库文件”对话框

(4) 数据库附加成功后,在“数据库”节点中将会出现附加的数据库的名称。

9.5　数据库的维护计划

9.5.1　创建数据库的维护计划

为了更好地管理数据库，一般都要给数据库建立一个维护计划，使机器能够定期自动地维护数据库。这里介绍利用“维护计划向导”程序创建数据库维护计划的方法和步骤。

(1) 启动 SQL Server Management Studio，并连接到 SQL Server2008 中的数据库，在“对象资源管理器”窗口中，展开“管理”节点，右击其“维护计划”节点，出现弹出菜单，如图 9-45 所示。

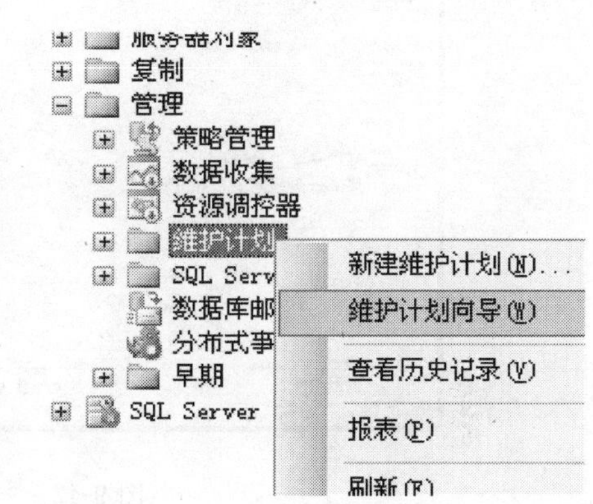

图 9-45　建立维护计划

(2) 从弹出菜单中，执行【维护计划向导】命令，则进入“SQL Server 维护计划向导”对话框，如图 9-46 所示。

(3) 单击“下一步”按钮，进入“选择计划属性”对话框，在此对话框中，于“名称”文本输入框中输入新建维护计划的名称，选择执行维护任务的方式，另外可通过“更改”按钮选择计划的有关属性，如图 9-47 所示。

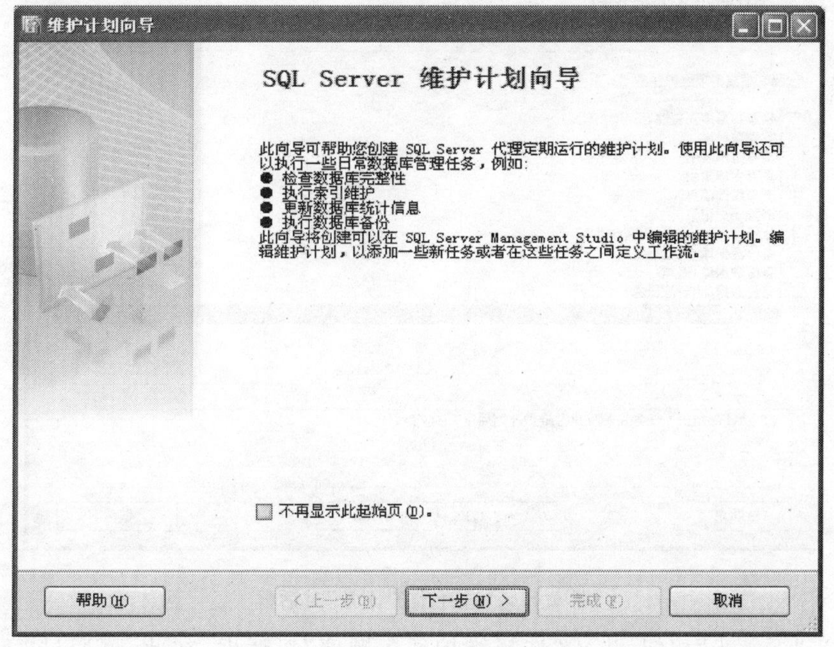

图 9-46　“SQL Server 维护计划向导”对话框

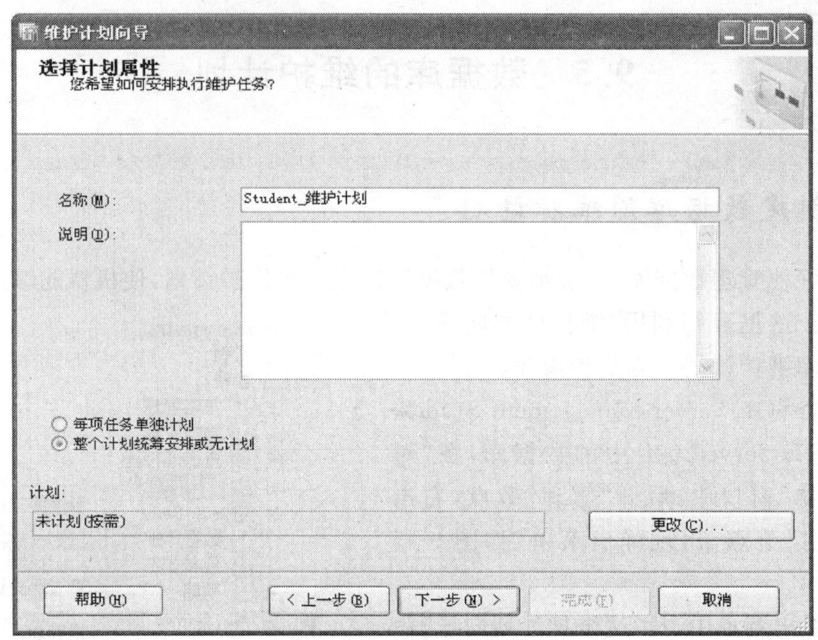

图 9-47 “选择计划属性”对话框

(4) 单击“下一步”按钮，进入“选择维护任务”对话框，在此对话框中，选择维护计划中所需进行的维护任务，这里选择 5 项维护任务，如图 9-48 所示。

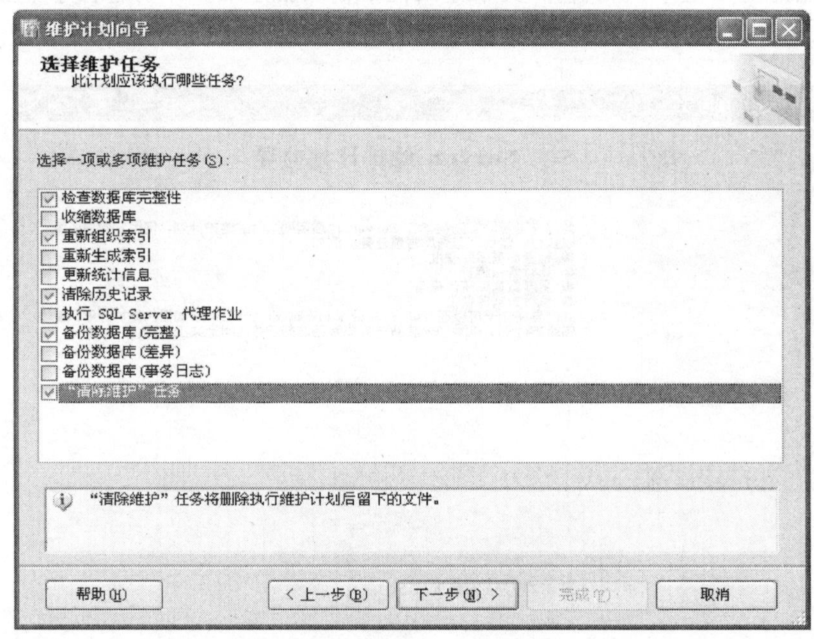

图 9-48 “选择维护任务”对话框

(5) 单击“下一步”按钮，进入“选择维护任务顺序”对话框，在此，可通过“下移”与“上移”按钮重新调整所选的维护任务的执行顺序，如图 9-49 所示。

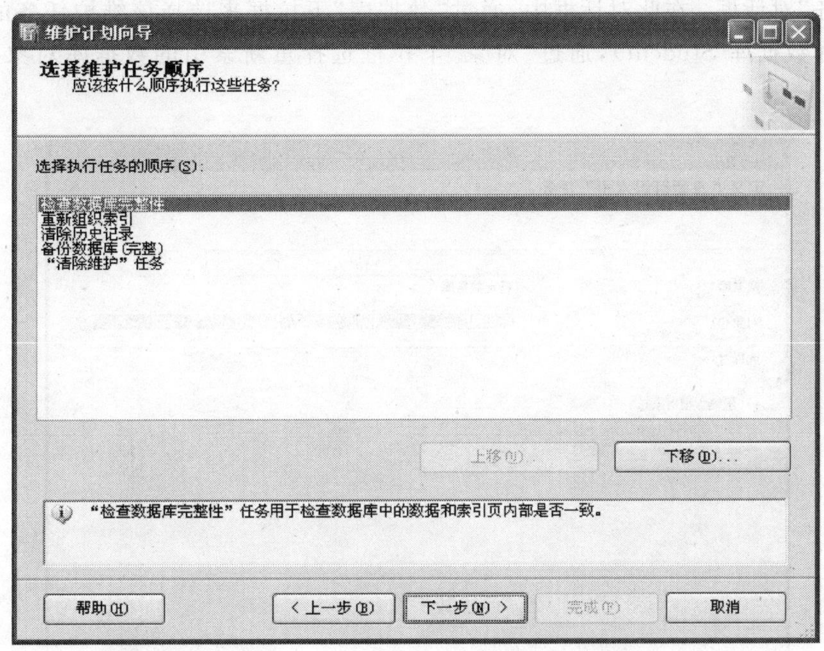

图 9-49　“选择维护任务顺序”对话框

(6) 单击“下一步”按钮，进入所选的第 1 个维护任务定义对话框，即进入“定义‘数据库检查完整性’任务”对话框，在此对话框中，通过“数据库”下拉框来选择该维护任务的目的数据库(这里选择数据库 Student)，如图 9-50 所示。

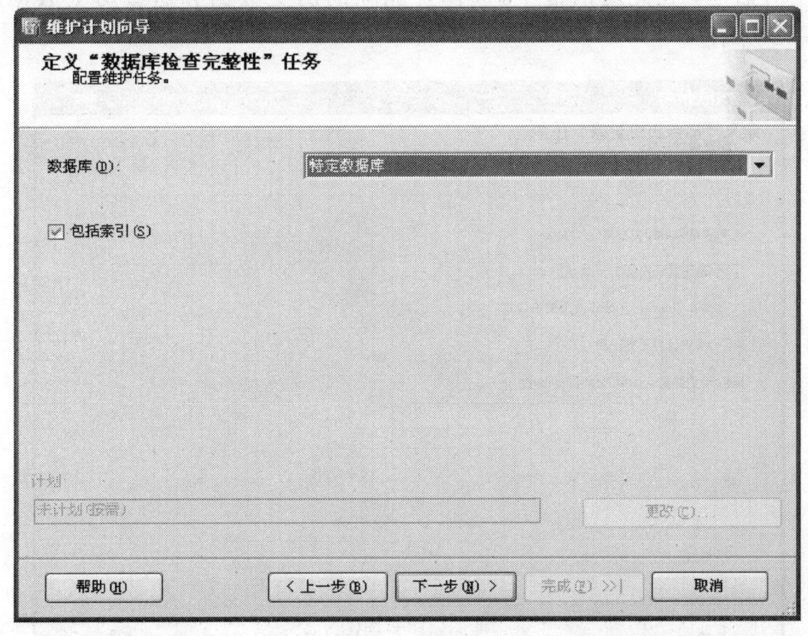

图 9-50　“定义‘数据库检查完整性’任务”对话框

(7) 单击“下一步”按钮，进入所选的第 2 个维护任务定义对话框，即进入“定义‘重新组织索引'任务"对话框，在此对话框中，通过"数据库"下拉框来选择该维护任务的目的数据库(这里选择数据库 Student)，通过"对象"下拉框选择重新索引的数据库对象，如图 9-51 所示。

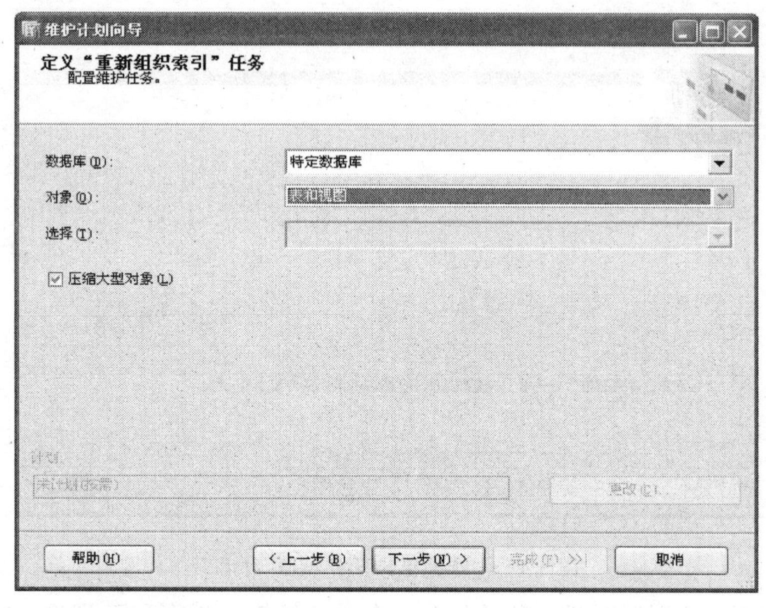

图 9-51 "定义'重新组织索引'任务"对话框

(8) 单击"下一步"按钮，进入所选的第 3 个维护任务定义对话框，即进入"定义'清除历史记录'任务"对话框，在此对话框中，选择要删除的历史数据和这些历史数据的最长保留时间，如图 9-52 所示。

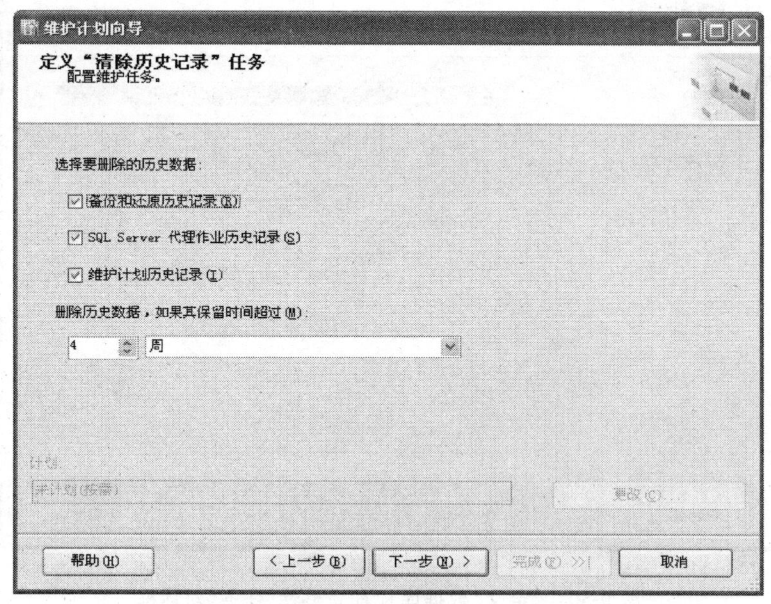

图 9-52 "定义'清除历史记录'任务"对话框

(9) 单击“下一步”按钮,进入所选的第 4 个维护任务定义对话框,即进入“定义‘备份数据库(完整)’任务”对话框,在此对话框中,通过“数据库”下拉框来选择该维护任务的目的数据库(即要备份的数据库,这里选择数据库 Student),设置备份数据库的备份组件、备份目标等有关属性,如图 9-53 所示。

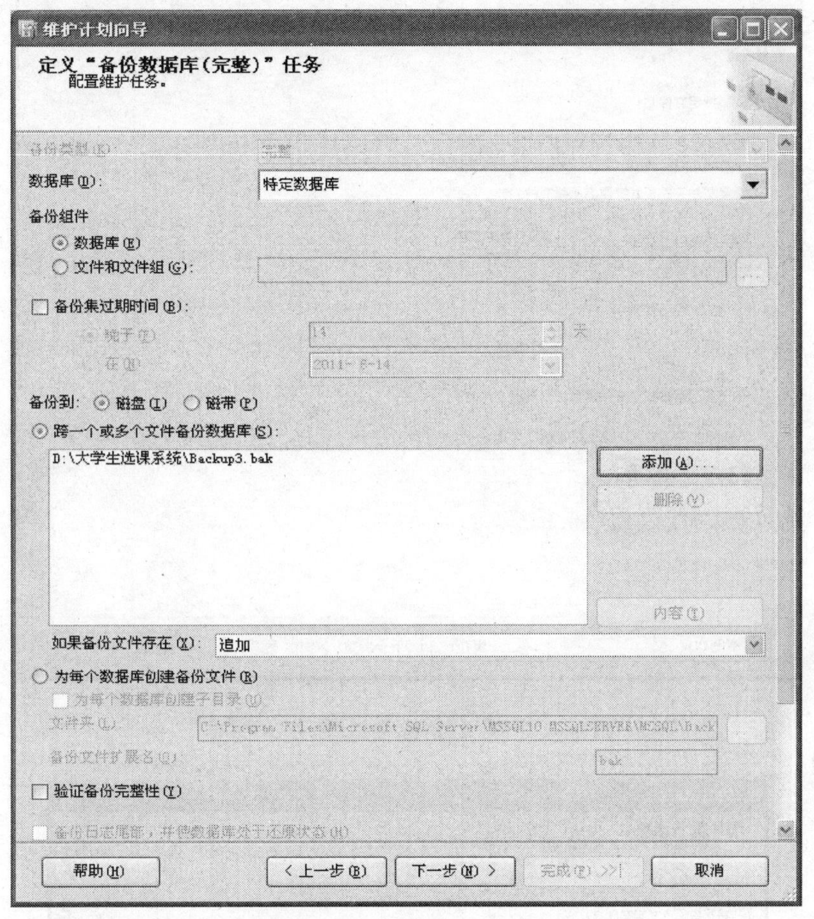

图 9-53　“定义‘备份数据库(完整)’任务”对话框

(10) 单击“下一步”按钮,进入所选的第 5 个维护任务定义对话框,即进入“定义‘清除维护’任务”对话框,在此对话框中,选择要删除的文件类型和文件位置及其最长保留时间等有关属性,如图 9-54 所示。

(11) 单击“下一步”按钮,进入“选择报告选项”对话框,在此对话框中,设置新建的维护计划操作报告的保存方式,如图 9-55 所示。

(12) 单击“下一步”按钮,进入“完成该向导”对话框,如图 9-56 所示。

(13) 单击“完成”按钮,进入“维护计划向导进度”对话框,系统开始创建该维护计划,待维护计划创建成功后,单击“关闭”按钮,维护计划创建完毕,如图 9-57 所示。

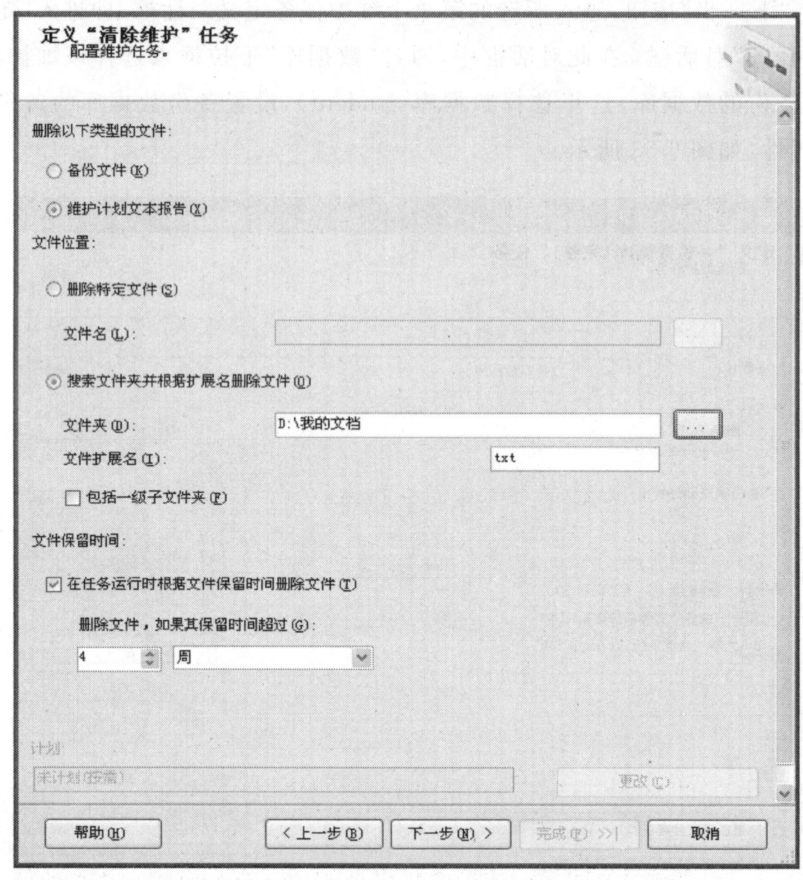

图 9-54 "定义'清除维护'任务"对话框

维护计划向导
选择报告选项
选择选项，对维护计划操作报告进行保存或分发。
将报告写入文本文件(W)
文件夹位置(O):
D:\大学生选课系统
以电子邮件形式发送报告(L)
收件人(T):
帮助(H)
< 上一步(B)
下一步(N) >
完成(F) >>|
取消

图 9-55 "选择报告选项"对话框

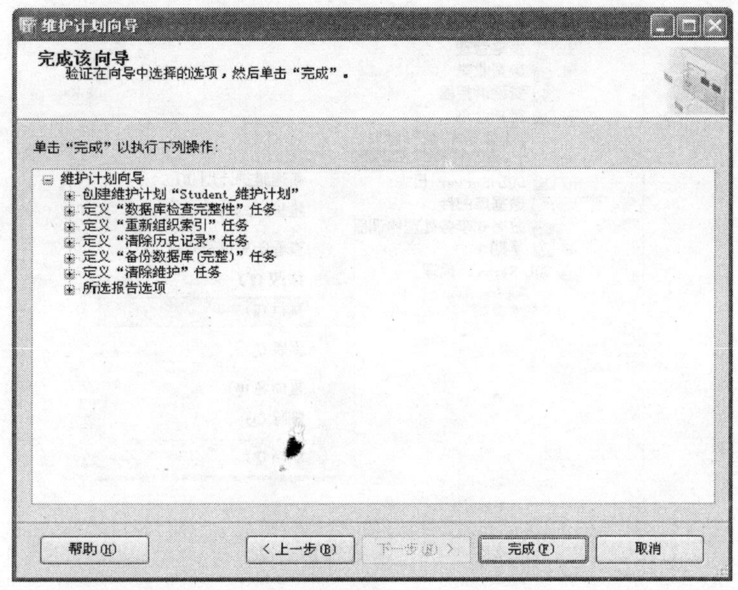

图 9-56　“完成该向导”对话框

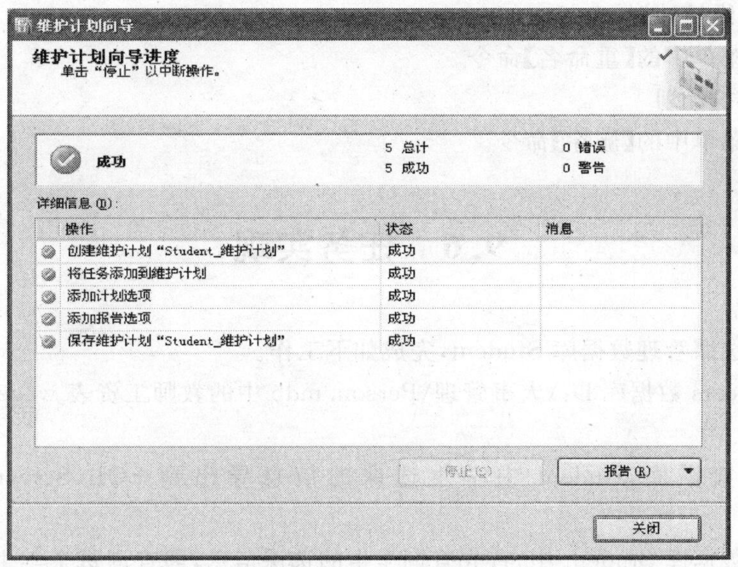

图 9-57　“维护计划向导进度”对话框

9.5.2　执行数据库的维护计划

启动 SQL Server Management Studio，并连接到 SQL Server 2008 中的数据库，在“对象资源管理器”窗口中，展开“管理”节点，再展开其“维护计划”节点，右击要操作的维护计划名，出现弹出菜单，如图 9-58 所示。

1. 执行维护计划

执行弹出菜单中的【执行】命令。

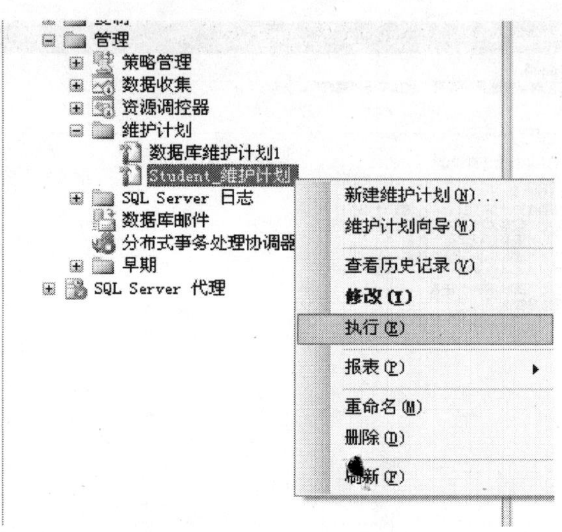

图 9-58 运行维护计划

2. 修改维护计划

执行弹出菜单中的【修改】命令。

3. 重命名维护计划

执行弹出菜单中的【重命名】命令。

4. 删除维护计划

执行弹出菜单中的【删除】命令。

9.6 任务实现

对大学生选课管理数据库 Student，完成如下工作。

(1) 把 Access 数据库 D:\人事管理\Person.mdb 中的教师工资表 wage 导入该数据库 Student 中。

(2) 把该数据库 Student 中学生选课的信息导出到 SQL Server 教学数据库 Teaching 中。

(提示：从数据库 Student 中，首先查询学生的选课信息，即查询每个学生的学号、姓名、选课门数、所选课的平均成绩，并将其形成一个视图 sctab_view；然后再把该视图 sctab_view 导出到 SQL Server 教学数据库 Teaching 中。)

(3) 把该数据库备份到文件 D:\数据库备份\student.bak 中。

(4) 待该数据库被破坏时，还原该数据库 Student。

(5) 分离数据库 Student，然后将分离出来的该数据库附加到另一台计算机上。

(6) 建立一个维护该数据库的计划。

略(学生自己完成)。

练　习　题

1. 对客户订货管理数据库 goods，完成如下工作。

(1) 把该数据库中的商品信息表导出到 SQL Server 数据库 data 中。

(2) 把该数据库备份到文件 D:\数据库备份\goods.bak 中。

(3) 分离数据库 goods，再将分离出的该数据库附加到另一台计算机上。

(4) 建立一个维护该数据库的计划。

2. 对图书管理数据库 books，完成如下工作。

(1) 把 Excel 工作本 book3.xls 中新进的图书表 newbook 导入到该数据库中。

(2) 把该数据库备份到文件 D:\数据库备份\books.bak 中。

(3) 分离数据库 books，再将分离出的该数据库附加到另一台计算机上。

(4) 建立一个维护该数据库的计划。

第 10 章　数据库安全管理

教学目标

通过本章学习，使学生掌握数据库安全管理的有关概念，掌握数据库安全管理的基本方法，根据实际需要，能够熟练地建立和管理登录账户、数据库的用户、架构、角色和其权限设置。

教学要求

知识要点	能力要求	关联知识
SQL Server 2008 的安全验证模式	(1) 掌握 SQL Server 2008 的身份验证模式 (2) 掌握设置验证模式的方法	SQL Server 2008 的验证模式
SQL Server 登录账号管理	(1) 掌握创建登录账号的方法 (2) 掌握管理登录账号的方法	SQL Server 登录账号
SQL Server 数据库的安全管理	(1) 掌握建立和管理数据库用户的方法 (2) 掌握建立和管理数据库架构的方法 (3) 掌握建立和管理数据库角色的方法 (4) 掌握设置数据库用户权限的方法	数据库的用户、架构、角色和权限

重点难点

- SQL Server 2008 的安全验证方式
- SQL Server 登录账号管理
- SQL Server 数据库的安全管理

10.1　任务描述

本章完成项目的第 10 个任务。

(1) 创建一个验证模式为“SQL Server 身份验证”的登录账号 stu_login，默认数据库为 Student。

(2) 在大学生选课管理数据库 Student 中，完成如下操作。

① 创建该数据库的一个用户 student_user1，并与登录账号 stu_login 相关联。

② 设置该用户 student_user1 拥有的权限：只能建立该数据库中的视图，只能查询该数据库中的所有表和视图的内容。

10.2　SQL Server 2008 的身份验证模式

安全账户认证是用来确认登录 SQL Server 的用户的登录账号和密码的正确性，由此来验证其是否具有连接 SQL Server 的权限。SQL Server 2008 提供了两种确认用户的验证模式：Windows 身份验证模式，混合身份验证模式（Windows 身份验证和 SQL Server 身份验证）。

1. Windows 身份验证模式

SQL Server 数据库系统通常运行在 Windows NT / Windows 2000 / Windows 2003 或其以上版本的服务器平台上，而这类 Windows 服务器操作系统，本身就具备管理登录、验证用户合法性的能力，因此 Windows 身份验证模式正是利用了这一用户安全性和账号管理的机制，允许 SQL Server 也可以使用 NT 的用户名和口令。在这种模式下，用户只需要通过 Windows 的验证，就可以连接到 SQL Server，而 SQL Server 本身也就不需要管理一套登录数据。

2. 混合身份验证模式

混合身份验证模式允许用户使用 Windows 服务器操作系统安全性或 SQL Server 安全性连接到 SQL Server，是指允许以 SQL Server 验证模式或者 Windows 验证模式对登录的用户账号进行验证。其工作模式是：客户机的用户账号和密码首先进行 SQL Server 身份验证，如果通过验证，则登录成功。否则，再进行 Windows 身份验证，如果通过，则登录成功。如果都不能通过验证，则无法连接到 SQL Server 服务器。

3. 设置验证模式

(1) 启动 SQL Server Management Studio，并连接到 SQL Server 2008 中的数据库。在“对象资源管理器”窗口中，右击连接的 SQL Server 服务器名称，系统弹出快捷菜单，如图 10-1 所示。

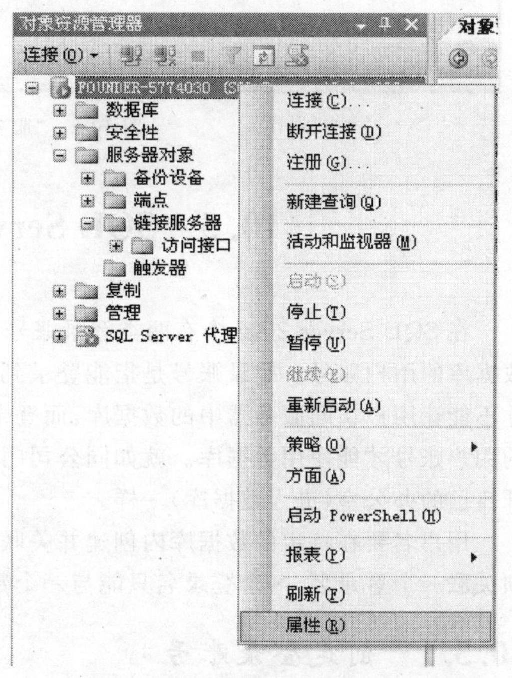

图 10-1　设置验证模式

(2) 执行弹出菜单中的【属性】命令，打开“服务器属性”对话框，如图 10-2 所示。

(3) 在服务器属性对话框中，选择“安全性”选择页，进入其“安全性”设置页面，在其“服务器身份验证”选项中可选择 SQL Server 的验证模式，还可设置其他有关选项，设置完成后单击“确定”按钮即可。

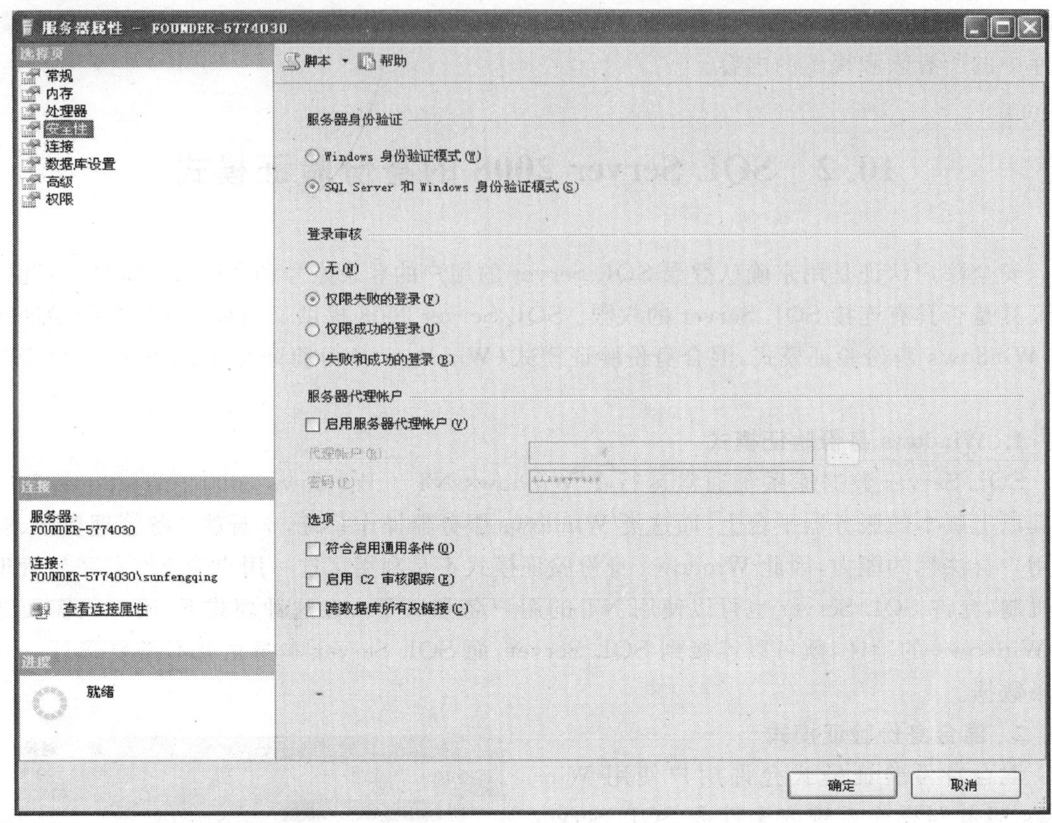

图 10-2 “服务器属性”对话框

10.3 SQL Server 登录账号管理

在 SQL Server 2008 中有两类登录账号：一类是登录服务器的登录账号；另一类是使用数据库的用户账号。登录账号是指能登录到 SQL Server 的账号，属于服务器的层面，本身并不能让用户访问服务器中的数据库，而登录者要使用服务器中的数据库时，必须要有相应的用户账号才能使用数据库。就如同公司门口先刷卡进入(登录服务器)，然后再拿钥匙打开自己的办公室(进入数据库)一样。

用户名要在特定的数据库内创建并关联一个登录名(登录账号)，当创建一个用户时，必须关联一个登录名，一个登录名只能与一个数据库用户相关联。

10.3.1 创建登录账号

要登录到 SQL Server 必须具有一个登录账号，用户可以使用系统默认的几个登录账号，也可以创建新的登录账号。

(1) 启动 SQL Server Management Studio，并连接到 SQL Server 2008 中的数据库。在“对象资源管理器”窗口中，展开“安全性”节点，右击其“登录名”节点，系统弹出快捷菜单，如图 10-3 所示。

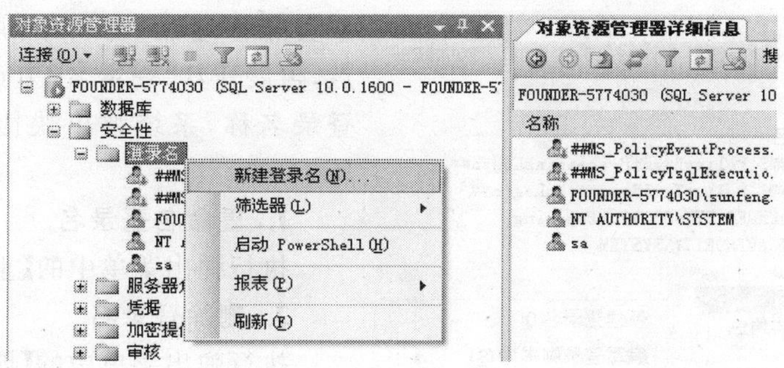

图 10-3　新建登录名

（2）在弹出菜单中，执行【新建登录名】命令，打开"登录名-新建"对话框，如图 10-4 所示。

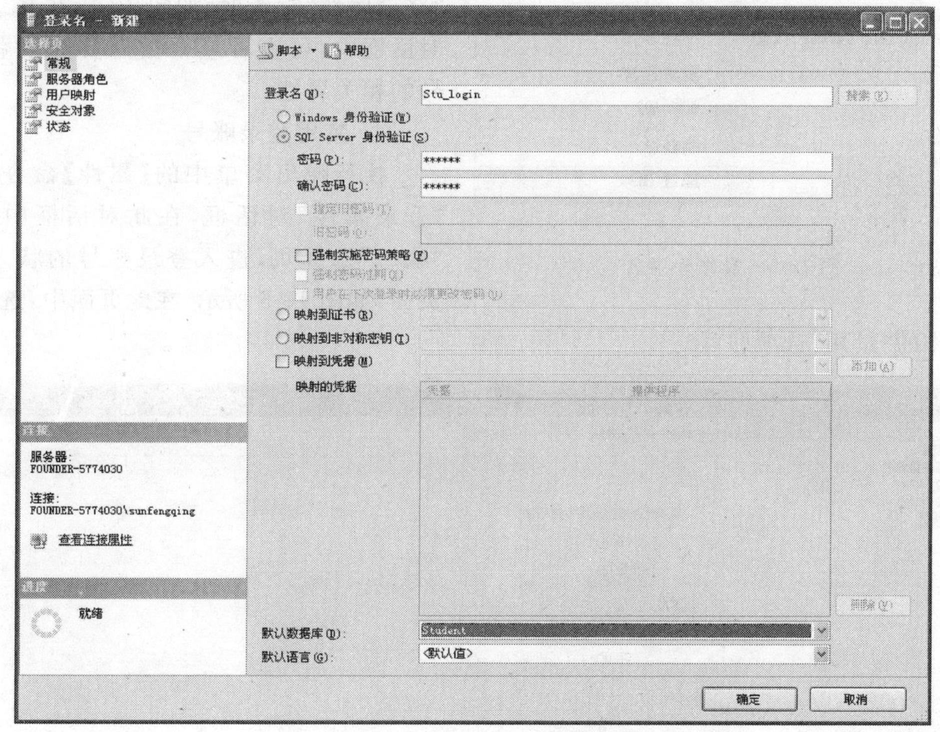

图 10-4　"登录名-新建"对话框

（3）在"登录名-新建"对话框中，在"登录名"文本框中输入新建的登录名称。然后再选择其身份验证模式：若选择"Windows 身份验证"选项，可通过单击"登录名"文本框后面的"搜索"按钮，查找并添加 Windows 操作系统中的用户名称；若选择"SQL Server 身份验证"选项，则需在"密码"与"确认密码"文本框中输入登录时所采用的密码。在"默认数据库"与"默认语言"下拉框中可选择新建的登录名登录 SQL Server 2008 后默认使用的数据库与语言。最后单击"确定"按钮即可。

10.3.2　管理登录账号

启动 SQL Server Management Studio，并连接到 SQL Server 2008 中的数据库。在"对

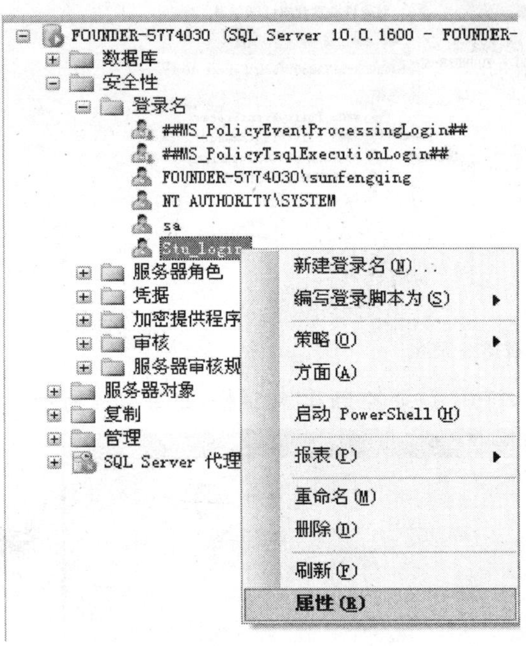

图 10-5　操作登录名

象资源管理器”窗口中，展开“安全性”节点，再展开其“登录名”节点，右击要操作的登录名称，系统弹出快捷菜单，如图 10-5 所示。

1. 重命名登录名

执行弹出菜单中的【重命名】命令。

2. 删除登录名

执行弹出菜单中的【删除】命令。

3. 查看和修改登录名的属性

执行弹出菜单中的【属性】命令，进入“登录属性”对话框，如图 10-4，在登录属性对话框中，可查看或根据需要修改登录账号的相关属性。

4. 禁用登录账号

执行弹出菜单中的【属性】命令，进入“登录属性”对话框，在此对话框中，选择“状态”选择页，进入登录账号的状态设置页面，如图 10-6 所示，在此页面中，选择“登录”项中的“禁用”选项即可。

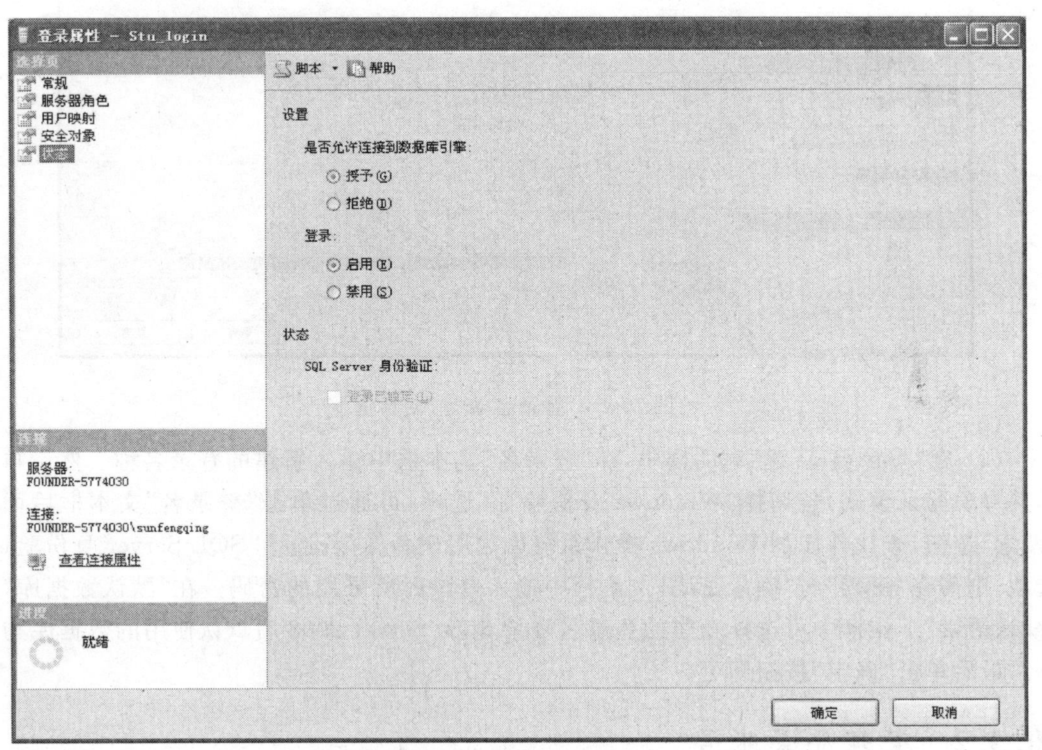

图 10-6　“登录属性”对话框

10.4 数据库的安全管理

10.4.1 数据库用户管理

登录账号创建之后,用户只能通过该登录名访问整个 SQL Server 2008,而不是 SQL Server 2008 中的数据库。如果用户要访问 SQL Server 2008 中的数据库,还需要给这个用户授予访问该数据库的权限,即在所要访问的数据库中为该用户创建一个数据库用户账户。

1. 创建数据库用户

(1) 启动 SQL Server Management Studio,并连接到 SQL Server 2008 中的数据库。在"对象资源管理器"窗口中,展开"数据库"节点,再展开创建用户的数据库名(如 Student),再展开其"安全性"节点,右击其"用户"节点,系统弹出快捷菜单,如图 10-7 所示。

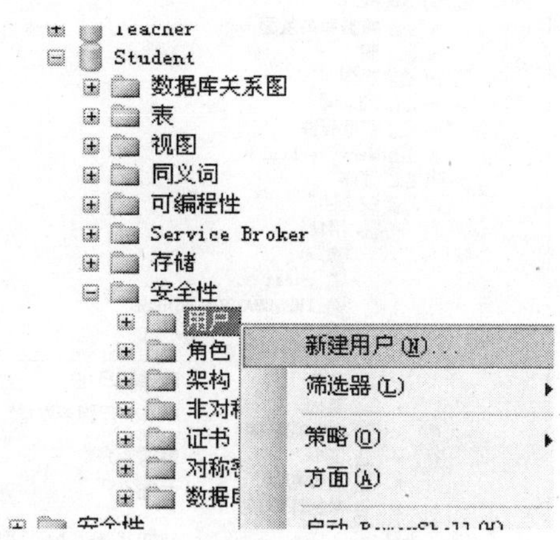

图 10-7　新建数据库用户

(2) 执行弹出菜单中的【新建用户】命令,打开"数据库用户-新建"对话框,如图 10-8 所示。

图 10-8　"数据库用户-新建"对话框

(3) 在"数据库用户-新建"对话框中:在"用户名"文本框中输入新建数据库用户的名称;通过"登录名"文本框后面的"…"按钮选择该数据库用户所关联的 SQL Server 登录账

号；通过“默认架构”文本框后面的“…”按钮可设置该用户的默认架构；在“此用户拥有的架构”列表框中，可选择该用户所拥有的架构；在“数据库角色成员身份”列表框中，可选择赋予该用户什么样的数据库角色。

(4) 在“数据库用户-新建”对话框中，单击“安全对象”选择页，进入“安全对象”设置页面，在此页面中，可以添加允许该数据库用户能够访问的数据库对象和设置访问这些数据库对象的相关权限。

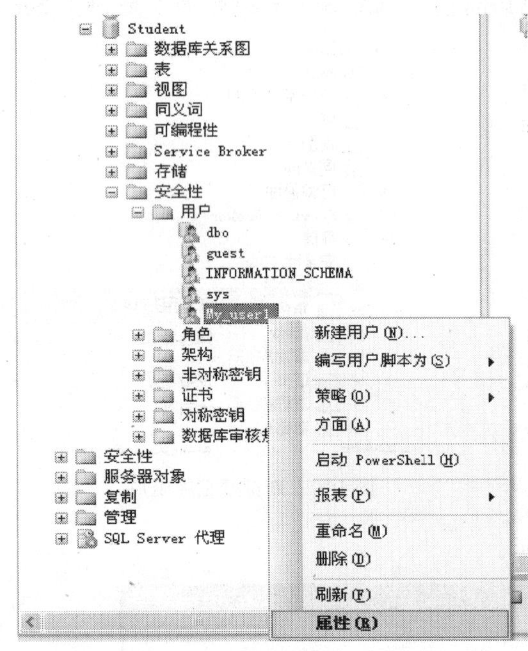

图 10-9　操作数据库用户

2. 管理数据库用户

启动 SQL Server Management Studio，并连接到 SQL Server 2008 中的数据库。在“对象资源管理器”窗口中，展开“数据库”节点，再展开要操作用户所属的数据库名(如 Student)，再展开其“安全性”节点，再展开其“用户”节点，右击要操作的用户名，系统弹出快捷菜单，如图 10-9 所示。

(1) 删除数据库用户，执行弹出菜单中的【删除】命令。

(2) 重命名数据库用户，执行弹出菜单中的【重命名】命令。

(3) 查看和修改数据库用户的属性，执行弹出菜单中的【属性】命令，进入“数据库用户”属性对话框，在此对话框中，查看或根据需要修改数据库用户的相关属性即可，同创建数据库用户一样。

10.4.2 数据库权限管理

权限是针对用户而言的，若用户相对 SQL Server 进行某种操作，就必须具备使用该操作的权限。权限用来指定授权用户可以使用的数据库对象和这些授权用户可以对这些数据库对象执行的操作。用户在登录到 SQL Server 之后，其用户账号所归属的 Windows 组或角色所被赋予的权限决定了该用户能够对哪些数据库对象执行哪种操作以及能够访问、修改哪些数据。在每个数据库中用户的权限独立于用户账号和用户在数据库中的角色，每个数据库都有自己独立的权限系统，在 SQL Server 中包括三种类型的权限：对象权限、语句权限和预定义权限。

1. 权限类型

(1) 对象权限

表示对特定的数据库对象，即表、视图、字段和存储过程的操作权限，它决定了能对表、视图等数据库对象执行哪些操作。

对象权限有：

- SELECT，INSERT，UPDATE，DELETE 语句权限可以应用到整个表或视图中；
- SELECT，UPDATE 语句权限可以有选择地应用到表或视图中的单个列上；
- SELECT 权限可以应用到用户定义函数中；

- INSERT,DELETE 语句权限只能应用到表或视图中,但不能应用到其单个列上。

(2) 语句权限

表示对数据库的操作权限,也就是说,创建数据库或者创建数据库中的其他对象所需要的权限类型称为语句权限。

语句权限有:

- Create database 创建数据库;
- Create table 创建表;
- Create view 创建视图;
- Create rule 创建规则;
- Create default 创建缺省;
- Create procedure 创建存储过程;
- Create index 创建索引;
- Backup database 备份数据库;
- Backup log 备份事务日志。

(3)预定义权限

是指系统安装以后有些用户和角色不必授权就有的权限。

2. 授予用户权限

(1) 启动 SQL Server Management Studio,并连接到 SQL Server 2008 中的数据库。在"对象资源管理器"窗口中,展开"数据库"节点,展开授权用户所属的数据库名(如 Student),展开其"安全性"节点,展开其"用户"节点,右击要授予权限的用户名称,系统弹出快捷菜单,如图 10-10 所示。

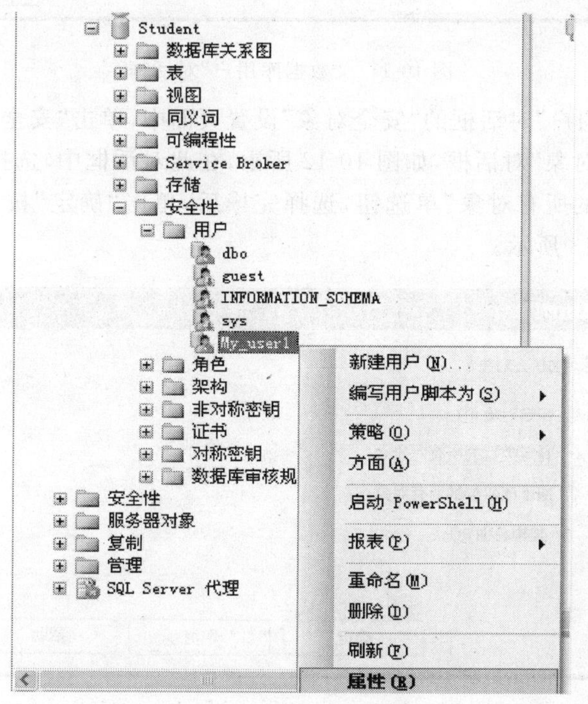

图 10-10　授予用户权限

(2) 执行弹出菜单中的【属性】命令，打开“数据库用户”对话框，在该对话框中，选择“安全对象”选择页，进入其“安全对象”设置页面，如图 10-11 所示。

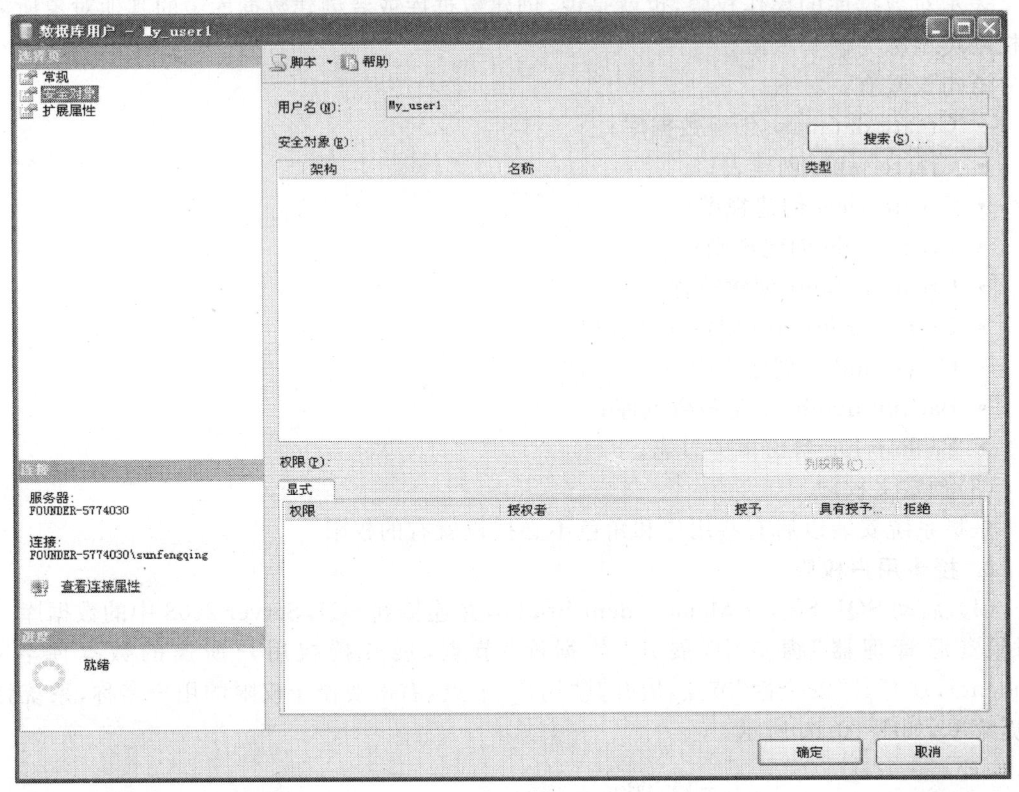

图 10-11 “数据库用户”对话框

(3) 在“数据库用户”对话框的“安全对象”设置页面中，单击“安全对象”选项后面的“搜索”按钮，进入“添加对象”对话框，如图 10-12 所示，在此对话框中，选择要添加对象的类型，这里选择“特定类型的所有对象”单选钮，选择完毕后，单击“确定”按钮，进入“选择对象类型”对话框，如图 10-13 所示。

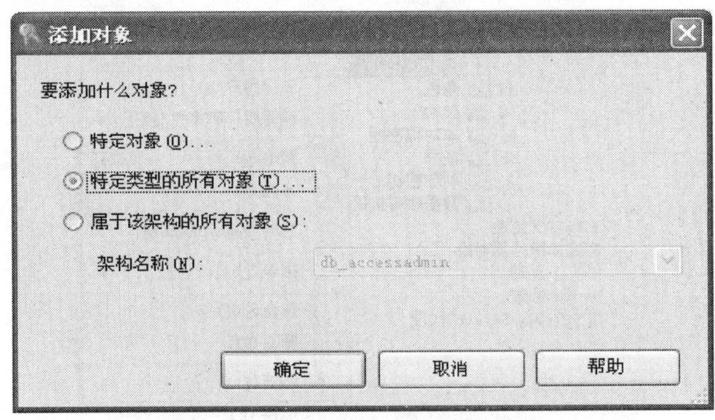

图 10-12 “添加对象”对话框

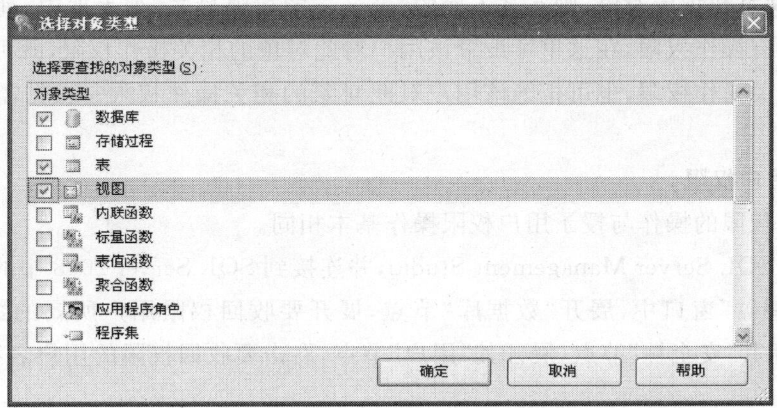

图 10-13　“选择对象类型”对话框

（4）在“选择对象类型”对话框中，选择允许该用户能够访问和操作的具体对象类型，选择完毕后，单击“确定”按钮，则返回“数据库用户”对话框的“安全对象”设置页面，如图10-14所示。

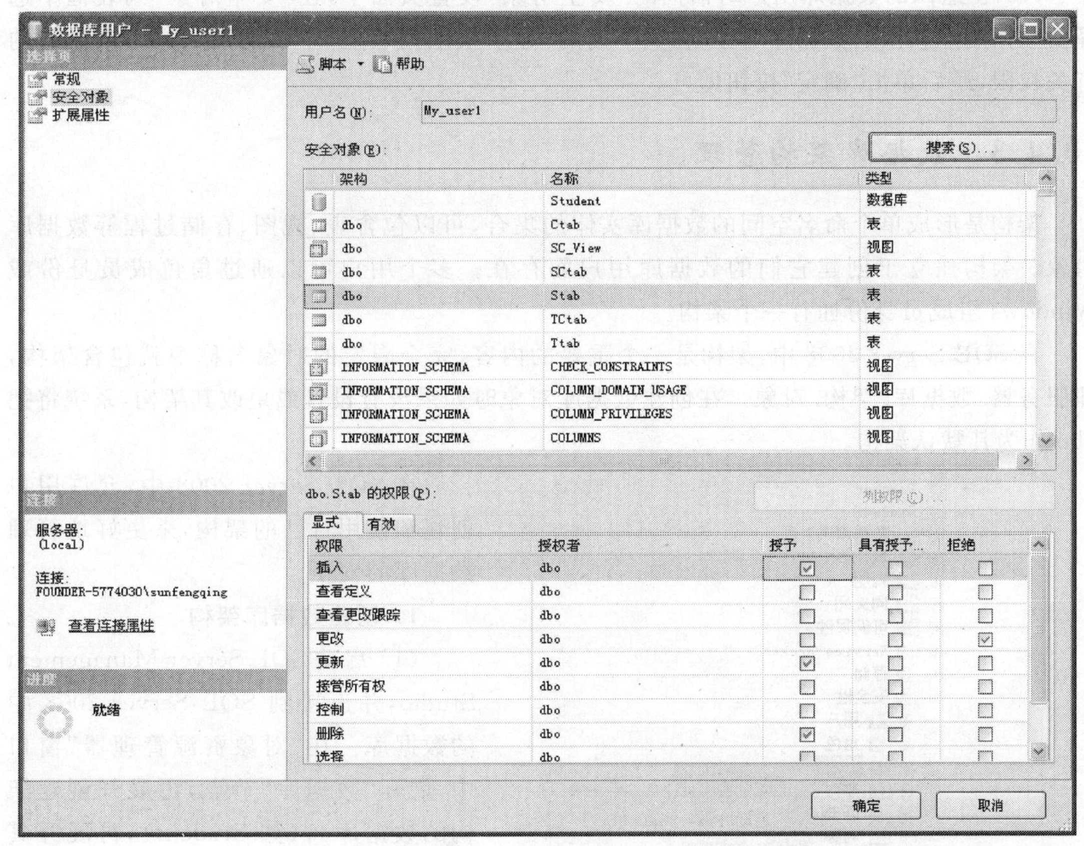

图 10-14　“数据库用户”的“安全对象”页面

（5）这时在此“数据库用户”对话框的“安全对象”设置页面中的“安全对象”列表框中列出了允许该用户所能访问和操作的所属数据库(即 Student)和该数据库中的所有表和视图

等对象，从中选择数据库对象，则在其下面的“×××的权限显式”列表框中，列出了该用户对此对象的所有操作权限，在这里可设置该用户对此对象的相关操作权限，既可授予该用户对此对象的相关操作权限，也可拒绝该用户对此对象的相关操作权限。根据需要进行相关设置即可。

3. 收回用户权限

收回用户权限的操作与授予用户权限操作基本相同。

(1) 启动 SQL Server Management Studio，并连接到 SQL Server 2008 中的数据库。在“对象资源管理器”窗口中，展开“数据库“节点，展开要收回权限用户所属的数据库名（如 Student)，展开其“安全性”节点，展开其“用户”节点，右击要收回权限的用户名称，系统弹出快捷菜单。

(2) 执行弹出菜单中的【属性】命令，打开“数据库用户”对话框，在该对话框中选择“安全对象”选择页，进入其“安全对象”设置页面。

(3) 在数据库用户对话框的“安全对象”设置页面中，单击“搜索”按钮，添加允许该用户原来访问及操作的对象类型。

(4) 在返回的数据库用户对话框的“安全对象”设置页面中，在“安全对象”列表框中选择要收回用户权限的数据库对象，在其下面的“显示权限列表框”中取消该用户原来设置的有关权限，最后单击“确定”按钮即可。

10.4.3 数据库架构管理

架构是形成单个命名空间的数据库实体的集合，可以包含表、视图、存储过程等数据库对象。架构独立于创建它们的数据库用户而存在。多个用户可以通过角色成员身份或 Windows 组成员身份拥有一个架构。

在 SQL Server 2008 中，架构是一个重要的内容，完全限定的对象名称中就包含架构，即服务器.数据库.架构.对象。在创建数据库对象时如果没有设置或更改其架构，系统将把 dbo 作为其默认架构。

在 SQL Server 2008 中，允许用户创建和使用自己的架构，来更好地管理数据库的安全。

1. 创建数据库架构

(1) 启动 SQL Server Management Studio，并连接到 SQL Server 2008 中的数据库。在“对象资源管理器”窗口中，展开“数据库“节点，再展开创建架构的数据库名（如 Student)，再展开其“安全性”节点，右击其“架构”节点，系统弹出快捷菜单，如图 10-15 所示。

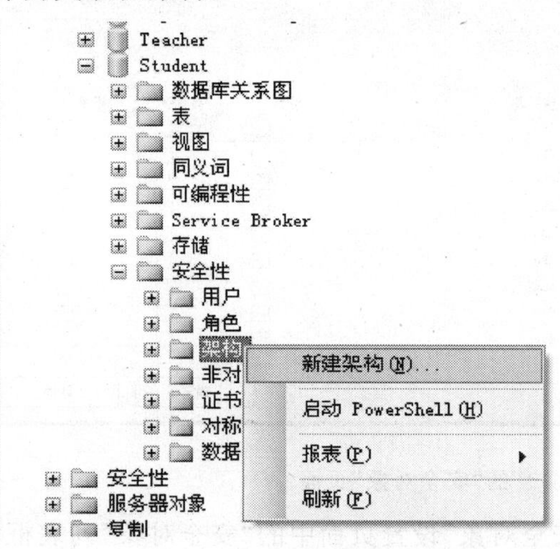

图 10-15 新建架构

（2）执行弹出菜单中的【新建架构】命令，打开“架构-新建”对话框，如图 10-16 所示。

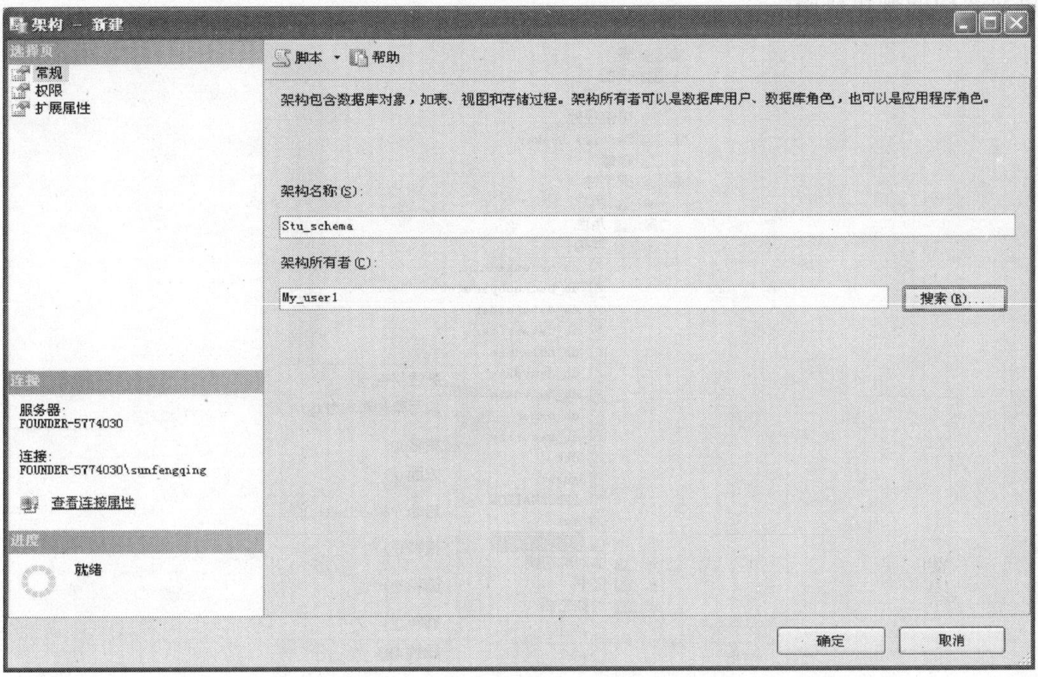

图 10-16　“架构-新建”对话框

（3）在“架构-新建”对话框中：在“架构名称”文本框中输入新建架构的名称；通过“架构所有者”文本框后面的“搜索”按钮，添加该架构的所有者，架构所有者可以是数据库用户、数据库角色，也可以是应用程序角色；单击“权限”选择页，进入“权限”设置页面，在此页面中，可设置数据库用户、数据库角色或应用程序角色对该架构的操作权限。

2. 管理数据库架构

注意：只能操作自定义的架构。

启动 SQL Server Management Studio，并连接到 SQL Server 2008 中的数据库。在“对象资源管理器”窗口中，展开“数据库“节点，再展开要操作的架构所属的数据库名（如 Student），再展开其“安全性”节点，再展开其“架构”节点，右击要操作的架构名称，系统弹出快捷菜单，如图 10-17 所示。

（1）删除数据库架构，执行弹出菜单中的【删除】命令。

（2）修改架构属性，执行弹出菜单中的【属性】命令，进入“架构属性”对话框，在此对话框中，修改架构的相关属性，同创建架构一样。

3. 设置数据库架构的权限

（1）启动 SQL Server Management Studio，并连接到 SQL Server 2008 中的数据库。在“对象资源管理器”窗口中，展开“数据库“节点，展开要操作的架构所属的数据库名（如 Student），展开其“安全性”节点，展开其“架构”节点，右击要设置权限的架构名称，系统弹出快捷菜单，执行弹出菜单中的【属性】命令打开“架构属性”对话框，在此对话框中，选择“权限”选择页，进入架构权限设置页面，如图 10-18 所示。在这里可设置数据库用户或数据库角色对架构的操作权限。

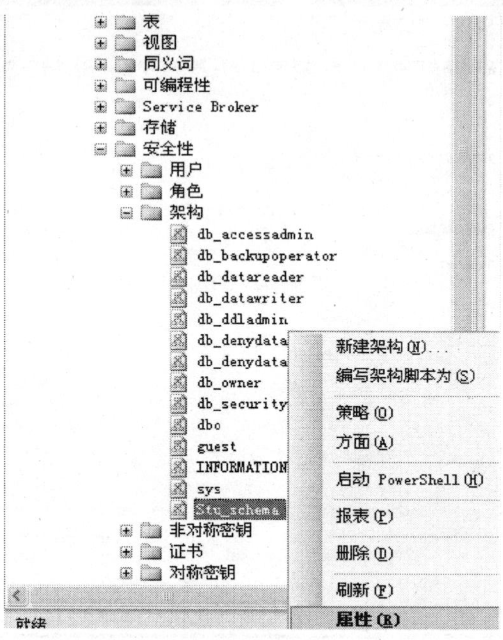

图 10-17 操作架构

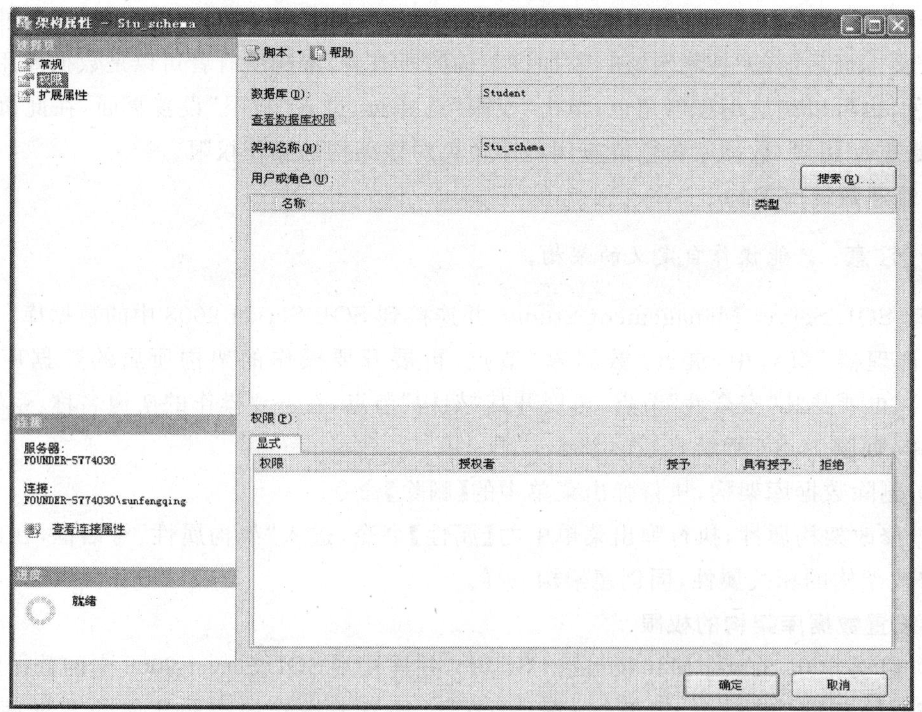

图 10-18 “架构属性”对话框

(2) 在"架构属性"对话框的"权限"设置页面中，单击"用户或角色"列表框后面的"搜索"按钮，进入"选择用户或角色"对话框，如图 10-19 所示，在此对话框中，单击"对象类型"按钮，进入"选择对象类型"对话框，如图 10-20 所示，在此对话框中可选择要添加对象的类型，选择完毕后单击"确定"按钮返回"选择用户或角色"对话框，再单击该对话框中的"浏览"按钮进入"查找对象"对话框，如图 10-21 所示，在此对话框中可选择要添加的数据库用户或数据库角色，选择完毕后，单击"确定"按钮又返回"选择用户或角色"对话框，如图 10-22 所示，在此对话框中单击"确定"按钮返回架构属性对话框的"权限"设置页面，如图 10-23 所示。

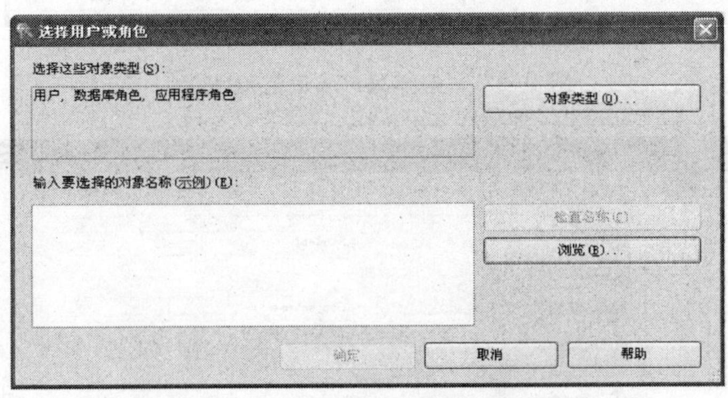

图 10-19　"选择用户或角色"对话框

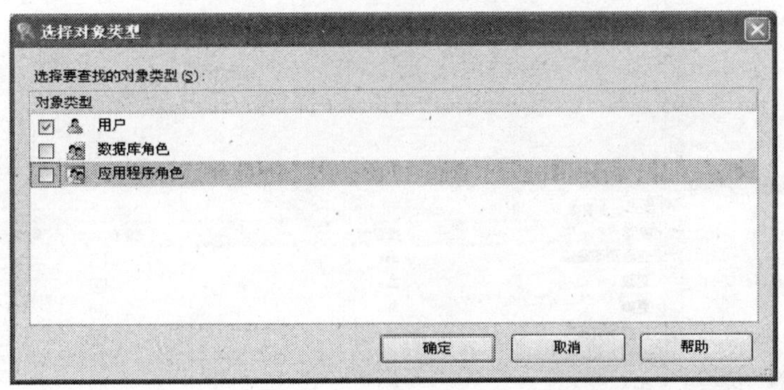

图 10-20　"选择对象类型"对话框

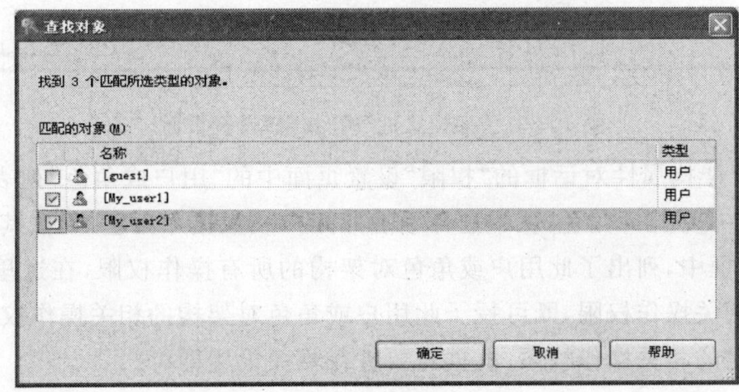

图 10-21　"查找对象"对话框

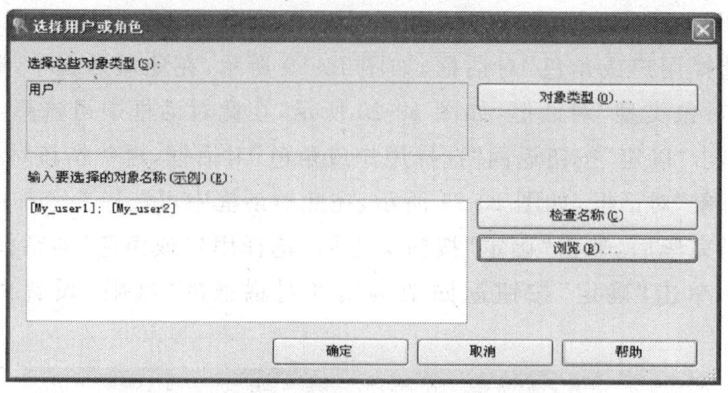

图 10-22 “选择用户或角色”对话框

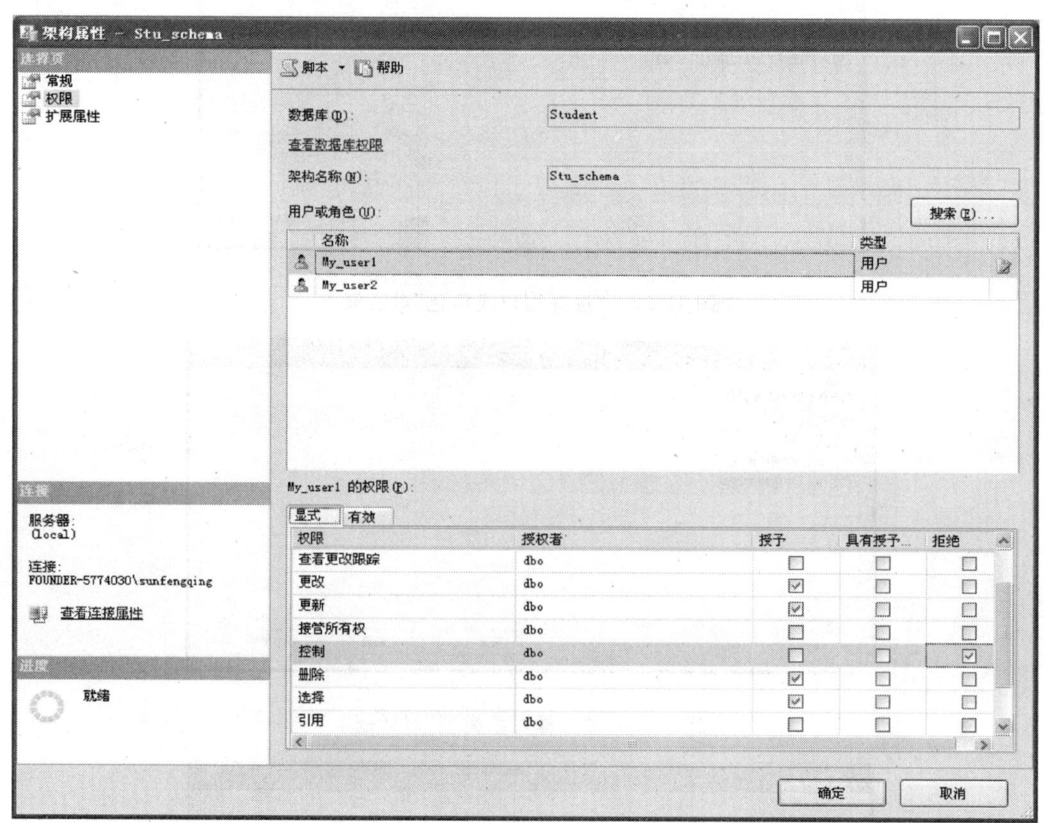

图 10-23 “架构属性”的“权限”设置页面

(3) 这时在此架构属性对话框的“权限”设置页面中的“用户或角色”列表框中列出了所添加的数据库用户或数据库角色，从中选择数据库用户或数据库角色，则在其下面的“×××的权限显式”列表框中，列出了此用户或角色对架构的所有操作权限，在这里可设置此用户或角色对架构的相关操作权限，既可授予此用户或角色对架构的相关操作权限，也可拒绝此用户或角色对架构的相关操作权限，根据需要进行相关设置即可。

10.4.4　数据库角色管理

角色是指用户对 SQL Server 进行的操作类型，它是一个强大的工具，它可以将数据库用户集中到一个单元中，然后对该单元应用权限。利用角色，SQL Server 管理者可以将某些用户设置为某一角色，这样只对角色进行权限设置便可以实现对这些所有用户权限的设置，大大减少了管理员的工作量。

和登录账号类似，数据库用户也可以分成组，成为数据库角色。数据库角色是为某一用户或某一组用户授予不同级别的管理或访问数据库以及数据库对象的权限，这些权限是数据库专有的，并且还可以使一个用户具有属于同一个数据库的多个角色。

简单地讲，数据库角色就是一个用户组，这个用户组中的所有用户都拥有相同的一组权限。数据库角色应用于单个数据库。

数据库角色可分为两种：标准角色和应用程序角色。标准角色通过对用户权限等级的认定而将用户划分为不同的用户组，使用户总是相对于一个或多个角色，从而实现管理的安全性。标准角色又分为固定的标准角色和用户自定义角色。应用程序角色是用来控制应用程序存取数据库，它本身不包括任何成员。

1. 固定的标准角色

固定的标准角色有如下几个。

(1) public：维护全部默认权限，每个用户都属于该角色。

(2) db_owner：数据库的所有者，可以对所拥有的数据库有全部权限。

(3) db_accessadmin：可以增加或者删除数据库用户、工作组和角色。

(4) db_addladmin：可以增加、删除和修改数据库中的任何对象。

(5) db_securityadmin：执行语句权限和对象权限。

(6) db_backupoperator：可以备份和恢复数据库。

(7) db_datareader：能且仅能对数据库中的任何表执行 select 操作，从而读取所有表的信息。

(8) db_datawriter：能够增加、修改和删除表中数据，但不能够进行 select 查询操作。

(9) db_denydatareader：不能读取数据库中任何表中的数据。

(10) db_denydatawriter：不能对数据库中的任何表执行增加、修改和删除数据操作。

2. 用户自定义角色

创建用户自定义的数据库角色就是创建一组用户，这些用户具有相同的一组权限。如果一组用户需要执行在 SQL Server 中指定的一组操作并且不存在对应的 Windows 组，或者没有管理 Windows 用户账号的权限，就可以在数据库中建立一个用户自定义的数据库角色。

3. 创建数据库角色

(1) 启动 SQL Server Management Studio，并连接到 SQL Server 2008 中的数据库。在“对象资源管理器”窗口中，展开“数据库”节点，展开建立角色所属的数据库名（如 Student），再展开其“安全性”节点，右击其“角色”节点，系统弹出快捷菜单，如图 10-24 所示。

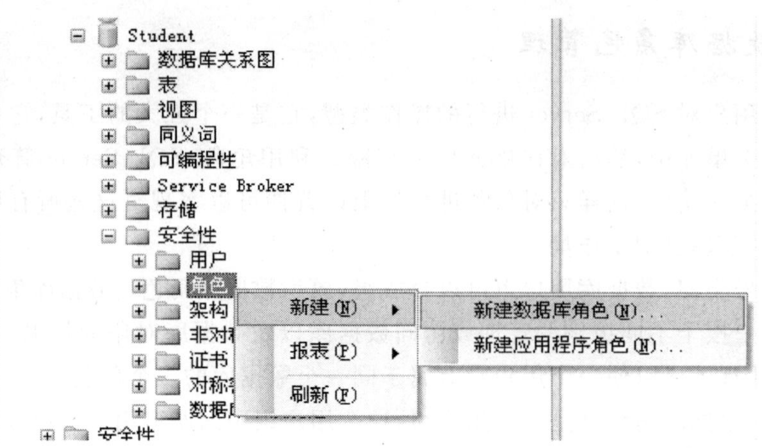

图 10-24　新建数据库角色

(2) 在弹出菜单中，执行【新建】→【新建数据库角色】命令，打开“数据库角色-新建”对话框，如图 10-25 所示。

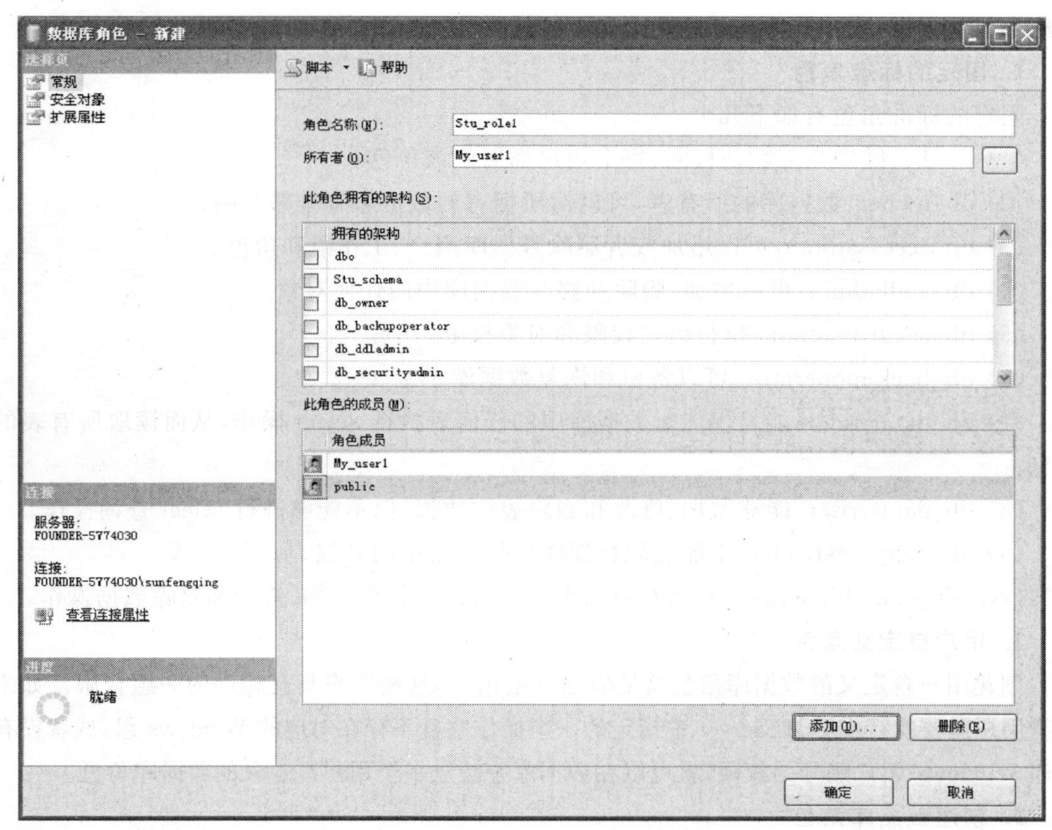

图 10-25　“数据库角色-新建”对话框

(3) 在“数据库角色-新建”对话框中：在“角色名称”文本框中输入新建数据库角色的名称；通过“所有者”文本框后面的“…”按钮来设置该数据库角色的所有者；在“此角色拥有的

架构”列表框中,可选择该角色拥有的架构;通过单击“此角色的成员”列表框下面的“添加”按钮,添加该角色中的各个成员(角色成员可以是数据库用户或其他的数据库角色)。

(4) 在“数据库角色-新建”对话框中,选择“安全对象”选择页,进入其“安全对象”设置页面,在此页面中,可设置该数据库角色的“安全对象”和“显示权限”,同设置数据库用户的权限一样。

4. 管理数据库角色

启动 SQL Server Management Studio,并连接到 SQL Server 2008 中的数据库。在“对象资源管理器”窗口中,展开“数据库”节点,展开要操作的数据库角色所属的数据库名(如 Student),再展开其“安全性”节点,展开其“角色”节点,展开其“数据库角色”节点,右击要操作的数据库角色名称,系统弹出快捷菜单,如图 10-26 所示。

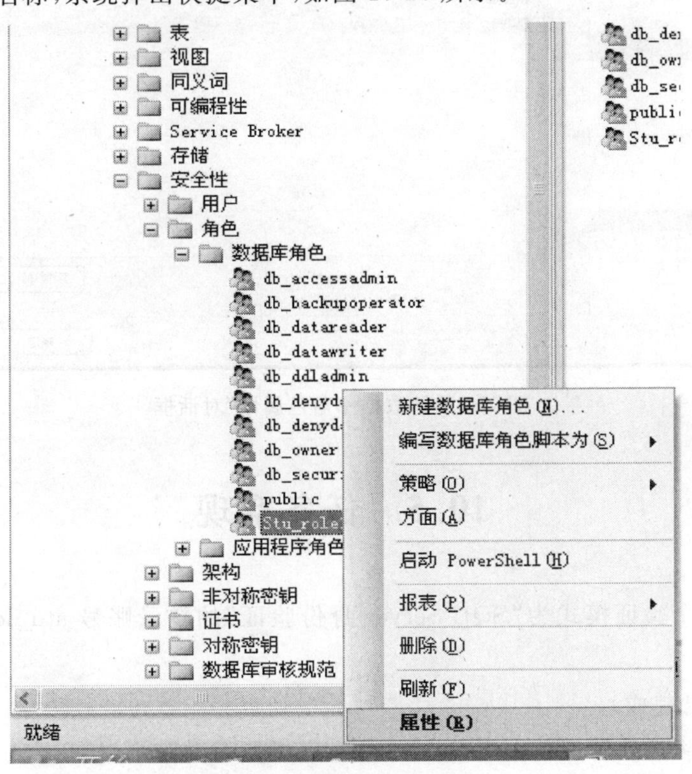

图 10-26　操作数据库角色

(1) 删除数据库角色,执行弹出菜单中的【删除】命令。

(2) 查看和修改数据库角色的属性,执行弹出菜单中的【属性】命令,进入“数据库角色属性”对话框,如图 10-27 所示。

在该“数据库角色属性”对话框中:可重新设置该角色的相关属性(如所有者、角色拥有的架构);在“此角色的成员”列表框中,可通过其下面的“添加”和“删除”按钮,添加或删除该角色中的有关成员;可选择“安全对象”选择页,进入其“安全对象”设置页面,重新设置该数据库角色的“安全对象”和“显示权限”。

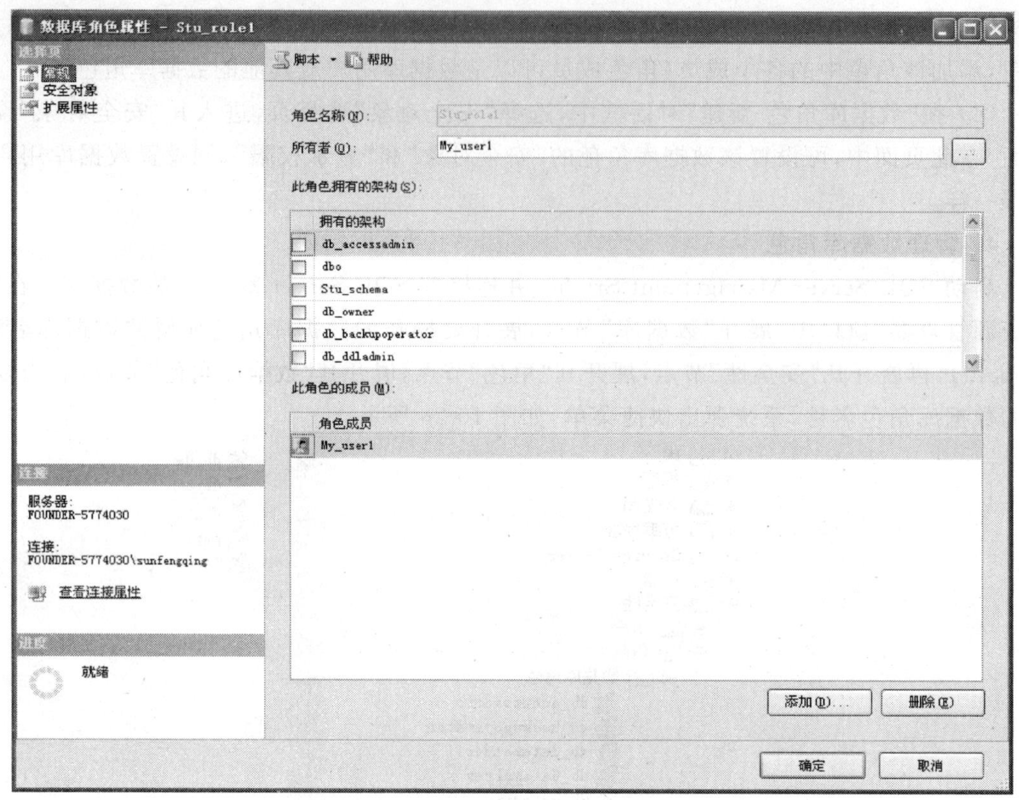

图 10-27 “数据库角色属性”对话框

10.5 任务实现

(1) 创建一个验证模式为“SQL Server 身份验证”的登录账号 stu_login，默认数据库 Student。

略(学生自己完成)。

(2) 在大学生选课管理数据库 Student 中，完成如下操作。

① 创建该数据库的一个用户 student_user1，并与登录账号 stu_login 相关联。

② 设置该用户 student_user1 拥有的权限：只能建立该数据库中的视图，只能查询该数据库中的所有表和视图的内容。

略(学生自己完成)。

练 习 题

1. 创建一个验证模式为“SQL Server 身份验证”的登录账号 goods_login，默认数据库为 goods。

2. 创建客户订货管理数据库 goods 的一个用户 goods_user1,并与登录账号 goods_login 相关联;设置该用户的拥有权限:只能更新和查询该数据库中的表的内容。

3. 创建一个验证模式为“SQL Server 身份验证”的登录账号 books_login,默认数据库为 books。

4. 创建图书管理数据库 books 的一个用户 books_user1,并与登录账号 books_login 相关联;设置该用户的拥有权限:只能建立该数据库中的视图,只能查询该数据库中的表和视图的内容。

参 考 文 献

［1］杨学全. SQL Server 实例教程(第 3 版)(2008 版). 北京:电子工业出版社,2010.

［2］高晓黎,韩晓霞. SQL Server 2008 案例教程. 北京:清华大学出版社,2010.

［3］明日科技. SQL Server 2005 开发技术大全. 北京:人民邮电出版社,2007.

［4］陈国震. SY-网络数据库. 北京:北方交通大学出版社,2011.

［5］逯燕玲,戴红,李志明. 网络数据库技术. 北京:电子工业出版社,2009.

［6］李刚. 网络数据库技术 PHP＋MySQL. 北京:北京大学出版社,2008.

［7］王跃进,张铁城. 网络数据库开发项目教程(SQL Server 2008＋C# 2008). 北京:中国人民大学出版社,2011.